# 地形测量

主 编 张 博 王 赫
副主编 刘 岩 杨 莹 李 娜
参 编 宋兴治
主 审 韩国超

科学出版社
北 京

# 内 容 简 介

本书按照学生的认知规律和地形测量的工作过程，着眼于培养学生的从业综合素养，将内容分成课程导入、学习项目和实训项目三部分。

课程导入介绍测量学的基础知识，以加深学生有关测量学的基础理论学习；学习项目按内容不同划分为7个项目，分别为水准测量、角度测量、距离测量、测量数据简易处理、图根控制测量、地形图的测绘、地形图的识读与应用，以加深学生有关地形测量的基本理论的学习、掌握地形测量的基本技能；实训项目按典型工作任务划分为3个项目，分别为单项实训、技能训练、综合实训，以培养学生地形测量的外业操作能力、地形测量的内业数据处理能力及地形测量的综合能力。

本书可供高职高专测绘类专业（如工程测量技术、测绘工程技术、测绘地理信息技术、摄影测量与遥感技术、地籍测绘与土地管理、导航与定位服务等）师生教学使用，也可供相关专业和从事测绘生产的工程技术人员阅读参考。

图书在版编目(CIP)数据

地形测量 / 张博，王赫主编. —北京：科学出版社，2023.2

ISBN 978-7-03-072972-9

Ⅰ. ①地… Ⅱ. ①张… ②王… Ⅲ. ①地形测量-高等职业教育-教材 Ⅳ. ①P217

中国版本图书馆 CIP 数据核字（2022）第 154445 号

责任编辑：宋 丽 李程程 / 责任校对：马英菊
责任印制：吕春珉 / 封面设计：东方人华平面设计部

科学出版社 出版
北京东黄城根北街 16 号
邮政编码：100717
http://www.sciencep.com

三河市骏杰印刷有限公司 印刷

科学出版社发行 各地新华书店经销

*

2023 年 2 月第 一 版 开本：787×1092 1/16
2023 年 2 月第一次印刷 印张：18 1/4
字数：433 000

定价：65.00 元

（如有印装质量问题，我社负责调换〈骏杰〉）
销售部电话 010-62136230 编辑部电话 010-62135927-2014

# 前　言

“地形测量”是测绘类专业的一门实践性较强的专业核心课程，也是测绘类专业的入门课程。本课程的教学目标是：培养学生具备测量学的基础理论和基本技能，使学生掌握导线测量、水准测量等图根控制测量及碎部测量的方法和技能，获得进行地形图测绘的较系统的专业能力、较扎实的方法能力和较全面的社会能力，同时也为学习后续有关课程和从事地形测量工作奠定基础。

本书紧密结合高职教育培养目标和课程教学目标，以实用为目的，以够用为原则，以培养学生具备使用操作仪器进行单项实训并进行测量数据处理的基本能力及大比例尺地形图测绘的综合能力为出发点，以提高学生发现问题、解决问题的能力为目标，理论叙述力求深入浅出、通俗易懂，内容安排力求结合生产实践，写作上力求理论分析与生产实践相结合，力争做到课程标准与职业标准的对接。

教育是国之大计、党之大计，教育、科技、人才是全面建设社会主义现代化国家的基础性、战略性支撑。全面建设社会主义现代化国家，必须坚持科技是第一生产力、人才是第一资源、创新是第一动力，深入实施科教兴国战略、人才强国战略、创新驱动发展战略。高等教育人才培养要树立质量意识、抓好质量建设、全面提高人才自主培养质量。

本书吸取以往高职教材的优点，既充分考虑现阶段高职院校学生的实际情况，又充分考虑工程建设单位对高职院校毕业生的具体要求；既充分考虑测绘工程现状，又充分考虑各高职院校的测绘设备的使用情况等，力争满足本课程教学目标的要求，满足高职院校的教学需要，从而适应现阶段的高等职业技术教育。

本书为新型一体化教材，通过新颖的版式设计和合理的内容编排，建立纸质教材和数字化资源、数字课程的有机联系，支持学习者使用移动终端设备学习，形成相互配合、相互支撑、统筹推进的知识体系和应用体系，从而提高教材的适用性和服务课程教学的能力。其中，本书有大量的图片丰富了正文内容，还配有微课视频，丰富了教学模式，微课视频和“课程导入”、各项目知识检验及“项目 9　技能训练”答案解析可通过登录 www.abook.cn 网站进行下载。我们后续会不断更新该课程的配套教学资源。有需要的教师可通过 E-mail（81211949@qq.com）与我们联系。

本书为新型活页式教材，将教材内页、记录手簿页、技能训练页及实训页等自由组合成册。使用者可以按照教材授课的顺序、学习习惯对内容进行灵活拼装，也可以按照自身的需要拆下一部分活页，装上新的活页，及时更新，成为一本新的活页教材，实现职业教育以任务为主线、教师为主导、学生为主体的任务驱动式的教材建设理念。

本书体现项目化特色，采用“项目引领、任务驱动”的编写体例，按照项目教学的要求编写，按测绘作业流程划分项目和任务，教学过程中可采用项目教学法、现场教学法、案例教学法等多种教学方法，做到教学过程与生产过程的对接。

本书体现“工学结合、校企合作”特色，辽宁宏图创展测绘勘察有限公司韩国超教授级高级工程师、辽宁省铁岭水文局宋兴治教授级高级工程师参与本书的编写工作，使本书更加符合生产实际的需要，仪器和方法上与生产实际保持同步，使内容具有先进性。

本书由张博（辽宁生态工程职业学院）、王赫（辽宁生态工程职业学院）担任主编，刘岩（辽宁生态工程职业学院）、杨莹（辽宁生态工程职业学院）、李娜（辽宁生态工程职业学院）担任副主编，宋兴治参与编写。本书编写工作由张博主持，集体讨论，分工负责。“课程导入”由张博编写，项目 1 由王赫编写，项目 2、项目 3 由刘岩编写，项目 4 由杨莹编写，项目 5 由王赫编写，项目 6 由李娜编写，项目 7 由宋兴治编写，项目 8 由杨莹编写，项目 9、项目 10、附录由张博编写。全书由张博负责统稿定稿，韩国超主审。

在编写本书过程中，编者参阅了大量文献（包括纸质版文献和电子版文献），引用了同类书刊中的一些资料，以及部分仪器用户手册的部分内容。在此，谨向有关作者和单位表示感谢！同时对科学出版社为本书的出版所做的辛勤工作表示感谢！

限于编者水平，书中不妥和遗漏之处在所难免，恳请读者批评指正。

# 目　录



## 第 1 部分　学 习 项 目

## 第 2 部分　实 训 项 目

# 课 程 导 入

## 任务 0.1　测量学概述

### 0.1.1　测量学的概念

测量学是研究如何确定地面点的平面位置和高程，将地球表面的地物、地貌及其他信息绘制成图，以及确定地球形状和大小的一门科学。测量学也称测绘学，它的表现形式包括测定和测设两种。

测定是对既有对象的测量，测图属于测定的范畴。测图是指使用测量仪器和工具，用一定的测绘程序和方法将地面上局部区域的各种固定性物体（地物）及地面的起伏形态（地貌），按一定的比例尺和特定的图例符号缩绘成地形图。

测设又称放样，是把图上设计好的建筑物（构筑物）的平面位置和高程用一定的测量仪器和方法标定到实地上。因为测设是直接为施工服务的，所以其通常称为施工测设。

测设是测图的逆过程。测图是将地面上的地物、地貌的点位相关位置测绘在图纸上，转换为图面符号之间的位置；测设则是将设计图纸上的点位测设到地面上，两者测量过程相反。测定与测设的关系如图 0.1 所示。

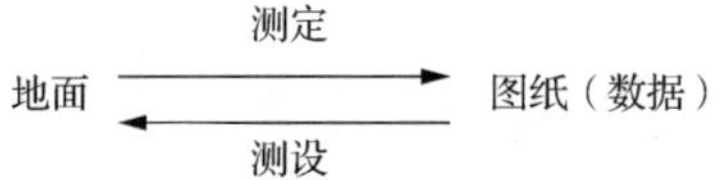


图 0.1　测定与测设的关系

测量学的主要任务包括以下 3 个方面。

#### 1. 定位

定位包括地面点的平面位置和高程的确定工作，即测定；还包括图上设计好的点的平面位置和高程标定到实地上的工作，即测设。

#### 2. 绘图

绘图指将地球表面的固定物体和地表的起伏状态测绘成图，包括地图、地形图及断面图。

3. 确定地球的形状和大小

随着科技的进步与社会的发展，现代测绘学是指空间数据的测量、分析、管理、存储和显示的综合研究，这些空间数据来源于地球卫星、空载和船载的传感器及地面的各种测量仪器，通过信息技术，利用计算机的硬件和软件对这些空间数据进行处理和使用。因此，测绘学的现代概念可以概括为：现代测绘学是研究与地球有关的基础空间信息的采集、处理、分析、显示、管理和利用的科学和技术。它的研究内容和科学地位是确定地球和其他实体的形状和重力场及空间定位，利用各种测量仪器、传感器及其组合系统获取地球及其他实体与地理空间分布有关的信息，制成各种地形图、专题图，建立地理、土地等空间信息系统，为研究地球的自然和社会现象，解决人口、资源、环境和灾害等社会可持续发展中的重大问题及为国民经济和国防建设提供技术支撑和数据保障。

### 0.1.2 测量学的分类

根据研究的具体对象及任务的不同，测量学分为以下几个主要分支学科。

1. 大地测量学

大地测量学是研究和确定地球形状、大小、重力场、整体与局部运动和地表面点的几何位置及它们的变化的理论和技术的学科。其基本任务是建立国家大地控制网，测定地球的形状、大小和重力场，为地形测图和各种工程测量提供基础起算数据，为空间科学、军事科学及研究地壳变形、地震预报等提供重要资料。按照测量手段的不同，大地测量学分为常规大地测量学、卫星大地测量学及物理大地测量学等。

2. 地形测量学

地形测量学是研究如何将地球表面局部区域内的地物、地貌及其他有关信息测绘成地形图的理论、方法和技术的学科。按成图方式的不同，地形测图可分为模拟化测图和数字化测图。

3. 摄影测量与遥感学

摄影测量与遥感学是研究利用电磁波传感器获取目标物的影像数据，从中提取语义和非语义信息，并用图形、图像和数字形式表达的学科。其基本任务是通过对摄影像片或遥感图像进行处理、量测、解译，以测定物体的形状、大小和位置，进而制作成图。根据获得影像的方式及遥感距离的不同，本学科分为地面摄影测量学、航空摄影测量学和航天遥感测量学等。

4. 工程测量学

工程测量学是研究在工程建设的规划设计、施工和运营管理各阶段进行测量工作的理论、方法和技术的学科。按照工程测量所服务的工程种类，工程测量学可分为建筑工程测量、线路测量、桥梁与隧道测量、矿山测量、城市测量和水利工程测量等。

工程建设按照进行程序可以分为规划设计、施工和运营管理 3 个阶段，每个阶段都离不开测量工作。规划设计阶段的测量主要是提供地形资料，方法是在所建立的控制测量的基础上进行地面测图或航空摄影测量；施工阶段测量的主要任务是按照设计要求在实地准确地标定建筑物各部分的平面位置和高程，作为施工依据；运营管理阶段的测量包括竣工测量及为监视工程安全状况的变形观测与维修养护等测量工作。

5. 地图制图学

地图制图学是研究模拟和数字地图的基础理论、设计、编绘、复制的技术、方法及应用的学科。它的基本任务是利用各种测量成果编制各类地图，其内容一般包括地图投影、地图编制、地图整饰和地图制印等分支。

测绘学科的现代发展促使测绘学中出现若干新学科，如卫星大地测量（或空间大地测量）、遥感测绘（或航天测绘）、地图制图与地理信息工程等。正因为如此，测绘学科已从单一学科走向多学科的交叉，其应用已扩展到与空间分布信息有关的众多领域，显示出现代测绘学正由传统意义上的测量与绘图向近年来刚刚兴起的一门学科——地球空间信息科学跨越和融合。

### 0.1.3 测量学的发展

测量学和所有的自然科学一样，是人类长期与大自然斗争，同时为解决实际生产的需要，经过多次反复的实践而逐步发展起来的。

1. 我国测量学的发展

公元前两千多年，夏禹治水时就已发明和使用了“准、绳、规、矩”4 种测量仪器；春秋战国时期，已有利用磁石制成的最早的指南工具“司南”；1973 年从长沙马王堆出土的西汉初期的《地形图》及《驻军图》为目前发现的我国最早的地图，图上有山脉、河流、居民地、道路和军事要塞等；魏晋时期的刘徽著有《海岛算经》，论述了有关测量和计算海岛距离及高度的方法；西晋的裴秀提出了绘制地图的 6 条原则，即《制图六体》，是世界上最早的制图理论；到了宋代，沈括曾绘制《天下州县图》，还在《梦溪笔谈》中记述了磁偏角现象，比哥伦布发现磁偏角早了大约 400 年；元代朱思本绘制了《舆地图》；明代郑和绘制了《郑和航海图》；清康熙年间编制了清朝的全国地图《皇舆全览图》；等等。

中华人民共和国成立后，我国测绘事业有了很大的发展，建立和统一了全国坐标系统和高程系统，建立了遍及全国的大地控制网、国家水准网、基本重力网和卫星多普勒网，完成了国家大地网和水准网的整体平差，完成了国家基本图的测绘工作，完成了珠穆朗玛峰和南极长城站的地理位置和高程的测量，配合国民经济建设进行了大量的测绘工作。

2. 现代测绘科学的发展

20 世纪 40 年代自动安平水准仪问世，标志着水准测量自动化的开端；1973 年试制成功能保证视线水平并使观测者在同一位置进行前后视读数的水准仪；1990 年研制出数字水准仪，可以做到读数记录全自动化。

1961 年，第一台激光测距仪诞生，它以发射激光进行测距，实现了远距离测量，并且大幅提高了测距精度；1968 年电子经纬仪问世，它采用光栅代替刻度分划线，以电信号的方式获得数据，并自动记录在存储载体上；随着电子测角技术的出现，20 世纪 70 年代又出现了轻小型、自动化、多功能的电子速测仪，根据测角方法的不同分为半站型电子速测仪和全站型电子速测仪。全站型电子速测仪是由电子测角、电子测距、电子计算和数据存储单元等组成的三维坐标测量系统，测量结果能自动显示，并能与外围设备交换信息，通常简称为全站仪。

1957 年第一颗人造地球卫星发射成功，1966 年开始进行人卫大地测量观测；20 世纪 80 年代开始发射全球定位系统（global positioning system，GPS）卫星，在 20 世纪 90 年代完成全部发射任务。

近年来，由于“3S”技术［GPS、地理信息系统（geographic information system，GIS）、遥感（remote sensing，RS）］、激光技术和电子计算机在测绘上的广泛应用，测绘科学发展迅速，对人造卫星观测成果的综合利用和研究，利用卫星遥测资料绘制各类专业图件，快速、高精度地进行资源调查和勘测，成为当今测绘工作者的一个新的重要任务。

总之，测量学是一门既古老又年轻的科学，它有辉煌的历史，也有广阔的发展空间和美好的未来。

### 0.1.4 测量学的作用

测量工作是各项工程建设、资源开发、国防建设的基础性、超前性工作。测量学的应用范围很广。在城乡建设规划、国土资源的合理利用、农林牧渔业的发展、环境保护及地籍管理等工作中，必须进行土地测量和测绘各种类型、各种比例尺的地形图，以供规划和管理使用。在地质勘探、矿产开发、水利、交通等国民经济建设中，必须进行控制测量、矿山测量和线路测量，并测绘大比例尺地形图，以供地质普查和各种建筑物设计施工使用。在国防建设中，除了为军事行动提供军用地图外，还要为保证火炮射击的迅速定位和导弹等武器发射的准确性提供精确的地心坐标和地球重力场数据。在研究地球运动状态方面，测量学提供大地构造运动和地球动力学的几何信息，结合地球物理的研究成果，解决地球内部运动机制问题等。

归纳起来，测量学在国民经济和国防建设中的主要作用包括以下几个方面。

1）提供一系列点的大地坐标、高程和重力值，为科学研究、地形图测绘和工程建设服务。

2）提供各种比例尺地形图和地图，作为规划设计、工程施工和编制各种专用地图的基础。

3）准确测绘国家陆海边界和行政区划界线，以保证国家领土完整和邻邦友好相处。

4）为地震预测预报、海底资源勘测、灾情监测调查、人造卫星发射、宇宙航行技术等提供测量保障。

5）为现代国防建设和确保现代化战争的胜利提供测绘保障。

# 任务 0.2 测量学基础知识

## 0.2.1 地球的形状和大小

地球的自然表面是很不规则的，其上有高山、深谷、丘陵、平原、江湖、海洋等。其中，最高的珠穆朗玛峰高出海平面 8848.86m，最深的太平洋马里亚纳海沟低于海平面 11 034m，其相对高差不足 20km，与地球的平均半径 6371km 相比是微不足道的；就整个地球表面而言，陆地面积仅占 29%，而海洋面积占了 71%。因此，我们可以设想地球的整体形状是被海水所包围的球体，即设想将一静止的海洋面扩展延伸，使其穿过大陆和岛屿，形成一个封闭的曲面，如图 0.2 所示。静止的海水面称为水准面。海水由于受潮汐风浪等影响而时高时低，因此水准面有无穷多个，其中与平均海水面相吻合的水准面称为大地水准面。由大地水准面所包围的形体称为大地体。通常用大地体代表地球的真实形状和大小。

水准面的特性是处处与铅垂线相垂直。同一水准面上各点的重力位相等，故又将水准面称为重力等位面，它具有几何意义及物理意义。水准面和铅垂线就是实际测量工作所依据的面和线。由于地球内部质量分布不均匀，致使地面上各点的铅垂线方向产生不规则变化，因此大地水准面是一个不规则的无法用数学式表示的曲面，在这样的面上是无法进行测量数据的计算及处理的。因此，人们进一步设想，用一个与大地体非常接近的又能用数学式表示的规则球体即旋转椭球体代表地球的形状，如图 0.3 所示，它由椭圆 NESW 绕短轴 NS 旋转而成。旋转椭球体的形状和大小由椭球基本元素确定，即

$$\alpha = (a-b)/a \tag{0.1}$$

式中，$\alpha$ 为扁率；$a$ 为长半轴；$b$ 为短半轴。

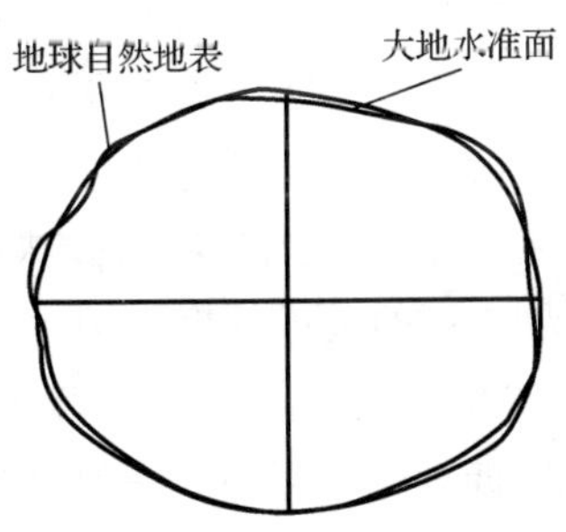


图 0.2　地球自然表面

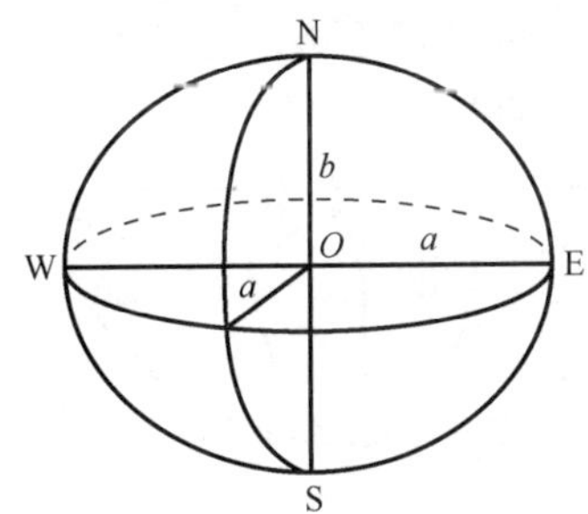


图 0.3　旋转椭球体

某一国家或地区为处理测量成果而采用与大地体的形状大小最接近，又适合本国或本地区要求的旋转椭球，这样的椭球体称为参考椭球体。确定参考椭球体与大地体之间的相对位置关系，称为椭球体定位。参考椭球体面只具有几何意义而无物理意义，它是严格意义上的测量计算基准面。

几个世纪以来，许多学者分别测算出了许多椭球体元素值，表 0.1 列出了几个著名的椭球体。我国的 1954 北京坐标系采用的是克拉索夫斯基椭球，1980 西安坐标系采用的是 1975 国际椭球，GPS 采用的是 WGS-84 椭球。

表 0.1　地球椭球

| 椭球名称 | 长半轴 $a$/m | 短半轴 $b$/m | 扁率 $\alpha$ | 计算年代和国家 | 备注 |
|---|---|---|---|---|---|
| 贝塞尔 | 6 377 397 | 6 356 079 | 1∶299.152 | 1841 年，德国 | |
| 海福特 | 6 378 388 | 6 356 912 | 1∶297.0 | 1910 年，美国 | 1942 年国际第一个推荐值 |
| 克拉索夫斯基 | 6 378 245 | 6 356 863 | 1∶298.3 | 1940 年，苏联 | 中国 1954 年北京坐标系采用 |
| 1975 国际椭球 | 6 378 140 | 6 356 755 | 1∶298.257 | 1975 年，国际第 3 个推荐值 | 中国 1980 年西安坐标系采用 |
| 1984 世界大地测量系统（world geodetic system，1984，WGS-84）椭球 | 6 378 137 | 6 356 752 | 1∶298.257 | 1979 年，国际第 4 个推荐值 | 美国 GPS 采用 |

由于参考椭球的扁率很小，可将参考椭球简化成圆球，其半径 $R=(a+a+b)/3$=6371km。由于地球的半径非常大，在较小的区域内还可以将地球表面简化成平面，将此平面称为水平面。

### 0.2.2　地面点位置的表示方法

1. 地面点的坐标

（1）大地坐标

以参考椭球面为基准面，地面点沿椭球面的法线投影在该基准面上的位置称为该点的大地坐标。该坐标用大地经度和大地纬度表示。如图 0.4 所示，包含地面点 $P$ 的法线且通过椭球旋转轴的平面称为 $P$ 的大地子午面。过 $P$ 点的大地子午面与起始大地子午面所夹的两面角称为 $P$ 点的大地经度，用 $L$ 表示，其值分为东经 0°～180°和西经 0°～180°；过点 $P$ 的法线与椭球赤道面所夹的线面角称为 $P$ 点的大地纬度，用 $B$ 表示，其值分为北纬 0°～90°和南纬 0°～90°。我国 1954 北京坐标系和 1980 西安坐标系就是分别依据两个不同的椭球建立的大地坐标系。

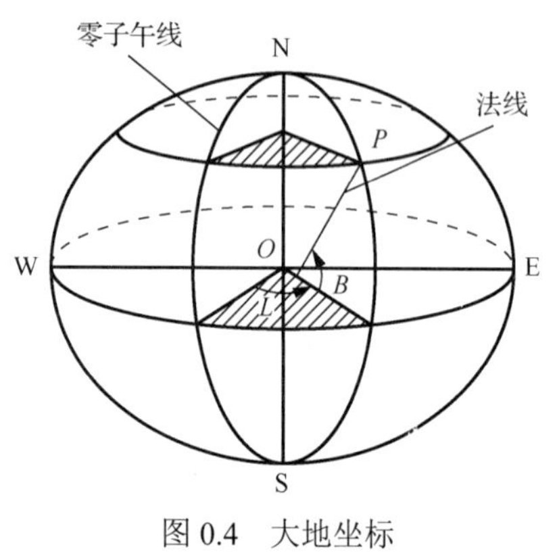

图 0.4　大地坐标

（2）高斯平面坐标

当测区范围较大时，要建立平面坐标系，就不能忽略地球曲率的影响。为了解决球面与平面这对矛盾，必须采用地图投影的方法将球面上的大地坐标转换为平面直角坐标。目前我国采用的是高斯投影，高斯投影是由德国数学家、测量学家高斯提出的一种横轴等角切椭圆柱投影，该投影解决了将椭球面转换为平面的问题。从几何意义上看，就是假设一个椭圆柱横套在地球椭球体外并与椭球面上的某一条子午线相切，这条相切的子午线称为中央子午线。假想在椭球体中心放置一个光源，通过光线将椭球面上一定范围内的物象映射到椭圆柱的内表面上，然后将椭圆柱面沿一条母线剪开并展成平面，即获得投影后的平面图形，如图 0.5（a）所示。该投影的经纬线图形有以下特点。

1）投影后的中央子午线为直线，无长度变化。其余的经线投影为凹向中央子午线的对称曲线，长度较球面上的相应经线略长。

2）赤道的投影也为一直线，并与中央子午线正交。其余的纬线投影为凸向赤道的对称曲线。

3）经纬线投影后仍然保持相互垂直的关系，说明投影后的角度无变形。

高斯投影没有角度变形，但是有长度变形和面积变形，离中央子午线越远，变形就越大。为了对变形加以控制，测量中采用限制投影区域的办法，即将投影区域限制在中央子午线两侧一定的范围，这就是分带投影，如图 0.5（b）所示。

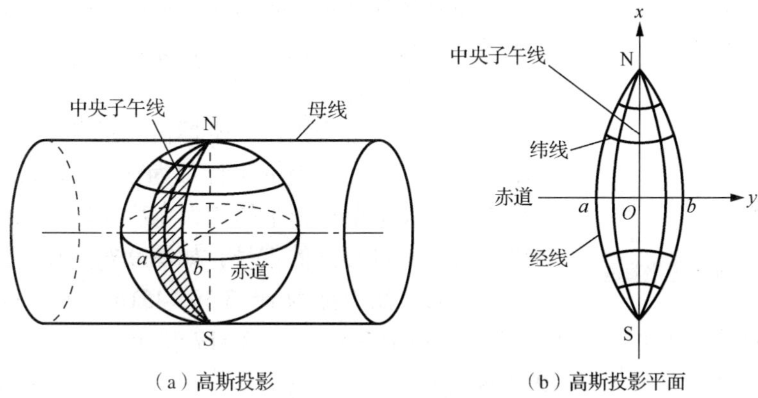


（a）高斯投影　　（b）高斯投影平面

图 0.5　高斯投影概念

投影带一般分为 6°投影带和 3°投影带两种，如图 0.6 所示。

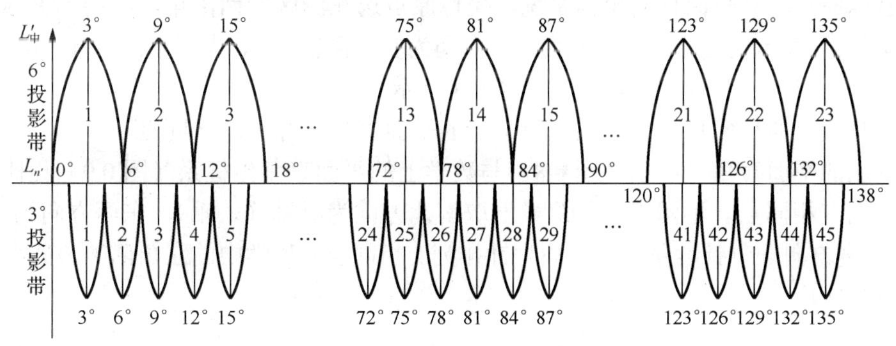


图 0.6　6°投影带和 3°投影带

6°投影带从英国格林尼治起始子午线开始，自西向东，每隔经差 6°分为一带，将地球分成 60 个带，其编号分别为 1、2、…、60。每带的中央子午线经度可用下式计算：

$$L_n = (6n - 3)^\circ \tag{0.2}$$

式中，$n$ 为 6°投影带的带号。

6°投影带的最大变形在赤道与投影带最外一条经线的交点上，长度变形为 0.14%，面积变形为 0.27%。

3°投影带是在6°投影带的基础上划分的。每3°为一带，共120带，其中央子午线在奇数带时与6°带中央子午线重合，每带的中央子午线经度可用下式计算：

$$L_3 = 3°n' \tag{0.3}$$

式中，$n'$为3°投影带的带号。

3°投影带的边缘最大变形现缩小为长度0.04%，面积0.14%。

我国领土位于东经72°～136°，共包括11个6°投影带，即13～23带；22个3°投影带，即24～45带。成都位于6°投影带的第18带，中央子午线经度为105°。

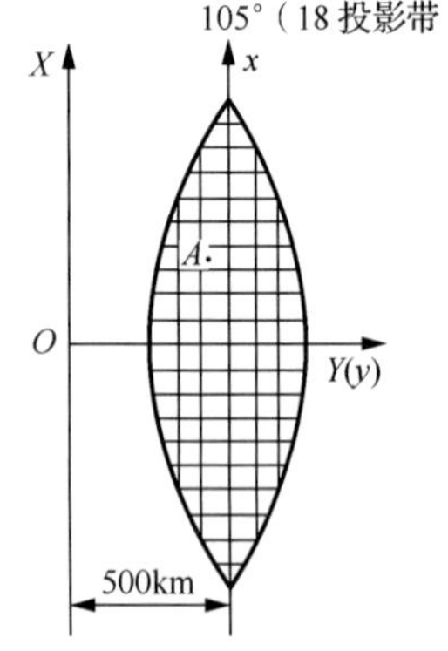

图0.7　高斯平面直角坐标系

通过高斯投影，将中央子午线的投影作为纵坐标轴，用$x$表示；将赤道的投影作为横坐标轴，用$y$表示；两轴的交点作为坐标原点，由此构成的平面直角坐标系称为高斯平面直角坐标系，如图0.7所示。对应于每一个投影带，就有一个独立的高斯平面坐标系，区分各带坐标系则利用相应投影带的带号。

在每一投影带内，$y$坐标值有正有负，这对计算和使用均不方便。为了使$y$坐标都为正值，将纵坐标轴向西平移500km（半个投影带的最大宽度不超过500km），并在$y$坐标前加上投影带的带号。如图0.7所示，$A$点位于18投影带，其自然坐标为$x = 3\ 395\ 451$m，$y = -82\ 261$m，它在18投影带中的高斯通用坐标则为$X = 3\ 395\ 451$m，$Y = 18\ 417\ 739$m。

我国1954北京坐标系和1980西安坐标系就是用高斯通用坐标表示地面点的位置。

（3）独立测区的平面直角坐标

当测区范围较小时，可将测区范围内的水准面用水平面代替，在此水平面上选定一点$O$作为坐标原点建立平面直角坐标系统。坐标原点选在测区的西南角，以避免坐标出现负值；纵轴为$x$，表示南北方向，向北为正，向南为负；横轴为$y$，表示东西方向，向东为正，向西为负；象限按顺时针方向排列，如图0.8所示。

（4）测量上的平面直角坐标系与数学上的平面直角坐标系的异同点

测量上的平面直角坐标系（图0.8）与数学上的平面直角坐标系（图0.9）相比，既有不同点，也有相同点。不同点：①测量上取南北方向为纵轴（$x$轴），东西方向为横轴（$y$轴）；②角度方向顺时针度量，象限顺时针排列。相同点：数学中的三角函数公式在测量计算中可直接应用。

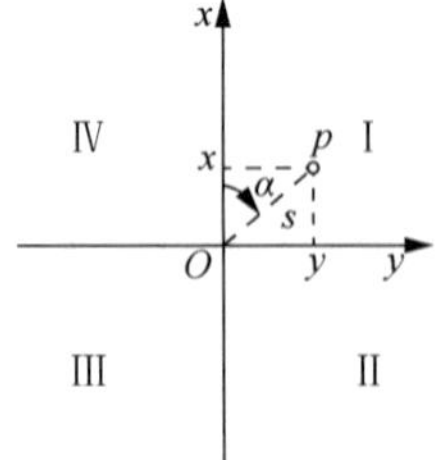

图0.8　测量上的平面直角坐标系

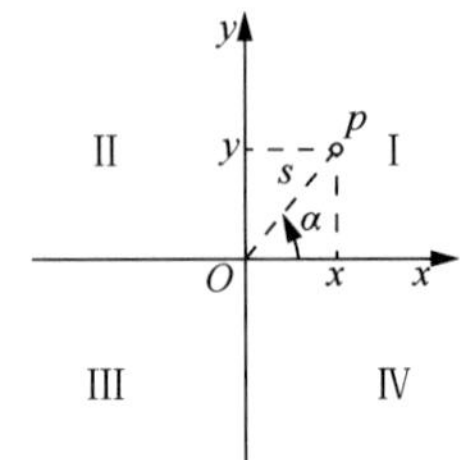

图0.9　数学上的平面直角坐标系

2. 地面点的高程

（1）绝对高程

地面任一点沿铅垂线方向到大地水准面的距离称为该点的绝对高程或海拔，简称高程，用 $H$ 表示。如图 0.10 所示，图中的 $H_A$、$H_B$ 分别表示地面上 $A$、$B$ 两点的高程。

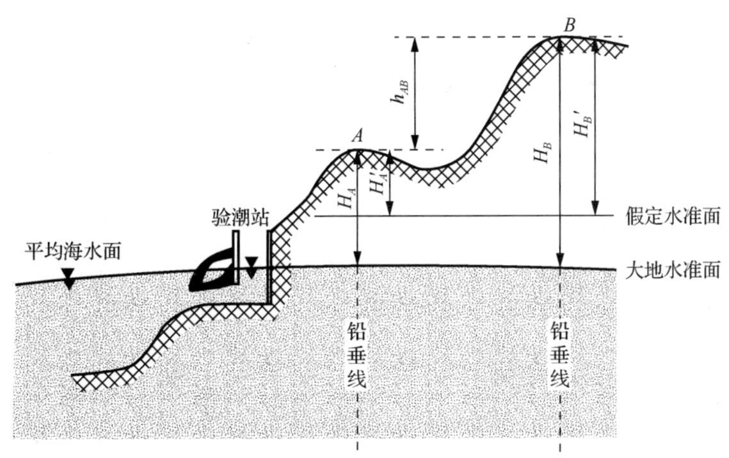


图 0.10　绝对高程与相对高程

我国采用的绝对高程系统如下。

1）1956 年黄海高程系：1959 年开始采用。我国采用青岛水准原点和根据青岛验潮站 1950～1956 年 7 年间的验潮数据确定的黄海平均海水面作为我国的高程基准面（称为 1956 年黄海平均高程面），以此建立的高程系称为 1956 年黄海高程系，其水准原点高程为 72.289m。

2）1985 国家高程基准：1988 年开始采用（目前我国统一采用）。海洋潮汐长期变化周期为 18.6 年，采用青岛水准原点和根据青岛验潮站 1952～1979 年的验潮数据确定的黄海平均海水面，其高程为 0m，作为全国高程基准面，称为 1985 国家高程基准。水准原点的高程为 72.260m，如图 0.11 所示。

为了维护平均海水面的高程，必须设立与验潮站相联系的水准点作为高程起算点，该水准点称为水准原点。水准原点是全国高程的起算点，建在青岛市观象山。

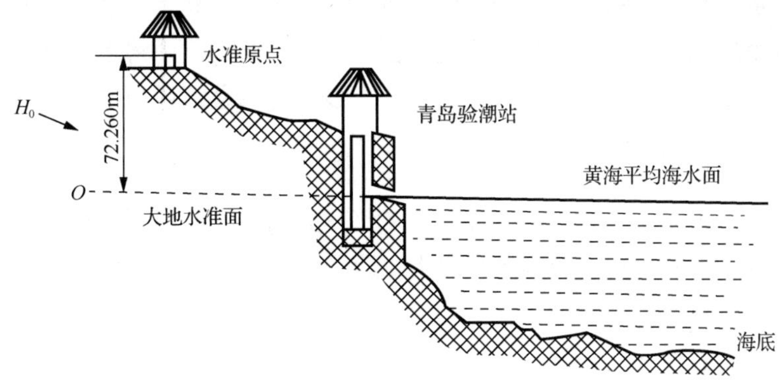


图 0.11　1985 国家高程基准

1975 年，中国首次对珠穆朗玛峰的高程进行了测量，测定珠峰峰顶岩石面的 1956 年黄海高程系高程为 8848.13m，雪层厚度为 0.92m。2005 年 5 月，我国再次对珠穆朗玛峰的高程进行了精确测量，测得珠峰峰顶岩石面的 1985 国家高程基准高程为 8844.43m，雪层厚度为 3.50m。2020 年 12 月，中国和尼泊尔两国共同宣布珠穆朗玛峰最新高程为 8848.86m。

（2）相对高程

当测区附近暂时没有国家高程点可联测时，也可临时假定一个水准面作为该区的高程起算面。地面点沿铅垂线至假定水准面的距离称为该点的相对高程或假定高程。如图 0.10 中 $H'_A$、$H'_B$ 分别为地面上 $A$、$B$ 两点的假定高程。

地面上两点之间的高程之差称为高差，用 $h$ 表示。例如，$A$ 点至 $B$ 点的高差可写为

$$h_{AB} = H_B - H_A = H'_B - H'_A \tag{0.4}$$

由式（0.4）可知，高差有正有负，并用下标注明其方向；两点的绝对高程之差与相对高程之差相等。

### 0.2.3 测量的基本工作和基本原则

#### 1. 测量的基本工作

确定地面点的位置是测量工作的一项重要内容，由上述可知，测量工作中地面点的位置就是用地面点的坐标和高程确定。把地面点的坐标（$x, y$）及高程 $H$ 称为地面点的三维坐标。所以，地面点位置的确定就是测量地面点三维坐标。

如图 0.12 所示，$A$、$B$、$C$、$D$、$E$ 为地面上高低不同的一系列点，构成空间多边形 $ABCDE$，图下方为水平面。从 $A$、$B$、$C$、$D$、$E$ 分别向水平面作铅垂线，这些垂线的垂足在水平面上构成多边形 $abcde$，水平面上各点就是空间相应各点的正射投影，水平面上多边形的各边就是各空间斜边的正射投影，水平面上的角就是包含空间两斜边的两面角在水平面上的投影。地形图就是将地面点正射投影到水平面上后再按一定的比例尺缩绘至图纸上而成的。由此可以看出，地形图上各点之间的相对位置是由水平距离 $D$、水平角 $\beta$ 和高差 $h$ 决定的，若已知其中一点的坐标（$x, y$）和过该点的标准方向及该点高程 $H$，则可借助 $D$、$\beta$ 和 $h$ 将其他点的坐标和高程算出。因此，欲确定地面点的三维坐标，要测量的基本要素有距离（水平距离或斜距）、角度（水平角和竖直角）、高差及直线的方向。

习惯上将距离、角度和高差称为确定地面位置的三要素，而将距离测量、角度测量和高程测量称为三项基本测量工作。除此之外，直线定向也是测量当中一项重要的工作。

#### 2. 测量工作的基本原则

测量工作中，在测量布局上，应遵循“从整体到局部”的原则；在测量精度上，应遵循“由高级到低级”的原则；在测量次序上，应遵循“先控制后碎部”的原则；在测量过程中，应遵循“步步检核、杜绝错误”的原则。

测量工作重要的任务之一就是测绘地形图，测绘地形图必须遵循以上测量工作原则。首先，在测区内选择一系列起控制作用的点，将它们的平面位置和高程精确地测量计算出

来，这些点称为控制点，由控制点构成的几何图形称为控制网；其次，以这些控制点为基础，采用稍低精度的方法，分别测量出各自周围的碎部点（地物点和地貌点）的平面位置和高程；最后，按照正射投影方法，以一定的比例尺，应用图式符号和注记缩绘成地形图。在每一步测量工作中，应随时检查，避免错误。

如图 0.13 所示，多边形 *ABCDEF* 就是该测区的控制网，地形图就是在此基础上测绘而成的。

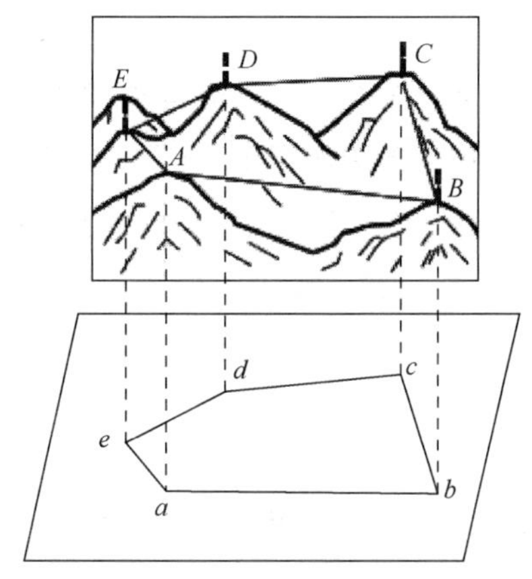


图 0.12　测量的基本工作

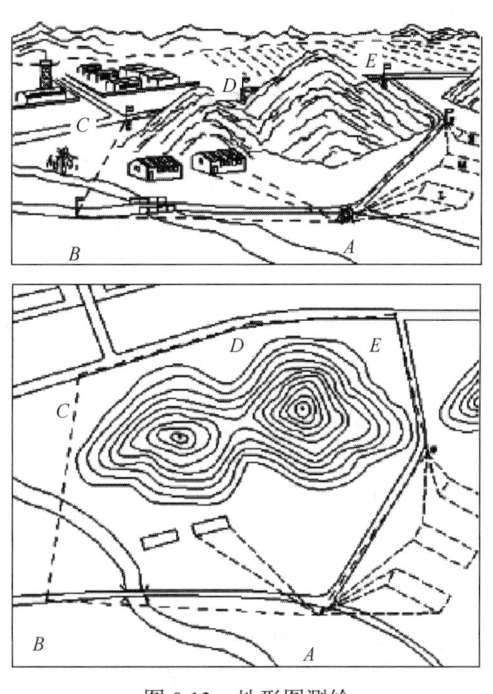


图 0.13　地形图测绘

### 0.2.4　水准面曲率对测量观测值的影响

在小区域进行测量工作，可以用水平面代替水准面，这为地形测量工作带来了极大的方便。用水平面代替水准面，水准面曲率对测量观测值会产生一定的影响，测量范围越大，影响就越大。只有当测区范围很小，水准面曲率影响未超过测量和制图的容许误差，且可以忽略不计时，才可以把大地水准面看作水平面。下面对水准面曲率对水平距离、水平角和高程三方面的影响进行分析，从而确定在什么范围内可以用水平面代替水准面。

1. 水准面曲率对水平距离的影响

如图 0.14 所示，地面上 $A$、$B$ 两点在大地水准面上的投影点是 $a$、$b$，用过 $a$ 点的水平面代替大地水准面，则 $B$ 点在水平面上的投影为 $b'$。以水平长度 $D'$代替弧长 $D$ 所产生的误差$\Delta D$ 为

$$\Delta D = D' - D = R\tan\theta - R\theta = R(\tan\theta - \theta) \tag{0.5}$$

式中，$D$ 为 $ab$ 的弧长；$D'$为 $ab'$的长度；$R$ 为球面半径；$\theta$为 $D$ 所对圆心角。

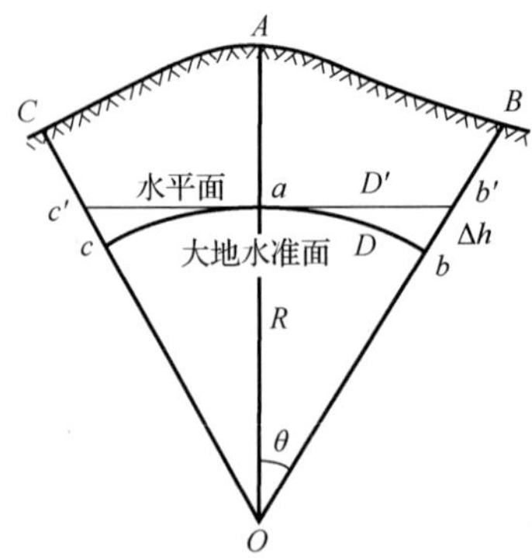


图 0.14 用水平面代替水准面的影响

将 $\tan\theta$ 用级数展开，并取前两项，得

$$\Delta D = R\left(\theta + \frac{1}{3}\theta^3 - \theta\right) = \frac{1}{3}R\theta^3 \tag{0.6}$$

又因 $\theta = \frac{D}{R}$，则

$$\Delta D = \frac{D^3}{3R^2} \tag{0.7}$$

相对误差为

$$\frac{\Delta D}{D} = \frac{D^2}{3R^2} \tag{0.8}$$

取地球半径 $R$=6371km，并以不同的距离 $D$ 值代入式（0.7）和式（0.8），则可求出距离误差 $\Delta D$ 和相对误差 $\Delta D/D$，如表 0.2 所示。

**表 0.2 水平面代替水准面的距离误差和相对误差**

| 距离 $D$/km | 距离误差 $\Delta D$/mm | 相对误差 $\Delta D/D$ |
|---|---|---|
| 10 | 8 | 1∶1 220 000 |
| 20 | 128 | 1∶200 000 |
| 50 | 1026 | 1∶49 000 |
| 100 | 8212 | 1∶12 000 |

结论：距离为 10km 时产生的相对误差约为 1/1 200 000，小于目前最精密测距的允许误差 1/1 000 000。所以，在半径为 10km 的范围内进行距离测量时，可以用水平面代替水准面，而不必考虑水准面曲率对距离的影响。在精度要求不高的测量工作中，半径可以扩大到 20km。

2. 水准面曲率对水平角的影响

从球面三角学可知，同一空间多边形在球面上投影的各内角和比在平面上投影的各内角和大一个球面角超值 $\varepsilon$，即

$$\varepsilon = \rho \frac{P}{R^2} \tag{0.9}$$

式中，$P$ 为球面多边形的面积；$R$ 为地球半径；$\rho$ 为 1 弧度的秒值，$\rho$=206 265″。

以不同的面积 $P$ 代入式（0.9），可求出球面角超值，如表 0.3 所示。

**表 0.3　水平面代替水准面的球面角超值**

| 球面多边形面积 $P$ /km² | 球面角超值 $\varepsilon$/（″） |
| --- | --- |
| 10 | 0.05 |
| 100 | 0.51 |
| 200 | 1.02 |
| 500 | 2.54 |
| 2500 | 12.71 |

结论：当面积 $P$ 在 100km² 以内进行水平角测量时，可以用水平面代替水准面，不必考虑水准面曲率对水平角的影响。

### 3. 水准面曲率对高程的影响

如图 0.14 所示，地面点 $B$ 的绝对高程为 $H_B$，用水平面代替水准面后，$B$ 点的高程为 $H'_B$，$H_B$ 与 $H'_B$ 的差值即为水平面代替水准面产生的高程误差，用 $\Delta h$ 表示，则

$$(R+\Delta h)^2 = R^2 + D'^2 \tag{0.10}$$

$$\Delta h = \frac{D'^2}{2R+\Delta h} \tag{0.11}$$

式（0.11）中，可以用 $D$ 代替 $D'$，$\Delta h$ 相对于 $2R$ 很小，可略去不计，则

$$\Delta h = \frac{D^2}{2R} \tag{0.12}$$

以不同的距离 $D$ 值代入式（0.12），可求出相应的高程误差$\Delta h$，如表 0.4 所示。

**表 0.4　水平面代替水准面的高程误差**

| 距离 $D$/km | 0.1 | 0.2 | 0.3 | 0.4 | 0.5 | 1 | 2 | 5 | 10 |
| --- | --- | --- | --- | --- | --- | --- | --- | --- | --- |
| $\Delta h$/mm | 0.8 | 3 | 7 | 13 | 20 | 78 | 314 | 1962 | 7848 |

结论：用水平面代替水准面对高程的影响是很大的，因此在进行高程测量时，即使距离很短，也应顾及水准面曲率对高程的影响。

## 项 目 小 结

课程导入主要介绍了测量学的概念、分类，以及地面点位置的表示方法，测量的基本工作和基本原则等测量学的基础知识。通过本项目的学习，学生应掌握以下内容。

1）测量学的概念、分类。

2）地球的形状和大小的概念。

3）地面点位置的表示方法。

4）测量的基本工作和基本原则。

5）地球曲率对测量观测值的影响。

## 知 识 检 验

1）什么是测量学？测量学有哪两种表现形式？测量学在国民经济和国防建设中的主要作用包括哪些方面？

2）什么是大地水准面？什么是大地体？什么是参考椭球体？

3）高斯投影有哪些特点？高斯平面直角坐标系以什么作纵轴？以什么作横轴？

4）测量上的平面直角坐标系与数学上的平面直角坐标系有哪些异同点？

5）什么是绝对高程？我国采用哪两种绝对高程系统？

6）确定地面位置的三要素是什么？三项基本测量工作是什么？

# 第 1 部分　学 习 项 目

# 项目1 水准测量

## 项目简介

高程测量是确定地面点位置的基本测量工作之一，高程测量的目的是获得地面点的高程，但一般只能直接测得两点间的高差，然后根据其中一点的已知高程推算出另一点的高程。高程测量通常采用的方法有水准测量、三角高程测量和气压高程测量。

水准测量是测定两点间高差的主要方法，也是最精密的方法。水准测量按照精度不同，可分为一等水准测量、二等水准测量、三等水准测量、四等水准测量，以及普通（等外）水准测量。水准测量广泛应用于国家等级水准网的加密及工程施工的高程控制网建立。

三角高程测量通过测量两点间的水平距离或斜距和竖直角（或天顶距），利用三角函数公式计算出两点间的高差。这种测量方法不受地形条件限制，传递高程迅速。按使用的仪器和测量原理不同，三角高程测量又分为经纬仪三角高程测量和全站仪三角高程测量两种。经纬仪三角高程测量精度较低，已经很少采用；全站仪三角高程测量在短距离的高程测量中已经能够达到三、四等水准测量的精度，广泛应用于工程测量中。

气压高程测量是根据大气压力随高度变化的规律，用气压计测定两点的气压差，进而推算高程的方法。其精度低于水准测量、三角高程测量，主要用于丘陵地和山区的勘测工作。

本项目由3个任务组成。其中，任务1.1“普通水准测量”的主要内容包括水准测量原理、水准测量的仪器与工具、普通水准测量、水准测量的内业计算，任务1.2“四等水准测量”的主要内容包括四等水准测量的一般要求、四等水准测量的观测和记录、手簿的计算与检核、四等水准测量测站上的限差要求，任务1.3“$DS_3$微倾水准仪的检验与校正”的主要内容包括$DS_3$微倾水准仪应满足的几何条件、$DS_3$微倾水准仪的检验与校正、水准测量的误差。通过本项目的学习，学生应达到如下要求：熟练使用水准仪及水准测量工具，了解水准仪的检验，掌握普通水准测量、四等水准测量方法，独立完成测量过程中的观测、记录、计算及内业数据处理。

# 任务 1.1 普通水准测量

## 1.1.1 水准测量原理

水准测量是利用水准仪提供的水平视线对竖立在两个地面点上的水准尺进行读数，从而计算两点间的高差，进而推算高程的一种高程测量方法。

1）水准仪：在两个待测点间安置一台能提供水平视线的用于水准测量的仪器。

2）水准尺：竖立在待测点上带有刻划的用于水准测量的标尺，又称水准标尺。

水准测量原理如图 1.1 所示，在需要测定高差的 $A$、$B$ 两点上分别竖立水准尺，在 $A$、$B$ 两点的中点安置水准仪，当仪器的视线水平时，在 $A$、$B$ 两尺上的读数分别为 $a$、$b$，则 $A$、$B$ 两点的高差为

$$h_{AB} = a - b \tag{1.1}$$

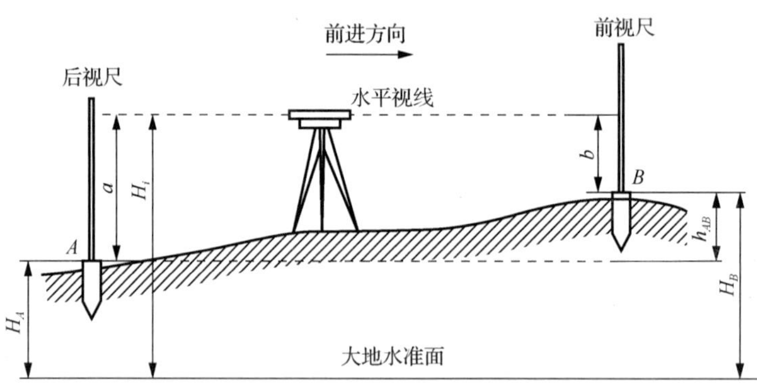


图 1.1 水准测量原理

若水准测量沿 $AB$ 方向前进，则 $A$ 点称为后视点，竖立在 $A$ 点的水准尺称为后视尺，读数 $a$ 称为后视读数；$B$ 点称为前视点，竖立在 $B$ 点的标尺称为前视尺，读数 $b$ 称为前视读数。

高差有正（+）有负（-）。当 $B$ 点高程大于 $A$ 点高程时，前视读数 $b$ 小于后视读数 $a$，高差为正；当 $B$ 点高程小于 $A$ 点高程时，前视读数 $b$ 大于后视读数 $a$，高差为负。因此，水准测量的高差 $h$ 必须冠以“+”“-”。

如果 $A$ 点的高程 $H_A$ 为已知，则 $B$ 点的高程 $H_B$ 为

$$H_B = H_A + h_{AB} \tag{1.2}$$

这种计算高程的方法称为高差法。

高程的计算也可以用视线高程的方法进行计算，即

$$H_B = H_A + a - b = (H_A + a) - b \tag{1.3}$$

式中，$H_A+a$ 为视线高，通常用 $H_i$ 表示。

因此，有

$$H_B = H_i - b \tag{1.4}$$

这种计算高程的方法称为视线高法，常用于工程测量中。

当一个测站上有一个后视和多个前视时，可以用视线高程减去各前视读数，求出各待定点高程，即架设一次仪器测量了多个点的高程。

在实际工作中，当已知点与待定点之间相距较远或高差较大时，安置一次仪器不可能测得它们的高差。如图 1.2 所示，设已知点 $A$ 的高程为 $H_A$，要测定待定点 $B$ 的高程，须在两点间分段连续安置仪器和竖立标尺，其中 $TP_1$、$TP_2$、…、$TP_n$ 为临时立尺点，不需要测定其高程，仅是传递高程之用，称为转点。各测站的高差为

$$h_1 = a_1 - b_1$$

$$h_2 = a_2 - b_2$$

$$\cdots$$

$$h_n = a_n - b_n$$

则

$$h_{AB} = h_1 + h_2 + \cdots + h_n = \sum_{i=1}^{n} h = \sum_{i=1}^{n} a - \sum_{i=1}^{n} b \tag{1.5}$$

$B$ 点的高程为

$$H_B = H_A + h_{AB} = H_A + \left( \sum_{i=1}^{n} a - \sum_{i=1}^{n} b \right) \tag{1.6}$$

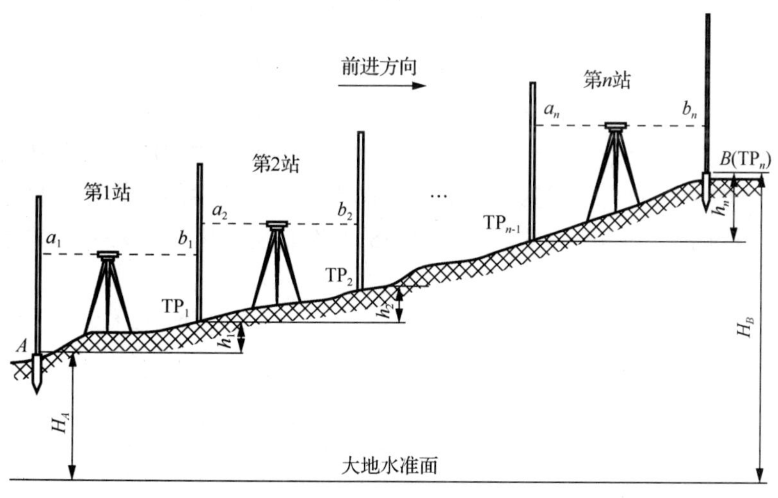


图 1.2 连续水准测量

### 1.1.2 水准测量的仪器与工具

水准仪按结构分为微倾水准仪、自动安平水准仪、激光水准仪和数字水准仪等；按精

度又分为 $DS_{05}$、$DS_1$、$DS_3$、$DS_{10}$ 等，其中 D 和 S 分别为“大地测量”和“水准仪”的汉语拼音第一个字母，下标数字 05、1、3、10 等表示精度，即每千米水准测量往、返测高差中数的偶然中误差分别为±0.5mm、±1mm、±3mm、±10mm，通常在书写时省略字母 D，直接写为 $S_{05}$、$S_1$、$S_3$、$S_{10}$ 等。$DS_{05}$ 和 $DS_1$ 为精密水准仪，用于国家一、二等水准测量及精密工程测量；$DS_3$ 和 $DS_{10}$ 为普通水准仪，用于国家三、四等水准测量及普通水准测量。以下重点介绍 $DS_3$ 微倾水准仪和自动安平水准仪。

1. $DS_3$ 微倾水准仪

（1）$DS_3$ 微倾水准仪的构造

如图 1.3 所示，$DS_3$ 微倾水准仪由望远镜、水准器及基座 3 个主要部分组成。

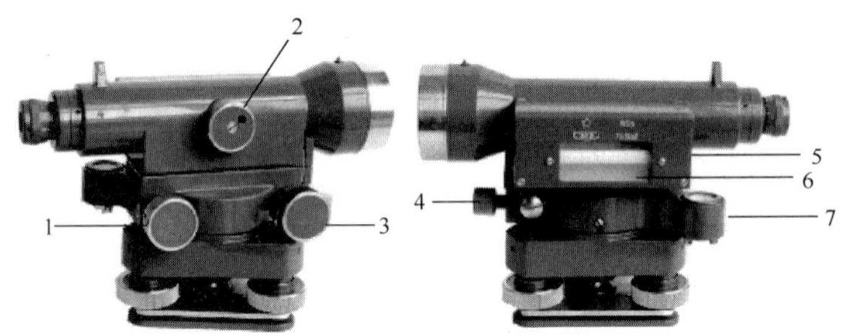


1——微倾螺旋；2——物镜调焦螺旋；3——水平微动螺旋；4——照准部制动螺旋；
5——符合水准器观察窗；6——符合水准器；7——圆水准器。

图 1.3 $DS_3$ 微倾水准仪

1）望远镜。望远镜由目镜、物镜、十字丝分划板、调焦（对光）螺旋、镜筒、照准器等组成。望远镜的作用是提供一条瞄准目标的视线，并将远处的目标放大，提高瞄准和读数的精度。

如图 1.4 所示，根据几何光学原理可知，目标经过物镜及对光透镜的作用，在十字丝附近成一倒立实像。由于目标离望远镜的远近不同，转动对光螺旋使对光透镜在镜筒内前后移动，即可使其实像恰好落在十字丝平面上，再经过目镜的作用，将倒立的实像和十字丝同时放大，这时倒立的实像成为倒立而放大的虚像。其放大的虚像与用眼睛直接看到目标大小的比值即为望远镜的放大率 $V$。国产 $DS_3$ 水准仪望远镜的放大率一般约为 30 倍。

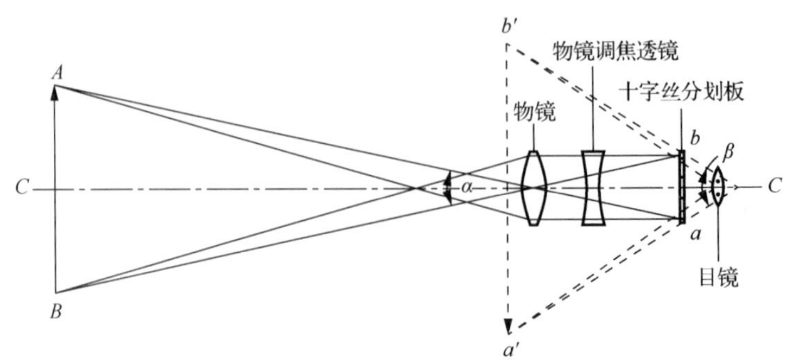


图 1.4 望远镜成像原理

内对光望远镜的结构如图 1.5 所示。为使仪器精确照准目标和读数，在物镜筒内光阑处安装了一个十字丝分划板，十字丝是刻在玻璃板上相互垂直的两条细线。竖直的十字丝称为竖丝，又称纵丝；中间的一根十字丝称为横丝，又称中丝；横丝上、下对称的两根十字丝称为上、下丝，又称视距丝。

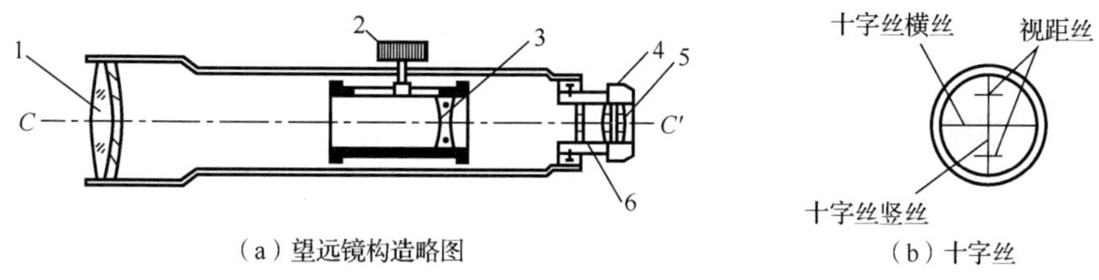


（a）望远镜构造略图　　（b）十字丝

1——物镜；2——物镜调焦螺旋；3——物镜调焦透镜；
4——目镜调焦螺旋；5——目镜；6——十字丝分划板。

图 1.5　内对光望远镜结构

十字丝交点和物镜光心的连线称为望远镜的视准轴。视准轴是水准仪进行水准测量的关键轴线，是用来瞄准和读数的视线。物镜与十字丝分划板之间的距离是固定不变的，而望远镜瞄准的目标有远有近，所以瞄准目标时应旋转物镜调焦螺旋，使目标像与十字丝分划板平面重合，这样才可以读数。此时，观测者的眼睛在目镜端上下稍微移动时，目标像与十字丝没有相对移动，如图 1.6（a）所示。如果目标像与十字丝分划板平面不重合，观测者的眼睛在目镜端上下稍微移动时，则目标像与十字丝发生相对移动，这种现象称为视差，如图 1.6（b）所示。消除视差的方法是：首先将望远镜对准远方向明亮处，进行目镜调焦，使十字丝的分划线看得最清楚；然后瞄准目标，用物镜对光螺旋使目标像也看得最清楚。这样反复调 1～2 次，直到上下晃动眼睛时，十字丝与目标像不发生相对移动为止。

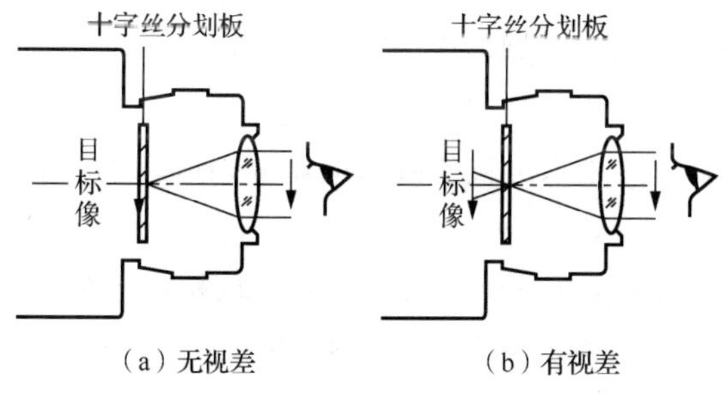


（a）无视差　　（b）有视差

图 1.6　十字丝视差

2）水准器。水准器是水准仪获得水平视线的重要部件，由一个内表面磨成圆弧的玻璃管制成。水准器分为圆水准器和管水准器。

① 圆水准器。圆水准器由金属圆柱形盒子与玻璃圆盖构成，如图 1.7 所示。玻璃圆盖的内表面是圆球面，其半径为 0.5～2.0m；盒内装有酒精或乙醚；玻璃盖的中央有一小圆圈，其圆心即圆水准器的零点，连接零点与球面球心的直线为圆水准器轴。当圆水准器气泡中心与水准器零点重合时，圆水准器轴即成竖直状态。在实际工作中，圆水准器用于仪器的粗略整平。

② 管水准器。管水准器又称水准管，由玻璃圆管制成，管内壁磨成一定半径的圆弧，如图 1.8 所示。在管内注满酒精和乙醚，加热封闭冷却后，管内形成的空隙部分充满了液体蒸气，称为水准气泡。因为蒸气的比重小于液体，所以水准气泡总是位于内圆弧的最高点。

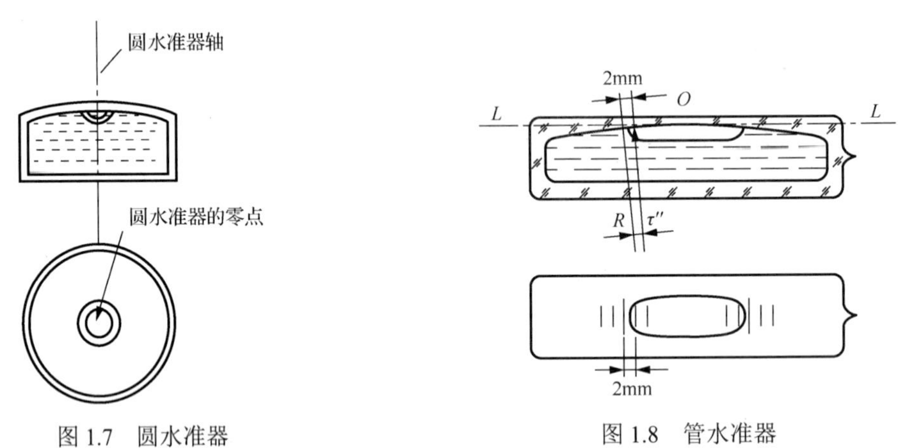


图 1.7 圆水准器

图 1.8 管水准器

管水准器内圆弧中点 $O$ 称为管水准器零点，过零点做内圆弧的切线 $LL$，为管水准器轴。当气泡中点位于管水准器的零点位置时，称为气泡居中，此时管水准器轴处于水平位置。

管水准器上刻有 2mm 间隔的分划线，分划线关于中间的 $O$ 点呈对称状态。水准器上相邻两分划线（2mm）间弧长所对应的圆心角值称为水准器的分划值，用 $\tau$ 表示。若圆弧的曲率半径为 $R$，则分划值为

$$\tau = \frac{2}{R}\rho \tag{1.7}$$

分划值与灵敏度的关系为：分划值大，灵敏度低；分划值小，灵敏度高。但水准管气泡的灵敏度越高，气泡越不稳定，使气泡居中所花费的时间越长。所以，水准器的灵敏度应与仪器的性能相适应。$DS_3$ 型水准仪的圆水准器分划值为 8′/mm，水准管分划值一般为 20″/2 mm。

③ 符合水准器。当用眼睛直接观察水准气泡两端相对于分划线的位置以衡量气泡是否居中时，其精度受到眼睛的限制。为了提高水准器整平的精度，并便于观察，一般采用符合水准器。

符合水准器就是在水准管的上方安置一组棱镜，通过光学系统的反射和折射作用，把气泡两端各一半的影像传递到望远镜内或目镜旁边的显微镜内，使观测者不移动位置便能看到水准器的符合影像。另外，由于气泡两端影像的偏离是将实际偏移值放大了一倍甚至许多倍，对于格值为 10″以上的水准器，其安平精度可提高 2～3 倍，从而提高了水准器居中的精度。如图 1.9 所示，符合水准器利用两块棱镜 1、2 使气泡的 $a$、$b$ 两端经过二次反射后，符合在一个视场内。两块棱镜 1、2 的接触线 $cc'$称为气泡的界线，再经过棱镜 3 放大为人眼看到。

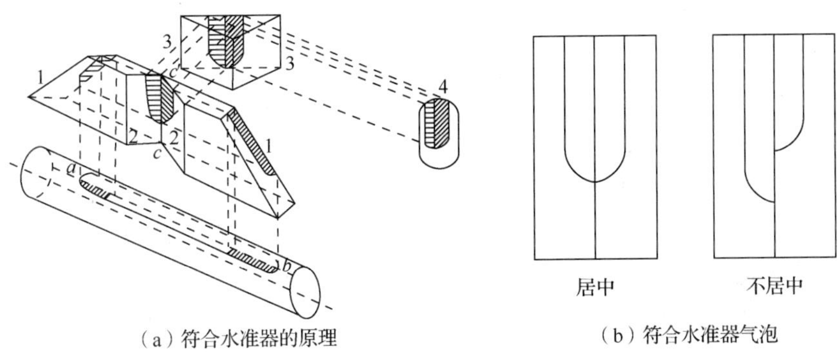

（a）符合水准器的原理 （b）符合水准器气泡

图 1.9 符合水准器

3）基座。基座的作用是支撑仪器的上部并与三脚架连接。它主要由轴座、脚螺旋、底板和三角压板构成。基座呈三角形，中间是一个空心轴套，照准部的竖直轴就插在该轴套内。当照准部绕竖轴在水平方向内转动时，基座保持不动。基座下部装了一块有弹性的三角底板。脚螺旋分别安置在底板的 3 个叉口内，底板的中央有一个螺母，用于与三脚架头上的中心螺旋连接，从而使水准仪连在三脚架上。

（2）$DS_3$ 微倾水准仪的使用

1）安置水准仪。首先，打开三脚架，安置三脚架时要求高度适当，架头大致水平并牢固稳妥，在山坡上应使三脚架的两脚在坡下，一脚在坡上；然后，把水准仪用中心连接螺旋连接到三脚架上，取水准仪时必须握住仪器的坚固部位，并确认已牢固地连接在三脚架上之后才可放手。

2）仪器的粗略整平。仪器的粗略整平是使用脚螺旋使圆水准器的气泡居中。不论圆水准器在任何位置，首先用任意两个脚螺旋使气泡移到通过圆水准器零点并垂直于这两个脚螺旋连线的方向上，如图 1.10 所示，气泡自 $a$ 移到 $b$，如此可使仪器在这两个脚螺旋连线方向处于水平位置；然后单独用第三个脚螺旋使气泡居中，如此使原两个脚螺旋连线的垂线方向也处于水平位置，从而使整个仪器置平。如仍有偏差，可重复进行。操作时必须记住以下 3 个要领。

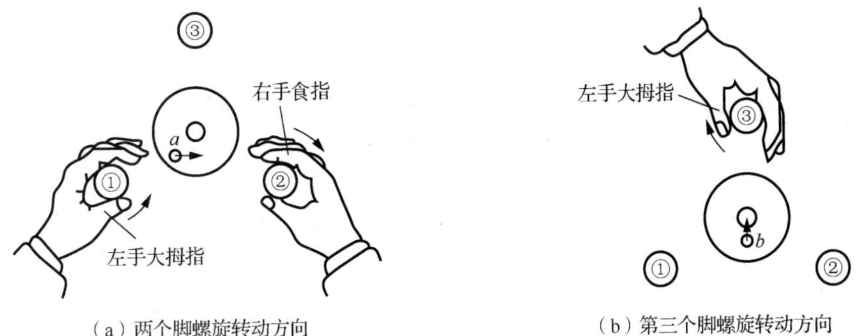

（a）两个脚螺旋转动方向 （b）第三个脚螺旋转动方向

图 1.10 粗略整平方法

① 先旋转两个脚螺旋，然后旋转第三个脚螺旋。

② 旋转两个脚螺旋时必须作相对转动，即旋转方向应相反。

③ 气泡移动的方向始终和左手大拇指移动的方向一致。

3）照准目标。用望远镜照准目标，必须先调节目镜使十字丝清晰，然后利用望远镜上的准星从外部瞄准水准尺，再旋转调焦螺旋使尺像清晰，即使尺像落到十字丝平面上，最后用微动螺旋使十字丝竖丝照准水准尺。为了便于读数，也可使尺像稍偏离竖丝一些。

4）仪器的精确整平。由于圆水准器的灵敏度较低，用圆水准器只能使水准仪粗略地整平。因此，在每次读数前还必须用微倾螺旋使水准管气泡符合，从而使仪器精确整平。由于微倾螺旋旋转时经常改变望远镜和竖轴的关系，当望远镜由一个方向转变到另一个方向时，水准管气泡一般不再符合，因此望远镜每次变动方向后，即在每次读数前，都需要用微倾螺旋重新使气泡符合。

5）读数。用十字丝中间的横丝读取水准尺的读数。从尺上可直接读出米、分米和厘米数，并估读出毫米数，所以每个读数必须有四位数。如果某一位数是零，也必须读出并记录，不可省略，如 1.002m、0.007m、2.100m 等。如果水准仪为正像仪器，从望远镜内读数时应由下向上读；如果水准仪为倒像仪器，从望远镜内读数时应由上向下读，即由小数向大数读。

图 1.11 所示为倒像仪器读数示例，读数为 1.538。读数前应先认清水准尺的分划特点，应特别注意与注字相对应的分米分划线的位置。为了保证得出正确的水平视线读数，在读数前和读数后都应该检查气泡是否符合。

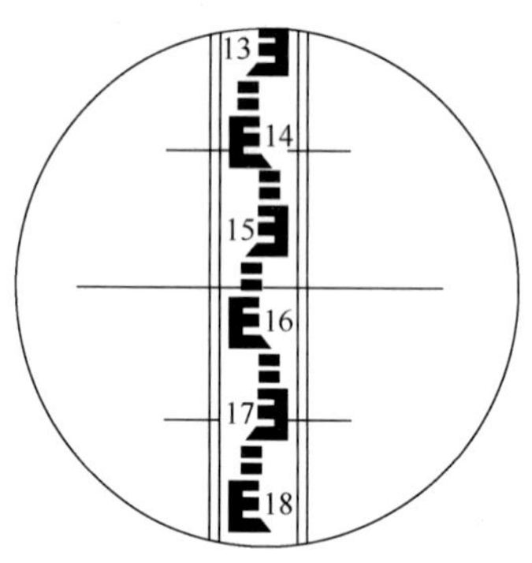


图 1.11　倒像仪器读数示例

6）使用水准仪注意事项。

① 搬运仪器前要检查仪器箱是否上锁，提手或背带是否牢固。

② 从仪器箱中取出仪器时要注意轻拿轻放，要先留意仪器及其他附件在箱中安放的位置，以便使用过后再原样装箱。

③ 安置仪器时，注意将脚架蝶形螺旋和架头连接螺旋拧紧。仪器安置后，需要人员进行看护，以免被外人损坏。

④ 操作时，要注意制动螺旋不能过紧，微动螺旋不能拧到极限。当目标偏离较远（微动螺旋不能调节正中）时，需要将微动螺旋反松（目标偏移更远），打开制动螺旋重新照准。

⑤ 迁站时，如果距离较近，可将仪器侧立，左臂夹住脚架，右手托住仪器基座进行搬迁；如果距离较远，则应将仪器装箱搬运。

⑥ 在烈日或雨天进行观测时，应用伞遮住仪器，防止仪器暴晒或淋湿。

⑦ 测量结束后，仪器应进行擦拭后装箱，擦拭镜头需要用专门的擦镜纸或脱脂棉。

⑧ 仪器的存放地点要保持阴凉、通风、安全，注意防潮并且防止碰撞。

### 2. 自动安平水准仪

自动安平水准仪是一种不用水准管而能自动获得水平视线的水准仪，如图 1.12 所示。由于自动安平水准仪可以自动补偿使视线水平，因此在观测时只需将圆水准器气泡居中，十字丝中丝读取的标尺读数即为水平视线的读数。自动安平水准仪不仅加快了作业速度，而且能自动补偿由于地面的微小震动、仪器下沉、风力及温度变化等外界因素影响引起的视线微小倾斜，从而保证测量精度，被广泛地应用在各种等级的水准测量中。

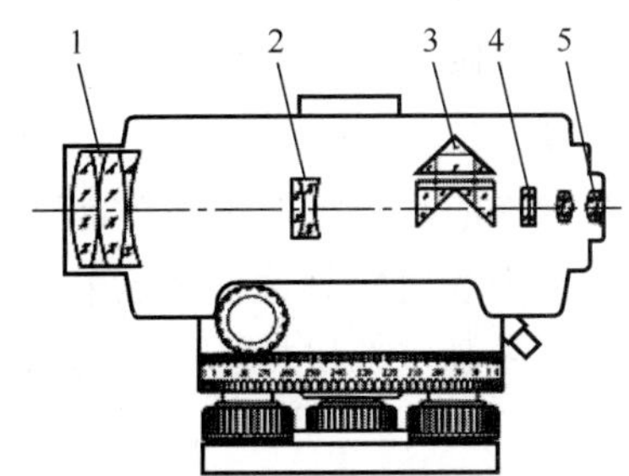


1——物镜；2——物镜调焦透镜；3——补偿器棱镜组；4——十字丝分划板；5——目镜。

图 1.12 自动安平水准仪

（1）自动安平原理

如图 1.13 所示，照准轴水平时，照准轴指向标尺的 $a$ 点，即 $a$ 点的水平线与照准轴重合；当照准轴倾斜一个小角 $\alpha$ 时，照准轴指向标尺的 $a'$，而来自 $a$ 点过物镜中心的水平线不再落在十字丝的水平丝上。自动安平就是在仪器的照准轴倾斜时，采取某种措施使通过物镜中心的水平光线仍然通过十字丝交点。

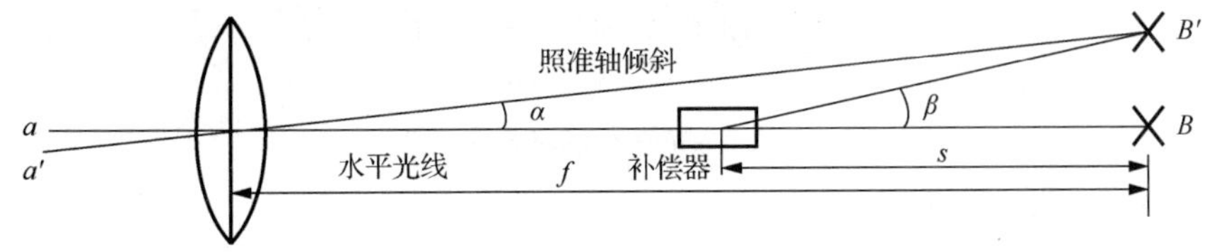


图 1.13 自动安平原理

通常有以下两种自动安平的方法。

1）在光路中安置一个补偿器，当照准轴倾斜一个小角 $\alpha$ 时，使光线偏转一个 $\beta$ 角，使来自 $a$ 点过物镜中心的水平线落在十字丝的水平丝上。

由于 $\alpha$ 、 $\beta$ 均很小，应有

$$\alpha \cdot f = s \cdot \beta \tag{1.8}$$

式中， $f$ 为物镜的焦距； $\alpha$ 为照准轴的倾斜角； $\beta$ 为补偿角。

$\alpha$、$\beta$均以弧度表示，则光线的补偿角为

$$\beta = \frac{\alpha \cdot f}{s} \tag{1.9}$$

2）使十字丝自动地与 $a$ 点的水平线重合而获得正确读数，即使十字丝从 $B'$ 移动到 $B$ 处，移动的距离为$\alpha \cdot f$。

两种方法都达到了修正照准轴倾斜偏移量的目的。第一种方法是使光线偏转，需要在光路中加入光学部件，故称为光学补偿；第二种方法则是用机械方法使十字丝在照准轴倾斜时自动移动，故称为机械补偿。常用的仪器中采用光学补偿器的仪器较多。

（2）光学补偿器

光学补偿器的主要部件是一个屋脊棱镜和两个由金属簧片悬挂的直角棱镜。如图 1.14（a）所示，光线经第一个直角棱镜反射到屋脊棱镜，再经屋脊棱镜三次折射后到第二个直角棱镜，最后到达十字丝中心。当照准轴倾斜时，若补偿器不起作用，到达十字丝中心 $B$ 的光线是倾斜的，而水平光线则到达 $A$。

由于两个直角棱镜是用簧片悬挂的，当照准轴倾斜$\alpha$时，悬挂的两个直角棱镜在重力作用下自动反方向旋转$\alpha$，使水平光线仍然到达十字丝中心 $B$，如图 1.14（b）所示。

自动安平水准仪的观测步骤与微倾水准仪相同，不同的是自动安平水准仪只需使圆水准器气泡居中即可。

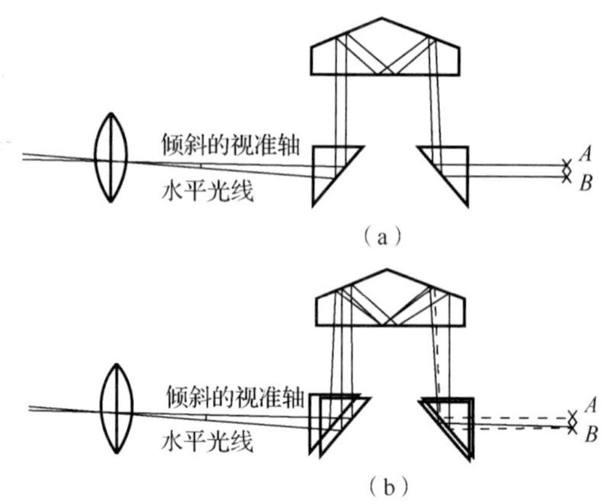


图 1.14　光学补偿器补偿原理

（3）自动安平水准仪的使用

1）用脚螺旋使圆水准器气泡居中，完成仪器的粗略整平，仪器精平由自动安平结构完成。

2）用望远镜照准水准尺，即可用十字丝横丝读取水准尺读数，所得的就是水平视线读数。

由于补偿器有一定的工作范围，即能起到补偿作用的范围，因此使用自动安平水准仪时要防止补偿器贴靠周围的部件，不处于自由悬挂状态。有的仪器在目镜旁有一按钮，它可以直接触动补偿器。读数前可轻按此按钮，以检查补偿器是否处于正常工作状态，也可以消除补偿器轻微的贴靠现象。如果每次触动按钮后，水准尺读数变动后又能恢复原有读

数则表示工作正常。如果仪器上没有这种检查按钮，则可用脚螺旋使仪器竖轴在视线方向稍作倾斜，若读数不变则表示补偿器工作正常。由于要确保补偿器处于工作范围内，使用自动安平水准仪时应十分注意圆水准器的气泡居中。

3. 水准尺和尺垫

（1）水准尺

水准标尺简称水准尺，与水准仪配合使用，一般由优质木材、玻璃钢或铝合金制成，要求尺长稳定，分划准确。常用的水准尺有塔尺和双面尺两种，如图 1.15 所示。塔尺多用于等外水准测量，其长度有 2m 和 5m 两种，由两节或三节套接在一起，尺的底部为零点，尺上黑白格相间，每格宽度为 1cm，有的为 0.5cm，每一米和分米处均有注记。双面尺多用于三、四等水准测量，其长度有 2m 和 3m 两种，并且两根尺为一对。尺的两面均有刻划，一面为红白相间，称为红面尺；另一面为黑白相间，称为黑面尺（也称主尺）。两面的刻划均为 1cm，并在分米处注字。两根尺的黑面均由零开始；而红面，一根尺由 4.687m 开始至 6.687m 或 7.687m，另一根由 4.787m 开始至 6.787m 或 7.787m，两把尺红面注记的零点差为 0.1m，称为一对水准尺。

使用水准尺时应注意以下几点。

1）双面尺必须成对使用。例如，三、四等水准测量的普通水准尺就是红面起点为 4.687mm 和 4.787mm 的一对水准尺。

2）观测时，特别是在读取中丝读数时，应使水准标尺的圆水准器气泡居中。

3）为保证同一水准尺在前视与后视时的位置一致，在水准路线的转点上应使用尺垫。

（2）尺垫

尺垫是用生铁铸成的三角形板座，用于转点处放置水准尺，如图 1.16 所示。使用时先将尺垫踩实，再将标尺直立在尺垫的半球形的顶部。

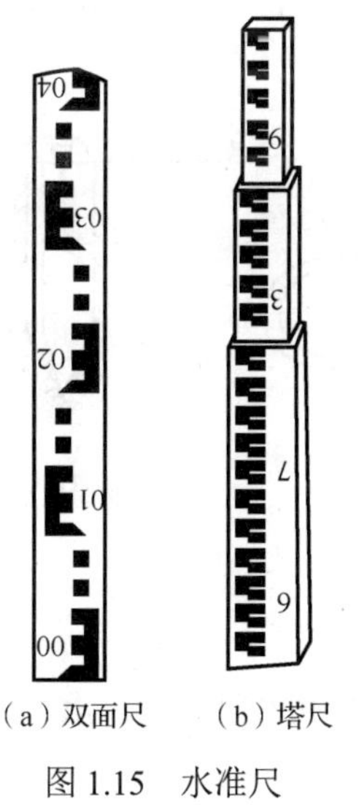

（a）双面尺　（b）塔尺

图 1.15　水准尺

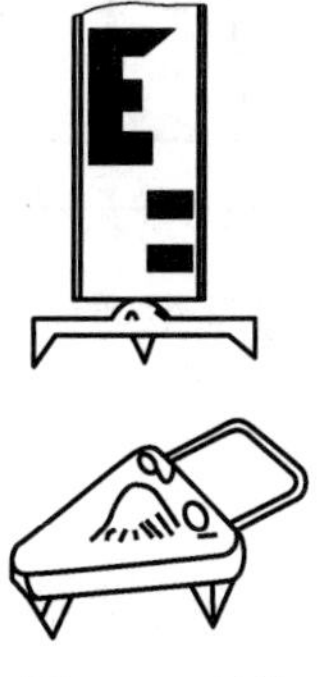

图 1.16　尺垫

### 1.1.3 普通水准测量

水准测量分为国家等级水准测量和普通水准测量或等外水准测量。国家等级水准测量分为一、二、三、四等 4 个等级。其中，一等水准测量精度最高，是国家高程控制网的骨干；二等水准测量精度低于一等水准测量，是国家高程控制基础；三、四等水准测量精度依次降低，为工程建设和地形测图服务。普通水准测量精度低于四等水准测量，直接服务于地形测图高程控制测量和普通工程建设施工。

1. 水准点及水准路线

（1）水准点

用水准测量的方法测定的高程控制点称为水准点，常用 BM 表示。为了满足各种类型的测图、施工和科研需要，国家各级测绘部门按统一的精度要求在全国范围内建立了国家等级水准点。在局部地区，为满足测图控制和工程建设需要，还可建立低于国家等级的等外水准点。水准点可分为永久性水准点和临时性水准点。

1）永久性水准点。水准点按其精度分为不同的等级。国家水准点分为 4 个等级，即一、二、三、四等水准点，按规范要求埋设永久性标石标记。水准点一般用混凝土标石制成，深埋到地面冻结线以下，在标石的顶面设有用不锈钢或其他不易锈蚀的材料制成的半球状标志，如图 1.17（a）所示。在城镇居民区，也可以采用把金属标志嵌在墙上的墙脚水准点，如图 1.17（b）所示。

2）临时性水准点。地形测量中的图根水准点和一些施工测量使用的水准点常采用临时性标志，一般用更简便的方法来设立。例如，将木桩（桩顶钉一半圆球状铁钉）或大铁钉打入地面，如图 1.17（c）所示；也可在地面上突出的坚硬岩石或房屋四周水泥面、台阶等处用红油漆标记。临时性水准点的绝对高程多从国家水准点上引测，引测有困难时，可采用相对高程。

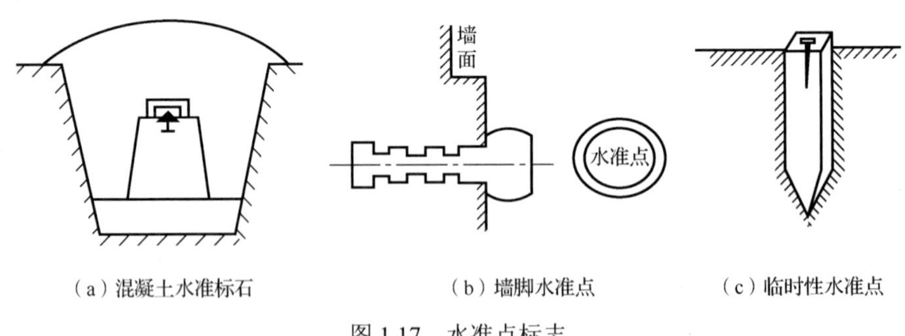


（a）混凝土水准标石　（b）墙脚水准点　（c）临时性水准点

图 1.17　水准点标志

（2）水准路线

水准测量所经过的路线称为水准路线。根据布设形式和实际需求，水准路线的布设形式有以下 3 种。

1）附合水准路线。从一已知高级水准点开始，沿一条路线推进施测，获取待定水准点的高程，最后传递到另一个已知的高级水准点上，这种形式的水准路线为附合水准路线，

如图 1.18（a）所示。附合水准路线各段高差的和理论上应等于两已知高级水准点之间的高差，据此可以检查水准测量是否存在错误或超过允许误差。

2）闭合水准路线。从一已知高级水准点出发，沿一条路线进行施测，以测定待定水准点的高程，最后仍回到原来的已知点上，从而形成一个闭合环线，这种形式的水准路线为闭合水准路线，如图 1.18（b）所示。闭合水准路线各段高差的和理论上应等于零，据此可以检查水准测量是否存在错误或超过允许误差。

3）支水准路线。从一个高级水准点出发，沿一条路线进行施测，以测定待定水准点的高程，其路线既不闭合又不附合，这种形式的水准路线为支水准路线，如图 1.18（c）所示。由于此种水准路线不能对测量成果自行检核，因此必须进行往测和返测。支水准路线往测与返测高差的代数和理论上应等于零。

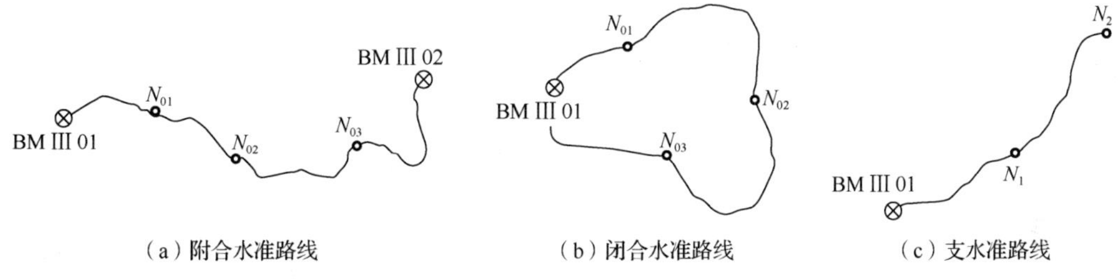


（a）附合水准路线　（b）闭合水准路线　（c）支水准路线

图 1.18　水准路线

由于起闭于一个高级水准点的闭合水准路线缺少检核条件（当起始点高程有误时无法发现），因此在未确认高级水准点的高程时不应当布设闭合水准路线；而对于无检核测量成果的支水准路线，只有在特殊条件下才能使用。因此，水准路线一般应布设成附合路线。

### 2. 普通水准测量方法

（1）普通水准测量技术要求

普通水准测量的主要技术要求如表 1.1 所示。

**表 1.1　普通水准测量的主要技术要求**

| 等级 | 路线长度/km | 水准仪 | 水准尺 | 视线长度/m | 观测次数 | | 往返较差、附合或环线闭合差/mm | |
|---|---|---|---|---|---|---|---|---|
| | | | | | 与已知点联测 | 附合或环线 | 平地 | 山地 |
| 等外 | ≤5 | $DS_3$ | 单面 | ≤100 | 往返各一次 | 往一次 | $\pm40\sqrt{L}$ | $\pm12\sqrt{n}$ |

注：$L$ 为水准路线长度，km；$n$ 为水准路线中的测站总数。

（2）普通水准测量观测程序

1）将水准尺立于已知高程的水准点上作为后视尺。

2）将水准仪置于施测路线附近合适的位置，在施测路线的前进方向上前、后视距大致相等的位置放置尺垫，将尺垫踩实后，把水准尺立在尺垫上作为前视尺。

3）观测员将仪器粗平后瞄准后视标尺，消除视差，用微倾螺旋进行精平，用中丝读后视读数至毫米，记录在相应栏内，如表 1.2 所示。

4）调转望远镜，瞄准前视标尺，此时水准管气泡一般将会偏离少许，将气泡居中，用中丝读前视读数。记录员根据观测员的读数在手簿中记下相应数字，并立即计算高差。以上为第一个测站的全部工作。

5）第一测站结束之后，记录员指示后标尺员向前转移，并将仪器迁至第二测站。此时，第一测站的前视点便成为第二测站的后视点。依第一测站相同的工作程序进行第二测站的工作。依次沿水准路线方向施测，直至全部路线观测完为止。

6）计算检核。为了保证记录表中数据的正确，应对后视读数总和减前视读数总和、高差总和、$B$ 点高程与 $A$ 点高程之差进行检核，这 3 个数值应相等。

$$\sum a-\sum b=7.251-6.057=+1.194(\mathrm{m})$$

$$\sum h=2.687-1.493=+1.194(\mathrm{m})$$

$$H_B-H_A=134.009-132.815=+1.194(\mathrm{m})$$

**表 1.2　普通水准测量记录手簿**

测区＿＿＿＿＿＿　＿＿＿年＿＿月＿＿日　观测者：＿＿＿＿

仪器型号＿＿＿＿＿　天气＿＿＿＿＿＿　记录者：＿＿＿＿

| 测站 | 测点 | 水准尺读数/m | | 高差/m | | 高程/m | 备注 |
|---|---|---|---|---|---|---|---|
| | | 后视 | 前视 | + | − | | |
| 1 | $BM_A$ | 1.453 | | 0.580 | | 132.815 | 已知 $BM_A$ 点高程 132.815m |
| | $TP_1$ | | 0.873 | | | | |
| 2 | $TP_1$ | 2.532 | | 0.770 | | | |
| | $TP_2$ | | 1.762 | | | | |
| 3 | $TP_2$ | 1.372 | | 1.337 | | | |
| | $TP_3$ | | 0.035 | | | | |
| 4 | $TP_3$ | 0.874 | | | 0.929 | | |
| | $TP_4$ | | 1.803 | | | | |
| 5 | $TP_4$ | 1.020 | | | 0.564 | | |
| | $BM_B$ | | 1.584 | | | 134.009 | |
| 6 | $\sum$ | 7.251 | 6.057 | 2.687 | 1.493 | | |
| | $\sum a-\sum b=+1.194$ | | | $\sum h=+1.194$ | | $h_{AB}=H_B-H_A=+1.194$ | |

7）水准测量的测站检核。

① 变换仪器高法：同一个测站上用两次不同的仪器高度，测得两次高差进行检核。要求：改变仪器高度应大于 10cm，两次所测高差之差不超过容许值（如等外水准测量容许值为±6mm），取其平均值作为该测站的最后结果，否则应重测。

② 双面尺法：分别对双面水准尺的黑面和红面进行观测。利用前、后视的黑面和红面读数分别算出两个高差，如果不符值不超过规定的限差，则取其平均值作为该测站最后结果，否则须重测。三、四等水准测量用双面尺法进行测站检核。

（3）普通水准测量注意事项

1）在水准点（已知点或待定点）上立尺时，不得放尺垫。

2）水准尺应保持直立，不要左右倾斜，前后俯仰。

3）在记录员未提示迁站前，后视点尺垫不能提动。

4）前后视距应尽量保持一致，立尺时也可用步量。

5）外业观测记录必须在手簿上进行。已编号的各页不得随意撕去，记录中间不得留下空页或空格。

6）一切外业原始观测值和记事项目必须在现场用铅笔直接记录在手簿中，记录的文字和数字应端正、整洁、清晰，不能潦草模糊。

7）外业手簿中的记录和计算的修改以及观测结果的作废，禁止擦拭、涂抹与刮补，而应以横线或斜线正规划去，并在本格内的上方写出正确数字和文字。除计算数据外，所有观测数据的修改和作废必须在备注栏内注明原因及重测结果记于何处。重测记录前应加“重测”二字。

在同一测站内不得有两个相关数字“连环更改”。例如，更改了标尺的黑面前两位读数后，就不能再改同一标尺的红面前两位读数，否则称为连环更改。有连环更改记录应立即废去重测。

对于尾数读数有错误（厘米和毫米读数）的记录，不论什么原因都不允许更改，而应将该测站的观测结果作废并重测。

8）有正、负意义的量，在记录计算结果时都应带上“+”“-”号，“+”号不能省略。对于中丝读数，要求读记四位数，前后的0都要读记。

9）作业人员应在手簿的相应栏内签名，并填注作业日期、开始及结束时刻、大气及观测情况和使用仪器型号等。

10）作业手簿必须经过小组认真检查（记录员和观测员各检查一遍），确认合格后，方可提交上一级检查验收。

### 1.1.4 水准测量的内业计算

水准测量外业结束后即可进行内业计算。计算前，首先要对外业手簿进行复核，没有错误才能进行成果的计算。

1. 高差闭合差及其允许值的计算

（1）高差闭合差的计算

1）附合水准路线。附合水准路线是从一已知水准点出发，沿着各个待定高程的点逐站进行水准测量，最后附合到另一个已知水准点上，各测段所测高差总和应该等于两水准点高程之差。但是，由于测量误差的影响，实测高差总和与理论值之间有一个差值，此差值为附合水准路线的高差闭合差：

$$f_h = \sum h - \left(H_{终} - H_{始}\right) \tag{1.10}$$

2）闭合水准路线。因为闭合水准路线起止于同一个点，因此理论上整条路线各段高差之和应等于零，即

$$\sum h = 0 \tag{1.11}$$

由于误差的影响，整条路线各段高差之和不等于零，$\sum h$ 就是闭合水准路线的高差闭合差，即

$$f_h = \sum h \tag{1.12}$$

3）支水准路线。支水准路线要求往返测，理论上往返测所得高差的绝对值应相等、符号相反，或者是往返测高差的代数和应等于零，即

$$\sum h_{往} = -\sum h_{返} \tag{1.13}$$

由于误差的影响，往返测高差的代数和即为支水准路线的高差闭合差：

$$f_h = \sum h_{往} + \sum h_{返} \tag{1.14}$$

（2）高差闭合差允许值的计算

对于普通水准测量，有

$$f_{h允} = \pm 40\sqrt{L}\ (平地) \tag{1.15}$$

$$f_{h允} = \pm 12\sqrt{n}\ (山地) \tag{1.16}$$

式中，$f_{h允}$ 为高差闭合差允许值，mm；$L$ 为水准路线长度，km；$n$ 为测站数。

如果高差闭合差不超过允许范围，则认为水准测量符合要求。

对于其他各等级水准测量，参照各等级水准测量技术要求。

2. 高程闭合差的调整

对于附合或闭合水准路线，当高差闭合差在允许范围内时，可以进行调整，即给每段高差配赋一个相应的改正数 $v_i$，使所有改正数的和 $\sum v_i$ 与高差闭合差 $f_h$ 大小相等，符号相反，从而消除高差闭合差。由于各站的观测条件相同，故认为各站产生的误差相等，因此每段改正数的大小应与测段长度（或测站数）成比例，符号与高差闭合差相反，即

$$v_i = -\frac{f_h}{\sum L_i} \times L_i \tag{1.17}$$

式中，$v_i$ 为测段的高差改正数；$L_i$ 为各测段长度；$\sum L_i$ 为水准路线总长。

按测站数成比例进行调整时，只需将式（1.17）中的测段长度换成测站数。

改正数凑整至毫米，然后按下式进行验算：

$$\sum v = -f_h \tag{1.18}$$

如果经检验不满足式（1.18），则表明计算有误，应重算；如果因凑整引起微小不符值，则按测段长度将不符值多分或少分给测段长度较长的一个或多个测段，每个测段多分或少分 1mm，以满足上述要求。

计算出各段的改正数后，按代数法则加到各段实测高差中，求得各段改正后的高差。改正后的总高差等于其相应的理论值。

对于支水准路线，当各段往返测高差符合要求时，计算出各段的平均高差。

$$h = \frac{h_{往} - h_{返}}{2} \tag{1.19}$$

3. 高程计算

对于附合或闭合水准路线，应根据起点高程和各段改正后的高差依次推算各点的高程，推算到终点时，推算值应与终点的已知高程相等。

对于支水准路线，应根据起点高程和各段平均高差依次推算各点高程。由于终点没有已知高程可供检核，因此应反复推算，避免出现错误。

**【例 1.1】**附合水准路线计算。

图 1.19 所示为按普通水准测量要求施测的附合水准路线观测成果略图。$BM_A$ 和 $BM_B$ 为已知高程的水准点，箭头表示水准测量前进方向，路线上方数字为测得的两点间的高差，路线下方数字为该段路线的长度，试计算待定点 1、2、3 的高程。

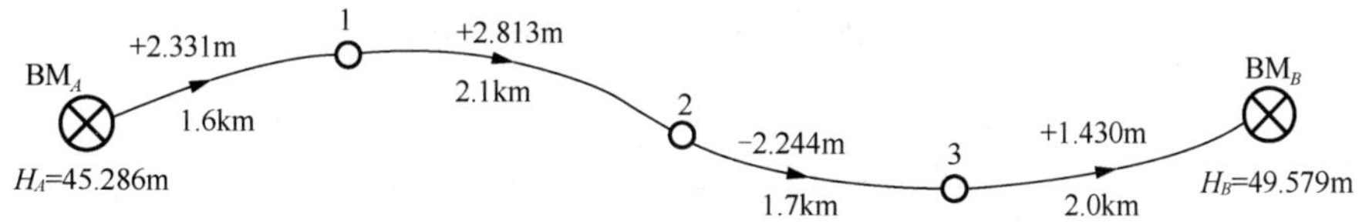


图 1.19 附合水准路线观测成果略图

计算步骤如下：

1）填写观测数据及已知数据。将测段号、点号、测站数、观测高程及已知点的高程填入附合水准路线成果计算表中的相应栏目内。

2）高差闭合差及其允许值计算。

高差闭合差为

$$f_h=\sum h_{测}-(H_{终}-H_{始})=4.330-(49.579-45.286)=+0.037(\mathrm{m})=+37(\mathrm{mm})$$

高差闭合差允许值为

$$f_{h允}=\pm 40\sqrt{L}=\pm 108(\mathrm{mm})$$

$f_h \leqslant f_{h允}$，符合普通水准测量的要求，可以进行闭合差的调整。将计算的高差闭合差及其允许值填于表 1. 3 下方的“辅助计算”栏。

3）高差闭合差的调整。按式（1.17）依次计算各测段的高差改正数。

第 1 段的高差改正数为

$$v_1=-\frac{f_h}{\sum L_i}\times L_1=-\frac{37}{7.4}\times 1.6=-8(\mathrm{mm})$$

第 2 段的高差改正数为

$$v_2=-\frac{f_h}{\sum L_i}\times L_2=-\frac{37}{7.4}\times 2.1=-10(\mathrm{mm})$$

第 3 段的高差改正数为

$$v_3=-\frac{f_h}{\sum L_i}\times L_3=-\frac{37}{7.4}\times 1.7=-8(\mathrm{mm})$$

第 4 段的高差改正数为

$$v_4 = -\frac{f_h}{\sum L_i} \times L_4 = -\frac{37}{7.4} \times 2.0 = -10(\text{mm})$$

改正数检核：$\sum v_i = -36\text{mm}$，而 $f_h = +37\text{mm}$，两者绝对值相差 1mm，将测段长度最长的高差改正数调整为-11mm，使高差改正数的和与闭合差绝对值相等，符号相反。

将所有高差改正数依次填入表 1.3 中的“高差改正数”栏内。

4）改正后高差计算。每测段改正后高差等于测段实测高差加上高差改正数，改正后高差的总和应等于 $\text{BM}_B$ 点（终点）的高程减去 $\text{BM}_A$ 点（起始点）的高程。

5）计算待定点的高程。根据起点高程和各段改正后的高差依次推算各点的高程。

点 1 的高程为

$$H_1 = 45.286 + 2.323 = 47.609(\text{m})$$

点 2 的高程为

$$H_2 = 47.609 + 2.802 = 50.411(\text{m})$$

点 3 的高程为

$$H_3 = 50.411 - 2.252 = 48.159(\text{m})$$

点 $\text{BM}_B$ 的高程为

$$H_{\text{BM}_B} = 48.159 + 1.420 = 49.579(\text{m})$$

终点的推算高程与已知高程相等。

**表 1.3 高程误差配赋表**

| 点名 | 测段长度/km | 实测高差/m | 高差改正数/mm | 改正后高差/m | 高程/m | 备注 |
|---|---|---|---|---|---|---|
| $\text{BM}_A$ | | | | | 45.286 | 已知点 |
| | 1.6 | +2.331 | −8 | +2.323 | | |
| 1 | | | | | 47.609 | 待定点 |
| | 2.1 | +2.813 | −11 | +2.802 | | |
| 2 | | | | | 50.411 | 待定点 |
| | 1.7 | −2.244 | −8 | −2.252 | | |
| 3 | | | | | 48.159 | 待定点 |
| | 2.0 | +1.430 | −10 | +1.420 | | |
| $\text{BM}_B$ | | | | | 49.579 | 已知点 |
| $\sum$ | 7.4 | +4.330 | −37 | 4.293 | | |
| 辅助计算 | $f_h = \sum h_{测} - (H_{终} - H_{始}) = 4.330 - (49.579 - 45.286) = +0.037(\text{m}) = +37(\text{mm})$，$f_{h允} = \pm 40\sqrt{L} = \pm 108(\text{mm})$ | | | | | |

【例 1.2】闭合水准路线计算。

图 1.20 所示为按普通水准测量要求施测的闭合水准路线观测成果略图，$BM_A$ 为已知水准点，高程为 45.732m，计算 1、2、3 点的高程。

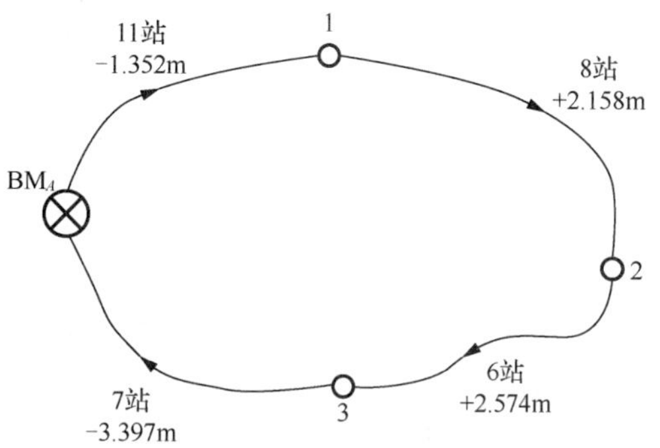


图 1.20 闭合水准路线观测成果略图

计算步骤如下。

1）填写观测数据及已知数据。

2）计算高差闭合差及其允许值。

高差闭合差：

$$f_h = -17(\mathrm{mm})$$

闭合差允许值：

$$f_{h允} = \pm 12\sqrt{n} = \pm 68(\mathrm{mm})$$

$f_h \leqslant f_{h允}$，符合普通水准测量的要求，可以进行闭合差的调整。

3）高差闭合差的调整。高差闭合差的调整方法和原则与附合水准路线基本一致，本例中以测站数进行调整。

$$v_1 = -\frac{f_h}{\sum n} \cdot n_1 = +\frac{17}{32} \times 11 = +6(\mathrm{mm})$$

$$v_2 = -\frac{f_h}{\sum n} \cdot n_2 = +\frac{17}{32} \times 8 = +4(\mathrm{mm})$$

$$\cdots$$

改正数检核：

$$\sum v = -f_h = +17(\mathrm{mm})$$

4）计算改正后高差。每测段改正后高差等于测段实测高差加上高差改正数，改正后高差的总和应等于 0。

5）计算待定点的高程。根据起点高程和各段改正后的高差依次推算各点的高程。推算的终点高程应与已知高程相等。

图 1.20 中各点高程误差配赋见表 1.4。

**表 1.4　高程误差配赋表**

| 点名 | 测站数 | 实测高差/m | 高差改正数/mm | 改正后高差/m | 高程/m | 备注 |
|---|---|---|---|---|---|---|
| $BM_A$ | | | | | 45.732 | 已知点 |
| | 11 | −1.352 | +6 | −1.346 | | |
| 1 | | | | | 44.386 | 待定点 |
| | 8 | +2.158 | +4 | +2.162 | | |
| 2 | | | | | 46.548 | 待定点 |
| | 6 | +2.574 | +3 | +2.577 | | |
| 3 | | | | | 49.125 | 待定点 |
| | 7 | −3.397 | +4 | −3.393 | | |
| $BM_A$ | | | | | 45.732 | 已知点 |
| $\Sigma$ | 32 | −0. 017 | +17 | 0 | | |
| 辅助计算 | $f_h=-17$(mm) | | | $f_{h允}=\pm12\sqrt{n}=\pm68$(mm) | | |

**【例 1.3】**支水准路线计算。

在 $A$、$B$ 两点间进行往返普通水准测量，已知 $H_A$=68.475m，$h_{往}$=+0.028m，$h_{返}$=−0.008m，$A$、$B$ 间往返测平均长度为 $L$=3.0km，计算 $B$ 点高程。

高差闭合差为

$$f_h=h_{往}+h_{返}=+0.028-0.008=+0.020(\mathrm{m})$$

高程闭合差允许值为

$$f_{h允}=\pm40\sqrt{L}=\pm69(\mathrm{mm})$$

$f_h \leqslant f_{h允}$，符合普通水准测量的要求。

往返测平均高差为

$$h=\frac{h_{往}-h_{返}}{2}=+0.018(\mathrm{m})$$

$B$ 点的高程为

$$H_B=H_A+h=68.475+0.018=68.493(\mathrm{m})$$

# 任务 1.2 四等水准测量

## 1.2.1 四等水准测量的一般要求

四等水准测量可以根据施测条件和用途的不同布设为附合水准路线或者闭合水准路线，根据不同的需求沿水准路线埋设水准点（临时性水准点或永久性水准点）。

四等水准测量采用 $DS_3$ 水准仪和双面水准尺进行观测。

四等水准测量应在标尺分划线成像清晰稳定时进行，若成像欠佳，应酌情缩短视线长度。视线高度以三丝能读数为限。

不同仪器类型对视距的要求不同，表 1.5 所示为 $DS_3$ 水准仪的技术要求及各项限差要求。

**表 1.5 $DS_3$ 水准仪的技术要求及各项限差要求**

| 等级 | 前后视距/m | 前后视距差/m | 前后视距累积差/m | 视线高度 | 黑红面读数差/mm | 黑红面高差之差/mm | 水准路线长度/km | 高差闭合差/mm |
|---|---|---|---|---|---|---|---|---|
| 三等 | ≤75 | ≤±2 | ≤±5 | 三丝能读数 | ≤±2 | ≤±3 | ≤50 | $\leq \pm 12\sqrt{L}$ |
| 四等 | ≤100 | ≤±3 | ≤±10 | | ≤±3 | ≤±5 | ≤16 | $\leq \pm 20\sqrt{L}$ |

注：$L$ 为路线或测段的长度，km。

## 1.2.2 四等水准测量的观测和记录

四等水准测量一般观测顺序为后（黑）、后（红）、前（黑）、前（红）或后（黑）、前（黑）、前（红）、后（红）。为了施测方便，习惯上采用后（黑）、后（红）、前（黑）、前（红）。为了抵消因磨损而造成的水准标尺零点差，每测段的测站数目应为偶数。

在每一测站上，先按步测的方法在前后视距大致相等的位置安置水准仪；或者先安置仪器，概略整平后分别瞄准后视尺、前视尺，估读视距。如果后视距、前视距或前后视距差超限，应当前后移动水准仪或前视水准尺，以满足要求。

四等水准测量一个测站的观测和记录顺序如下。

1）照准后视尺黑面，按上丝、下丝、中丝顺序进行读数（正像仪器），分别记入表 1.6 所示手簿中的（1）（2）（3）栏，并且对后视距进行计算。

2）照准后视尺红面，读取红面中丝读数，记入手簿的（4）栏。

3）照准前视尺黑面，按上丝、下丝、中丝顺序进行读数（正像仪器），分别记入表 1.6 所示手簿中的（5）（6）（7）栏，并且对前视距进行计算。

4）照准前视尺红面，读取红面中丝读数，记入手簿的（8）栏。

应当指出的是，如果使用微倾水准仪，在读取中丝读数时应当调节符合水准器，使气泡影像重合。

表 1.6　三、四等水准测量记录手簿

| 测站<br>测点 | 后尺 上丝 | 前尺 上丝 | 方向<br>及<br>尺号 | 水准尺读数 | | $K$+黑-红/mm | 高差<br>中数/m | 备注 |
|---|---|---|---|---|---|---|---|---|
| | 后尺 下丝 | 前尺 下丝 | | | | | | |
| | 后视距 | 前视距 | | 黑面 | 红面 | | | |
| | 视距差 $d$/m | 累积差 $\sum d$ /m | | | | | | |
| | （1） | （5） | 后 | （3） | （4） | （13） | （18） | |
| | （2） | （6） | 前 | （7） | （8） | （14） | | |
| | （9） | （10） | 后-前 | （15） | （16） | （17） | | |
| | （11） | （12） | | | | | | |
| | 1.570 | 0.738 | 后 7 | 1.374 | 6.161 | 0 | | |
| $BM_1$ | 1.197 | 0.362 | 前 6 | 0.541 | 5.229 | -1 | | |
| 1 | 37.3 | 37.6 | 后-前 | +0.833 | +0.932 | +1 | +0.832 | |
| $TP_1$ | -0.3 | -0.3 | | | | | | |
| | 2.122 | 2.196 | 后 6 | 1.944 | 6.631 | 0 | | |
| $TP_1$ | 1.748 | 1.821 | 前 7 | 2.008 | 6.796 | -1 | | $K_1$=4.787 |
| 2 | 37.4 | 37.5 | 后-前 | -0.064 | -0.165 | +1 | -0.064 | $K_2$=4.687 |
| $TP_2$ | -0.1 | -0.4 | | | | | | |
| | 1.918 | 2.055 | 后 7 | 1.736 | 6.523 | 0 | | |
| $TP_2$ | 1.539 | 1.678 | 前 6 | 1.866 | 6.554 | -1 | | |
| 3 | 37.9 | 37.7 | 后-前 | -0.130 | -0.031 | +1 | -0.130 | |
| $TP_3$ | +0.2 | -0.2 | | | | | | |
| | 1.965 | 2.141 | 后 6 | 2.832 | 7.519 | 0 | | |
| $TP_3$ | 1.706 | 1.874 | 前 7 | 2.007 | 6.793 | +1 | | |
| 4 | 25.9 | 26.7 | 后-前 | +0.825 | +0.726 | -1 | +0.826 | |
| $BM_2$ | -0.8 | -1.0 | | | | | | |

## 1.2.3　手簿的计算与检核

每个测站的观测、记录与计算应同时进行，以便及时发现和纠正错误；测站上的所有计算工作完成，并且符合限差要求时方可迁站，称为站站清。测站上的计算项目如下。

1. 视距部分

1）后视距（9）=［（1）-（2）］×100。

2）前视距（10）=［（5）-（6）］×100。

3）前后视距差（11）=后视距（9）-前视距（10）。

4）前后视距差累积差。

第一测站：前后视距差累积差（12）=视距差（11）。

其他各站：前后视距差累积差（12）=本站（11）+前站（12）。

2. 高差部分

1）后视标尺黑红面读数差（13）=（3）+$K_1$ -（4）（$K_1$为后视标尺红面起点刻划 4.687 或 4.787）。

2）前视标尺黑红面读数差（14）=（7）+$K_2$ -（8）（$K_2$为前视标尺红面起点刻划 4.787 或 4.687）。

3）黑面高差（15）=（3）-（7）。

4）红面高差（16）=（4）-（8）。

5）黑红面高差之差（17）=（15）-［（16）±0.1］=（13）-（14）。

6）高差中数（18）=｛（15）+［（16）±0.1］｝/2。

对于以上两式中的“±”，当后视标尺红面起点刻划为 4.687 时取“+”，否则取“-”。

### 1.2.4 四等水准测量测站上的限差要求

四等水准测量测站上的限差要求如下。

1）前后视距差（11）≤±3m。

2）前后视距差累积差（12）≤±10m。

3）黑红面读数差（13）（14）≤±3mm。

4）黑红面高差之差（17）≤±5mm。

若测站有关观测值限差超限，在本站检查发现后应立即重测；若迁站后才检查发现，则应从固定点起重测。

## 任务 1.3 $DS_3$微倾水准仪的检验与校正

光学测量仪器的各几何轴线是有一定关系的，为保证仪器能正确使用，必须在使用之前对仪器进行检验，如果某些轴线不符合要求的条件，应对仪器加以必要的校正，以满足要求。

水准仪在检验、校正以前应进行检视，其内容包括顺时针和逆时针旋转望远镜，看竖轴转动是否灵活、均匀；微动螺旋是否可靠；瞄准目标后，再分别转动微倾螺旋和对光螺旋，看望远镜是否灵敏，有无晃动等现象；望远镜视场中的十字丝及目标能否调节清晰；有无霉斑、灰尘、油迹；脚螺旋或微倾螺旋均匀升降时，圆水准器及管水准器的气泡移动不应有突变现象；仪器的三脚架安放好后，适当用力转动架头时，不应有松动现象等。

### 1.3.1 $DS_3$微倾水准仪应满足的几何条件

$DS_3$微倾水准仪的主要轴线有视准轴（$CC$）、水准管轴（$LL$）、仪器竖轴（$VV$）和圆水准器轴（$L'L'$）（图 1.21），以及十字丝横丝（中丝）。

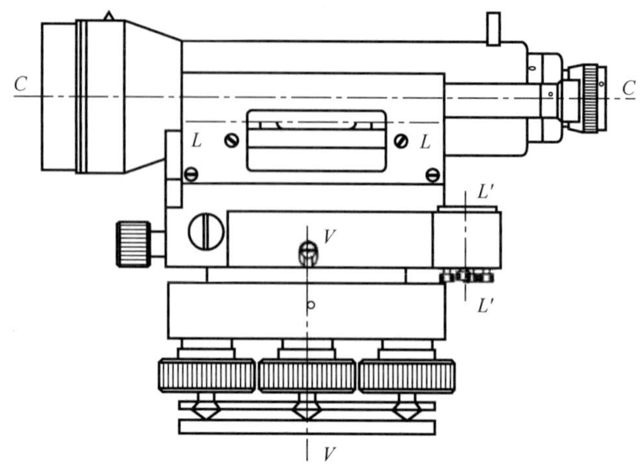


图 1.21　水准仪的轴线关系

为保证水准仪能提供一条水平视线，各轴线之间应满足的几何条件如下。

1）圆水准器轴应平行于仪器的竖轴（$L'L' \parallel VV$）。

2）十字丝的横丝应垂直于仪器的竖轴（横丝$\perp VV$）。

3）水准管轴应平行于视准轴（$LL \parallel CC$）。

### 1.3.2　$DS_3$微倾水准仪的检验与校正

#### 1. 圆水准器轴平行于仪器竖轴的检验与校正

（1）检验方法

安置好水准仪后，用脚螺旋使圆水准器气泡居中，将望远镜旋转 180°，如果气泡仍然居中，则表示圆水准器轴平行于竖轴；若气泡偏离中央，则需要进行校正。

（2）校正方法

用脚螺旋使气泡向中央方向移动偏离量的一半，拨圆水准器的校正螺旋，使气泡居中。由于一次拨动不易使圆水准器校正得很完善，因此需要重复上述检验和校正步骤，直至仪器绕竖轴旋转到任何位置时气泡都能居中为止，如图 1.22 所示。

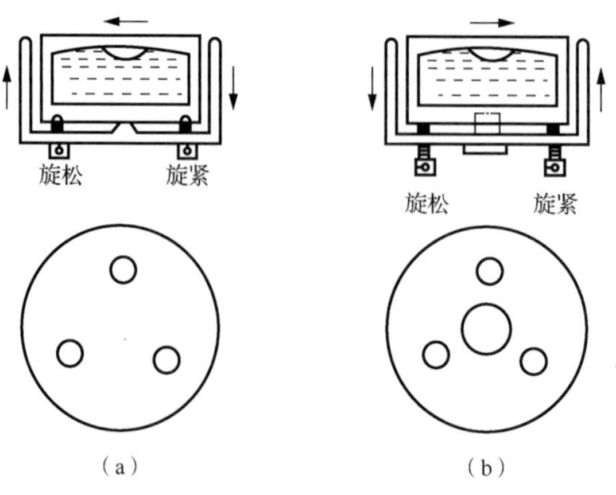


图 1.22　圆水准器的校正

## 2. 十字丝横丝垂直于竖轴的检验与校正

（1）检验方法

安置仪器后，先将横丝的一端对准一个明显的点状目标 $P$［图 1.23（a）］，固定制动螺旋后，转动微动螺旋，如果目标 $P$ 始终不离开横丝［图 1.23（b）］，则说明条件满足；如果目标 $P$ 偏离了横丝［图 1.23（c）和（d）］，则表示条件不满足，需要校正。

（2）校正方法

如图 1.23（e）和（f）所示，旋下目镜十字丝分划板护罩，松开十字丝分划板座的固定螺钉，按横丝倾斜的反方向轻轻转动十字丝分划板座，使 $P$ 点到横丝的距离为原偏离距离的一半，再进行检验。此项工作也需反复进行，直至符合要求为止。最后，将固定螺钉拧紧，旋上护罩。

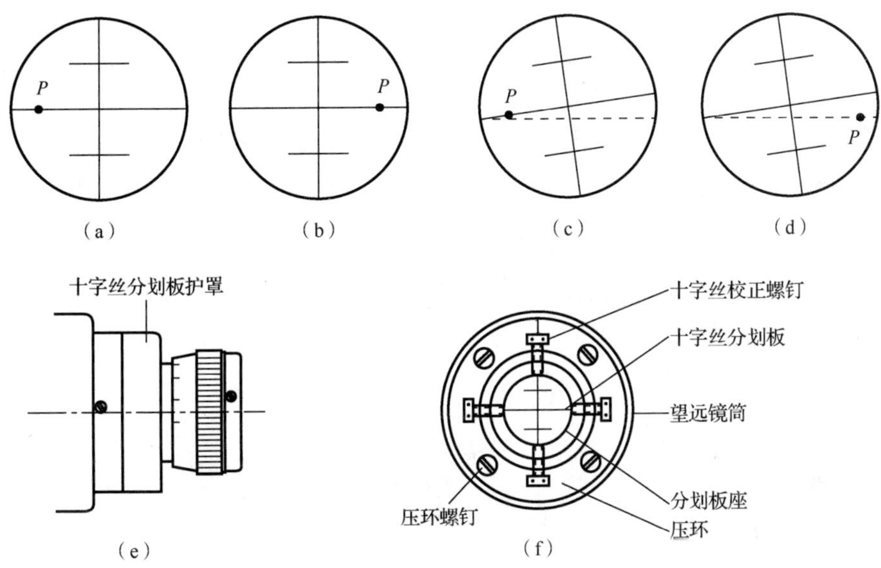


图 1.23 十字丝横丝的检验与校正

## 3. 水准管轴平行于视准轴的检验与校正

如果视准轴不平行于水准管轴，它们的夹角为 $i$，当管水准器气泡居中时，管水准器轴水平，视准轴相对于水平线倾斜了 $i$ 角。

（1）检验方法

1）如图 1.24 所示，在较平坦地面选定相距约 80m 的两固定点 $A$ 和 $B$，将水准仪安置于 $A$、$B$ 两点中间的 $C$ 处，用变动仪器高法（或双面尺法）测定 $A$、$B$ 两点间的高差 $h_{AB}$，设其读数分别表示为 $a_1$ 和 $b_1$，则 $h_{AB}=a_1-b_1$。若连续两次测定的高差之差小于 3mm，则取其平均值作为 $A$、$B$ 间的高差。此时，测出的高差 $h_{AB}$ 值是正确的。因为假设此时水准仪的视准轴不平行于水准管轴，即倾斜了 $i$ 角，分别引起读数误差$\Delta a$ 和$\Delta b$，但因 $BC=AC$，有 $\Delta a=\Delta b=x$，则

$$h_{AB}=(a_1-x)-(b_1-x)=a_1-b_1$$

这说明不论视准轴与水准管轴平行与否，由于水准仪安置在距水准尺等距处，测出的都是正确高差。

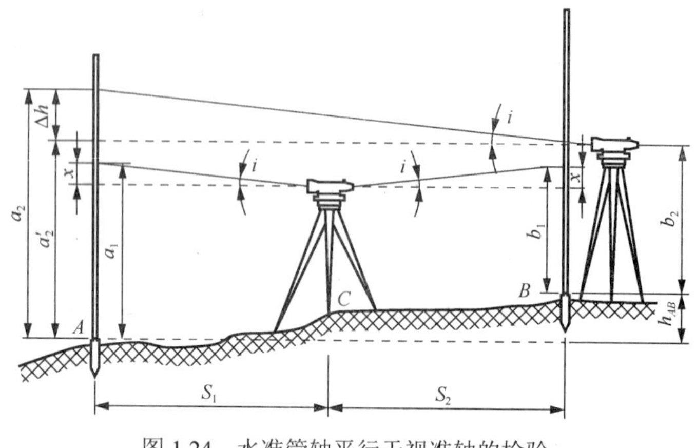


图 1.24　水准管轴平行于视准轴的检验

2）将仪器搬至距 $B$ 点尺 3m 左右处，精平仪器后，$B$ 点尺上读数为 $b_2$。因为仪器距 $B$ 点尺很近，所以忽略 $i$ 角的影响。根据近尺读数 $b_2$ 和高差 $h_{AB}$，计算出 $A$ 点尺上视线水平时的应有读数为

$$a_2' = b_2 + h_{AB}$$

然后，调转望远镜照准 $A$ 点上水准尺，精平仪器读取读数。如果实际读出的数 $a_2 = a_2'$，说明 $LL /\!/ CC$。否则，存在 $i$ 角，其值为

$$i = \frac{a_2 - a_2'}{D_{AB}} \rho \tag{1.20}$$

式中，$D_{AB}$ 为 $A$、$B$ 两点间的水平距离。

对于 $DS_3$ 水准仪，当 $i > 20''$ 时，则需校正。

（2）校正方法

仪器在原位置不动，转动微倾螺旋，使中丝在 $B$ 点尺上的读数从 $b_2'$ 移到 $b_2$，此时视准轴水平，而水准管气泡不居中。用校正针拨动水准管一端的上、下校正螺钉（图 1.25），使符合气泡居中。校正以后，变动仪器高再进行一次检验，直到仪器在 $A$ 端观测并计算出的 $i$ 角值符合要求为止。

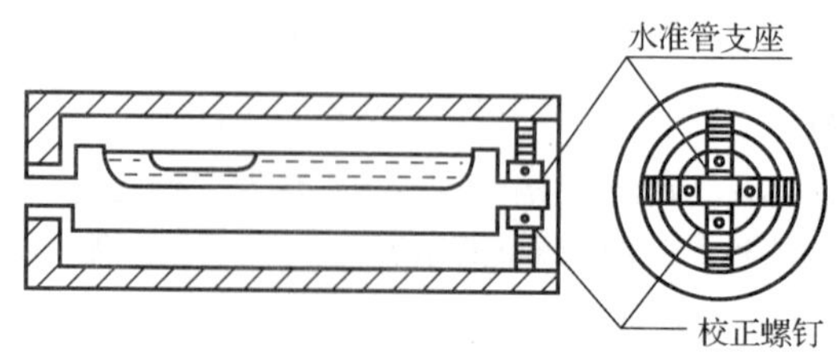


图 1.25　水准管校正螺钉

通过以上的检验、校正方法也可以看出，如果视准轴平行于水准管轴，当水准管气泡

居中时，水准管轴（$LL$）和视准轴（$CC$）都呈水平状态。此时，不管仪器放在何处，所测得的高差都是正确的。但实际上由于两轴不严格平行，因此水准测量时应力求前后视距尽量相等，以消除水准管轴不平行于视准轴带来的误差。

### 1.3.3 水准测量的误差

在进行水准测量时，由于仪器、人、环境等各种因素的影响，测量成果中都带有误差。为了保证测量成果的精度，需要分析研究产生误差的原因，并采取相应的措施，消除和减小误差的影响。水准测量中误差的主要来源如下。

1. 仪器误差

（1）仪器校正后的残余误差

仪器校正后的残余误差主要是指视准轴与水准管轴不平行引起的 $i$ 角误差，虽然仪器经过校正，但 $i$ 角仍会引起微小的残余误差。在测量时使前视距和后视距相等，这种误差就能消除。

（2）水准尺误差

水准尺误差包括分划不准确、尺长变化、尺弯曲等原因引起的水准尺分划误差，会影响水准测量的精度，所以使用前应对水准尺进行检验。水准尺的主要误差是每米真长的误差，它具有积累性质，高差越大，误差也越大。对于误差过大的值，应在成果中加入尺长改正。

2. 观测误差

（1）水准管气泡居中误差

视线水平是以水准管气泡居中或符合为依据的，但是水准管气泡的居中或符合都是凭肉眼来判断，存在一定误差。水准管气泡居中的精度也就是水准管的灵敏度，它主要取决于水准管的分划值。一般认为水准管居中的误差约为 0.1 分划值，它对水准尺读数产生的误差为

$$m = \frac{0.1\tau}{\rho} \cdot D \tag{1.21}$$

式中，$\tau$ 为水准管的分划值；$\rho = 206\,265''$；$D$ 为视线长。

符合水准器气泡居中的误差是直接观察气泡居中误差的 1/5～1/2。为了减小气泡居中误差的影响，应对视线长加以限制，观测时应使气泡精确地居中或符合。

（2）估读水准尺分划误差

水准尺上的毫米数都是估读的，估读的误差取决于视场中十字丝和厘米分划的宽度，所以估读误差与望远镜的放大率及视线的长度有关。通常在望远镜中十字丝的宽度为厘米分划宽度的 1/10 时能准确估读出毫米数，所以在各种等级的水准测量中，对望远镜的放大率和视线长的限制都有一定的要求。此外，在观测中还应注意消除视差，并避免在成像不清晰时进行观测。

（3）水准标尺倾斜误差

水准尺没有竖直，无论向哪一侧倾斜都使读数偏大。这种误差随尺的倾斜角和读数的增大而增大。例如，尺有3°的倾斜，读数为1.5m时，可产生2mm的误差。为使水准尺能够竖直，水准尺上最好装有水准器。没有水准器时，可采用摇尺法，读数时把尺的上端在视线方向前后来回摆动，当视线水平时，观测到的最小读数就是尺竖直时的读数，如图1.26所示。这种误差在前后视读数中均可发生，所以在计算高差时可以抵消一部分。

3. 外界环境的影响

（1）仪器下沉误差

在读取后视读数和前视读数之间，若仪器下沉了$\Delta$，由于前视读数减少了$\Delta$，从而使高差增大了$\Delta$，如图1.27所示。在松软的土地上，每一测站都可能产生这种误差。当采用双面尺或两次仪器高时，第二次观测可先读前视点$B$处标尺，然后读后视点$A$处标尺，则可使所得高差偏小，两次高差的平均值可抵消一部分仪器下沉的误差。

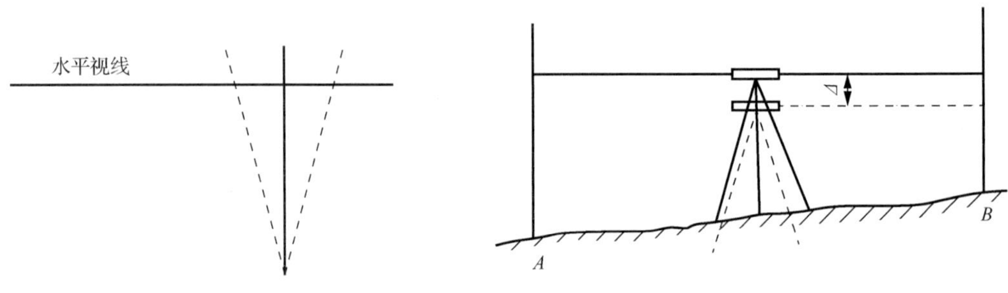


图1.26 水准尺倾斜误差　　图1.27 仪器下沉误差

将仪器安置在土质坚实的地方，操作熟练快速，可以削弱仪器下沉的影响。对于精度要求较高的水准测量，可以采用往返观测取平均值或采用“后前前后”的观测顺序来削弱仪器下沉带来的影响。

（2）标尺下沉误差

在仪器搬站时，若转点（尺垫）下沉了$\Delta$，则使下一测站的后视读数偏大，使高差也增大$\Delta$，如图1.28所示。在同样情况下进行返测，可使高差的绝对值减小。所以，取往返测的平均高差可以减弱水准尺下沉的影响。当然，在进行水准测量时，必须选择坚实的地点放置尺垫，避免标尺下沉。

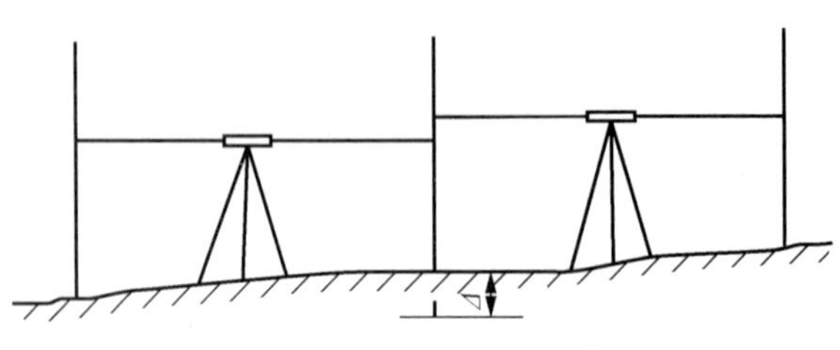


图1.28 水准尺下沉误差

（3）地球曲率及大气折光影响

如图 1.29 所示，用水平视线代替大地水准面在尺上读数产生的误差为 $p$，即

$$p=\frac{D^2}{2R} \tag{1.22}$$

式中，$D$ 为仪器到水准尺的距离；$R$ 为地球的平均半径，取 6371km。

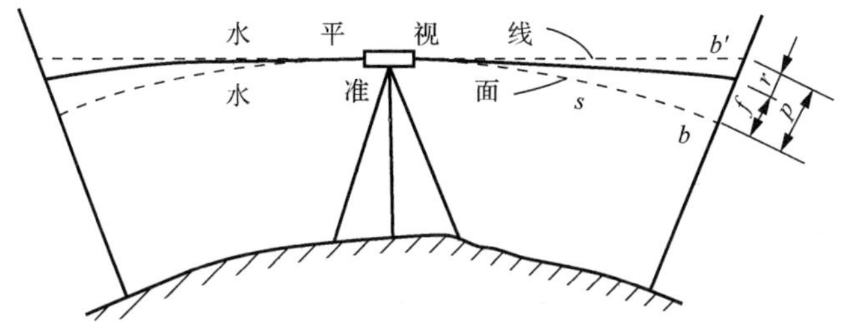


图 1.29　地球曲率及大气折光的影响

在日光照射下，地面温度较高，靠近地面的空气温度也较高，其密度比上层稀，水准仪的水平视线离地面越近，光线的折射也就越大。由于大气折光，视线并非是水平的，而是一条曲线，其折光量大小对水准尺读数产生的影响为

$$r=K\frac{D^2}{2R}=\frac{D^2}{14R} \tag{1.23}$$

折光影响与地球曲率影响之和为

$$f=p-r=0.43\frac{D^2}{R} \tag{1.24}$$

如果使前后视距 $D$ 相等，则由式（1.24）计算的 $f$ 值也相等，地球曲率和大气折光的影响将得到消除或大大减弱。

（4）气候的影响

除了上述各种误差来源外，气候的影响也会给水准测量带来误差，如风吹、日晒、温度的变化和地面水分的蒸发等，所以观测时应注意气候带来的影响。例如，为了防止日光暴晒，仪器应打伞保护；无风的阴天是最理想的观测天气，可以选择这样的天气作业等。

## 项 目 小 结

本项目介绍了水准测量的原理，$DS_3$ 水准仪的构造及使用方法，普通水准测量、四等水准测量的施测方法及内业计算，仪器的检验与校正；分析了水准测量误差的主要来源等。其中重点和难点都体现在四等水准测量上。通过本项目的学习，需掌握以下内容。

1）水准测量原理。

2）$DS_3$ 水准仪的使用方法。

3）普通（等外）水准测量的观测、记录与外业计算。

4）四等水准测量的观测、记录与外业计算。

5）水准测量中各种不同水准路线的内业计算。

## 知 识 检 验

1）简述水准测量的原理。

2）圆水准器和管水准器在水准测量中各起什么作用？

3）产生视差的原因是什么？怎样消除视差？

4）什么是水准点？什么是水准路线？有哪几种不同的水准路线？

5）什么是转点？转点在水准测量中起什么作用？

6）水准测量时，前、后视距相等可消除哪些误差？

# 项目 2 角度测量

## 项目简介

角度是确定地面点位置的基本要素之一。角度可分为水平角和竖直角（天顶距）两种。水平角是地面或空间相交直线垂直投影在水平面上所成的角，在推算地面点的坐标时采用。竖直角（天顶距）是竖直面内视线方向与水平线（或铅垂线天顶方向）的夹角，它们在计算两点间的高差时采用。由于竖直角和天顶距两者之间有固定的关系，因此两者选用其一即可。

角度测量是确定地面点位置的基本测量工作之一。水平角测量经常采用的方法有测回法和方向观测法。测回法用于只有两个照准方向的情况，方向观测法用于多个照准方向的情况。对于竖直面内角度的观测，天顶距观测比竖直角观测更加容易实现，而且在计算高差时使用天顶距观测更加方便，所以竖直面内角度测量选用天顶距观测。

角度测量使用的仪器为经纬仪和全站仪。经纬仪按照制造原理可分为光学经纬仪和电子经纬仪。光学经纬仪是本项目学习的重点，全站仪只做简要介绍，具体内容在后续项目中学习。

本项目由 3 个任务组成。其中，任务 2.1“水平角测量”的主要内容包括水平角测量原理、角度测量仪器、水平角测量方法，任务 2.2“天顶距测量”的主要内容包括天顶距测量原理、竖盘读数系统、竖盘指标差、天顶距测量方法，任务 2.3“经纬仪的检验与校正”的主要内容包括经纬仪应满足的几何条件、$DJ_6$光学经纬仪的检验与校正、角度测量误差。通过本项目的学习，学生应达到如下要求：了解经纬仪的等级、光学经纬仪的结构、光学经纬仪的检验，掌握水平角和竖直角的测量原理与测量方法，独立完成测量过程中的记录和计算。

## 任务 2.1 水平角测量

### 2.1.1 水平角测量原理

由一点到两个目标的方向线垂直投影在水平面上所成的角称为水平角。如图 2.1 所示，由地面点 $A$ 到 $B$、$C$ 两个目标的方向线 $AB$ 和 $AC$ 在水平面上的投影为 $ab$ 和 $ac$，其夹角 $\beta$

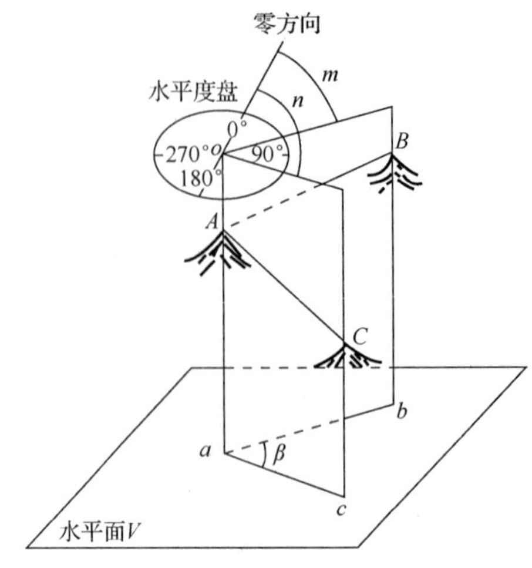


图 2.1　水平角测量原理

即为水平角，水平角 $\beta$ 等于通过 *AB* 和 *AC* 的两个竖直面之间所夹的二面角。二面角的棱线 *Aa* 是一条铅垂线。垂直于 *Aa* 的任一水平面（如过 *A* 点的水平面 *V*）与两竖直面的交线均可用来度量水平角 $\beta$。若在任一点 *o* 处水平地放置一个刻度盘，使度盘中心位于 *Aa* 铅垂线上，再用一个既能在竖直面内转动又能绕铅垂线水平转动的望远镜去照准目标 *B* 和 *C*，则可将直线 *AB* 和 *AC* 投影到度盘上，截得相应的读数 *n* 和 *m*。如果度盘刻划的注记形式是按顺时针方向由 0°递增到 360°，则 *AB* 和 *AC* 两方向线间的水平角为

$$\beta = n - m$$

### 2.1.2　角度测量仪器

1. $DJ_6$ 光学经纬仪

经纬仪是测量角度的仪器，虽然兼有其他功能，但是主要用来测角。根据制造原理不同，经纬仪分为光学经纬仪和电子经纬仪；根据测角精度不同，经纬仪分为 $DJ_{07}$、$DJ_1$、$DJ_2$、$DJ_6$、$DJ_{30}$ 等几个精度等级。D 和 J 分别是大地测量和经纬仪两词汉语拼音的首字母，角码注字是它的精度指标。

（1）$DJ_6$ 光学经纬仪基本构造

$DJ_6$ 光学经纬仪主要由照准部、水平度盘、基座三部分组成，$DJ_6$ 光学经纬仪的基本构造如图 2.2 所示。

1）照准部。照准部包括望远镜、横轴及其支架、竖轴和控制望远镜及照准部旋转的制动和微动螺旋、水准管、光学对中器、竖盘装置及读数装置等部件。

望远镜的构造与水准仪的基本相同，主要不同之处在于望远镜调焦螺旋的构造、位置和十字丝分划板的刻线方式。十字丝分划板的刻划方式如图 2.3 所示，不同刻划方式适用于照准不同目标的需要。望远镜与横轴固连在一起，并且横轴水平安置在两个支架上，望远镜可绕其上下转动。在一端的支架上有一个制动螺旋，当旋紧制动螺旋时，望远镜不能转动。另有一个微动螺旋，在制动螺旋旋紧的条件下，转动微动螺旋可使望远镜作上下微动，便于精确地照准目标。

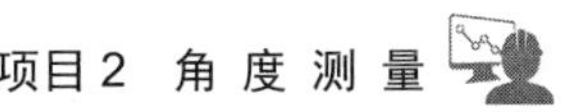

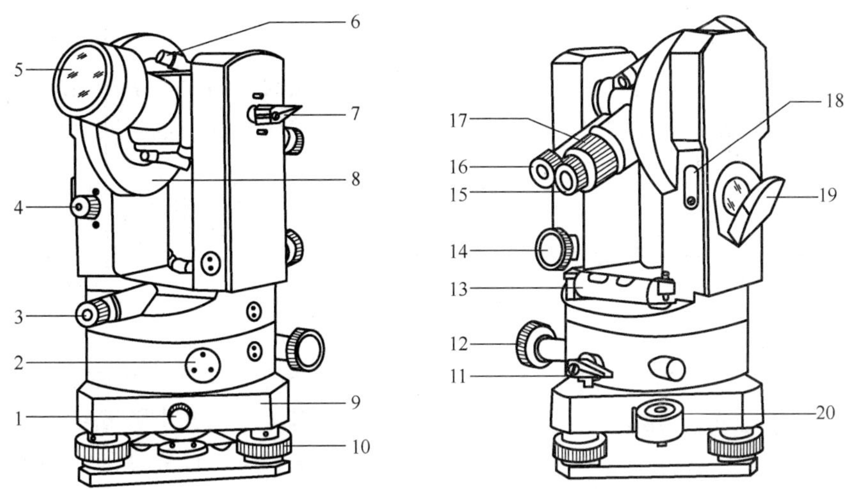


1——轴座固定螺旋；2——度盘变换手轮；3——光学对中器；4——竖盘自动归零螺旋；5——物镜；
6——粗瞄器；7——望远镜制动螺旋；8——竖直度盘；9——基座；10——脚螺旋；11——水平制动螺旋；
12——水平微动螺旋；13——照准部水准管；14——望远镜微动螺旋；15——目镜；16——读数显微镜；
17——物镜调焦螺旋；18——指标差调位盖板；19——度盘照明反光镜；20——圆水准器。

图 2.2　$DJ_6$光学经纬仪的基本构造

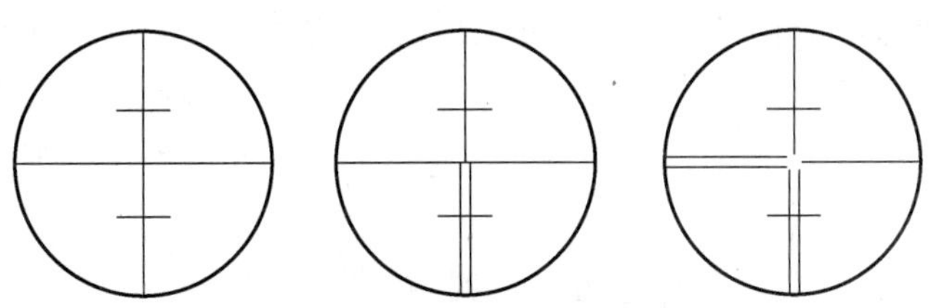

图 2.3　经纬仪的十字丝分划板的刻划方式

竖盘装置包括竖直度盘和竖盘自动归零装置，竖直度盘固定在横轴的一端，随望远镜一起在竖直面内旋转，用来测定竖直角（天顶距）。

读数显微镜是用来读取度盘读数的装置，它装在望远镜目镜的一侧，打开反光镜，光线进入仪器后通过一系列光学组件，使水平度盘、竖直度盘及测微器的分划都在读数显微镜内显示出来，供观测者读取读数。

水准器用于仪器整平。它一般有两个：一个是圆水准器（有的在基座上，有的在照准部上），用来粗略整平仪器；一个是管水准器，用来精确整平仪器，保证照准部在水平面内旋转。光学对中器可使仪器中心与地面标志点中心处于一条铅垂线上（对中），由目镜、物镜、带刻划的分划板和一块直角棱镜组成，其优点是不受风力的影响，精度较垂球高。光学对中器的构造如图 2.4 所示，目镜的视线通过棱镜而偏转 90°，以使其处于铅垂状态，且要保持与仪器的竖轴重合。当仪器整平后，从光学对中器的目镜看去，如果地面点与视场内的圆圈或十字交点重合，则表示仪器已经对中。旋转目镜可对分划板调焦，推拉目镜可对地面目标调焦。

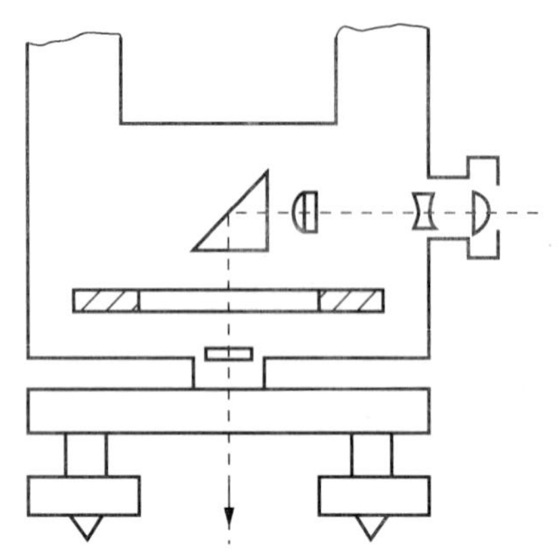
图 2.4 光学对中器的构造

经纬仪竖轴即照准部的旋转轴，位于基座轴套内。望远镜连同照准部可绕竖轴在水平方向旋转，以照准不在同一铅垂面上的目标。照准部也有一对制动和微动螺旋，以控制其固定或在水平方向作微小转动。

2）水平度盘。水平度盘用于测量水平角，它是由光学玻璃制成的刻有度数分划线的圆盘，按顺时针方向由 0°注记至 360°，相邻两分划线之间的格值为 1°或 30′。水平度盘通过外轴装在基座中心的套轴内，并用中心锁紧螺旋使之固紧。当照准部转动时，水平度盘并不随之转动。若需改变水平度盘的位置，可通过照准部上的水平度盘变换手轮或复测扳手，将度盘变换到所需的位置。

3）基座。经纬仪的基座与水准仪的基座相似，用来支承仪器，借助中心连接螺旋将仪器与三脚架相连接。基座下部的 3 个脚螺旋可使基座升降，将仪器整平。基座上还有一个轴套固定螺旋，用来将仪器固定在基座上，使用时一定要拧紧该螺旋，以免照准部与基座分离而摔坏。

（2）微装置与读数方法

$DJ_6$ 经纬仪水平度盘的直径一般只有 93.4mm，周长 293.4mm，竖盘更小。度盘分划值（相邻两分划线间所对应的圆心角）一般只刻至 1°或 30′，但测角精度要求达到 6″，所以必须借助光学测微装置。$DJ_6$ 光学经纬仪目前最常用的装置是分微尺。下面介绍分微尺读数方法。

如图 2.5 所示，在读数显微镜中可以看到两个读数窗口，注有“水平”（或“HZ”或“–”）的是水平度盘读数窗，注有“竖直”（或“V”或“⊥”）的是竖直度盘读数窗。每个读数窗上刻有分成 60 小格的分微尺，分微尺长度等于度盘间隔 1°的两分划线之间的影像宽度，因此分微尺上 1 小格的分划值为 1′，可估读到 0.1′（6″）。

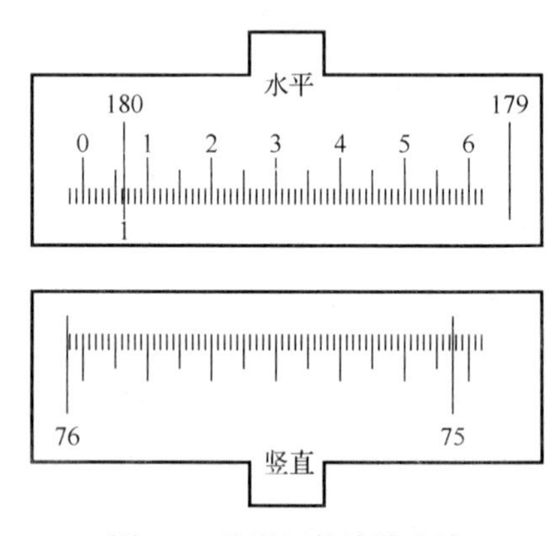

图 2.5 分微尺的读数方法

读数时，先调节读数显微镜目镜，使能清晰地看到读数窗内度盘的影像；然后读出位于分微尺内的度盘分划线的注记度数，再以度盘分划线为指标，在分微尺上读取不足 1°的分数，并估读秒数（秒数只能是 6 的倍数）。如图 2.5 所示，水平度盘读数为 180°6.2′=180°06′12″，竖直度盘读数为 75°57.1′=75°57′06″。

（3）$DJ_6$ 光学经纬仪的使用

使用经纬仪进行角度测量，首先在测站点上安置经纬仪，使仪器中心与测站点标志中心位于同一铅垂线上，称为对中；使水平度盘处于水平位置，称为整平。对中通过垂球或者光学对中器完成，整平包括使圆水准器气泡居中的粗平工作和使水准管气泡居中的精平工作。对中和整平工作可以同步进行。

1）垂球对中。首先将三脚架安置在测站上，使架头大致水平且高度适中；然后将仪器从仪器箱中取出，用连接螺旋将仪器装在三脚架上，再挂上垂球初步对中。若垂球尖偏离测站点较多，可平移三角架，使垂球尖对准测站点标志；若垂球尖偏离测站点较少，可稍旋松连接螺旋，两手扶住仪器基座，在架头上平移仪器，使垂球尖精确对准标志中心，最后旋紧连接螺旋。对中误差一般不应大于 3mm。

2）整平。如图 2.6（a）所示，整平时，首先转动仪器的照准部，使照准部水准管平行于任意一对脚螺旋的连线；然后用两手同时向里或向外转动该两脚螺旋，使水准管气泡居中，注意气泡移动方向与左手大拇指移动方向一致；最后将照准部转动 90°，如图 2.6（b）所示，使水准管垂直于原两脚螺旋的连线，转动另一脚螺旋，使水准管气泡居中。如此重复进行，直到照准部旋转到任何位置水准管气泡都居中为止。居中误差一般不得大于一格。

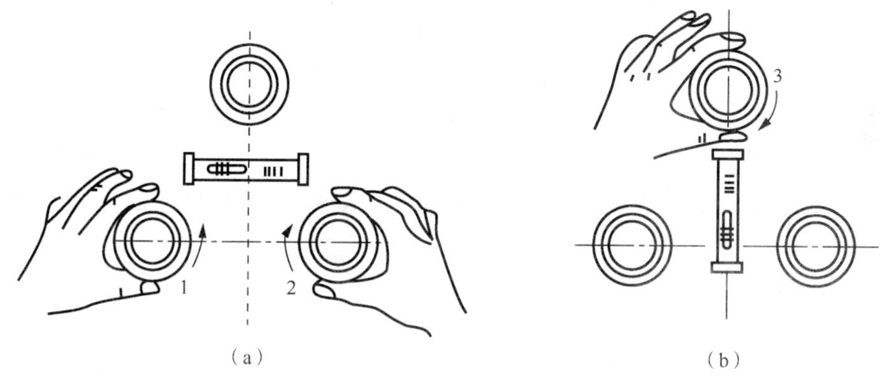


图 2.6　用脚螺旋整平方法

3）光学对中器对中。

① 将三脚架安置在测站上，使架头大致水平且高度适中，大致使架头中心与地面点处于同一条铅垂线上。

② 将仪器连接到三脚架上，如果光学对中器中心偏离地面点较远，则两手端着两个架腿移动，使光学对中器中心与地面点重合；如果光学对中器中心偏离地面点较少，则旋转脚螺旋，使光学对中器中心与地面点重合。

③ 伸缩三脚架腿，使圆水准器气泡居中（粗平），再采用图 2.6 所示的方法使水准管气泡居中（精平）。

④ 如果光学对中器中心偏离测站点，稍旋松连接螺旋，两手扶住仪器基座，在架头上平移仪器，使光学对中器中心与地面点重合。

⑤ 重新精平仪器，如果对中变化，再重新精确对中，反复进行，直至仪器精平后，光学对中器中心刚好与地面点重合为止。

4）调焦和照准。照准就是使望远镜十字丝交点精确照准目标。照准前先松开望远镜制动螺旋与照准部制动螺旋，将望远镜朝向天空或明亮背景，进行目镜对光，使十字丝清晰；然后利用望远镜上的照门和准星粗略照准目标，使在望远镜内能够看到物象，再拧紧照准部及望远镜制动螺旋；转动物镜对光螺旋，使目标清晰，并消除视差；转动照准部和望远镜微动螺旋，精确照准目标。观测水平角时，应使十字丝竖丝精确地照准目标，并尽量照准目标的底部，如图 2.7 所示（倒像仪器）；观测竖直角（或天顶距）时，应使十字丝的横丝（中丝）精确照准目标，如图 2.8 所示（倒像仪器）。

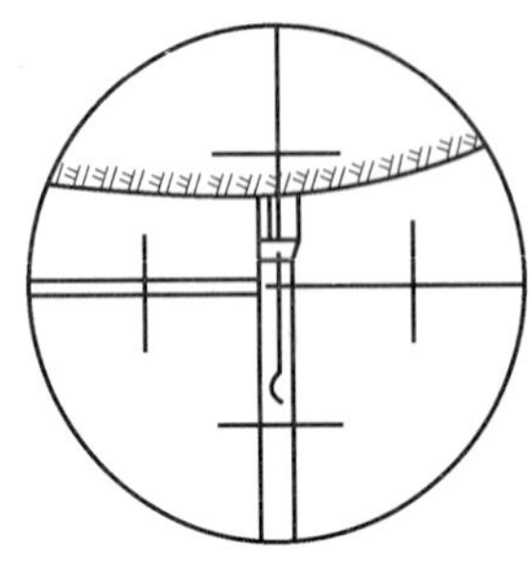

图 2.7　水平角观测照准

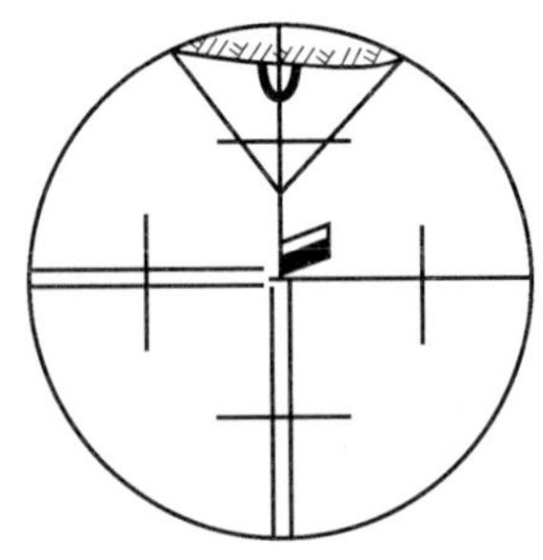

图 2.8　竖直角（或天顶距）观测照准

5）读数。调节反光镜及读数显微镜目镜，使度盘与测微尺影像清晰，亮度适中，然后按前述的读数方法读数。如果进行竖盘读数，按照仪器不同，在读数前应打开竖盘补偿开关或者调节竖盘水准管微动螺旋，使竖盘水准管气泡居中。

6）置数（配盘）。置数（配盘）是指按照事先给定的水平度盘读数去照准目标，使照准之后的水平度盘读数等于所需要的读数。在水平角观测时，常使起始方向的水平度盘读数为某一个指定读数；在放样工作中，常使起始方向的水平度盘读数为零。使水平度盘读数为零称为置零。

例如，使用经纬仪瞄准某个目标时，水平度盘读数为 0°02′00″，不同型号的仪器采用不同的装置进行置数。

① 度盘变换手轮（北光 $DJ_6$ 光学经纬仪）。先转动照准部瞄准目标，再按度盘变换手轮下的杠杆，将手轮推压，松开杠杆；转动手轮，将水平度盘转到 0°02′00″读数位置上，按下杠杆，手轮弹出，此时读数即为设置的读数。

② 复测扳手（华光 $DJ_6$ 光学经纬仪）。先将复测扳手扳上，转动照准部，使水平度盘读数为 0°02′00″；然后把复测扳手扳下（此时，水平度盘与照准部结合在一起，两者一起转动，转动照准部，水平度盘读数不变），再转动照准部，瞄准目标。

2. 全站仪

全站仪是由电子测角系统、电磁波测距系统、微型计算机系统和其他辅助设备等组成的三维坐标测量系统，测量结果能自动显示，并能与外围设备交换信息。全站仪较完善地实现了测量和处理过程的电子化和一体化。图 2.9 是拓普康 GTS330 全站仪的外观结构。

（1）全站仪的结构

1）电子测角系统。全站仪的电子测角系统也采用度盘测角，但不是在度盘上进行角度单位的刻线，而是从度盘上取得电信号，再转换成数字，并可将结果存储在微处理器内，根据需要进行显示和换算，以实现记录的自动化。全站仪的电子测角系统相当于电子经纬仪，可以测定水平角、竖直角和设置方位角。

2）电磁波测距系统。电磁波测距系统相当于电磁波测距仪，目前主要以激光、红外光和微波为载波进行测距。因为光波和微波均属于电磁波的范畴，所以它们又统称为电磁波测距仪。电磁波测距系统主要测量测站点到目标点的斜距，可归算为平距和高差。

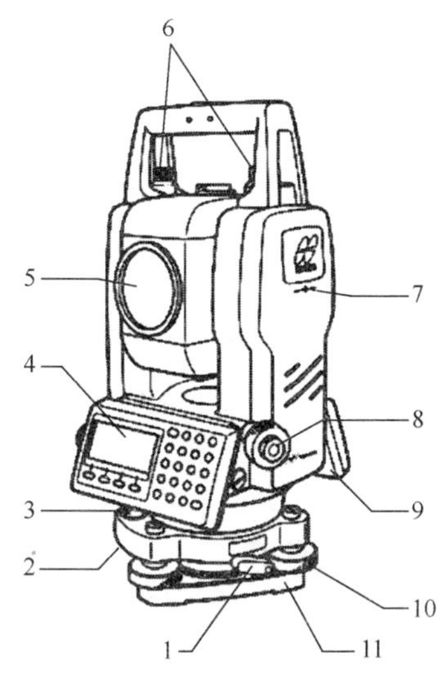


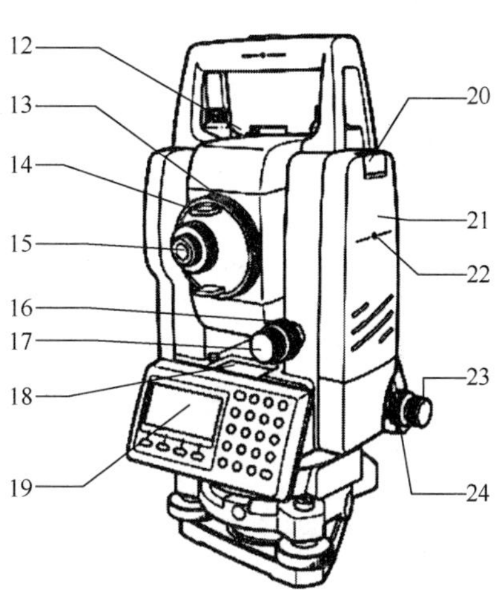


1——基座固定钮；2——圆水准器校正螺旋；3——圆水准器；4——显示屏；5——物镜；6——提手固定螺旋；7、22——仪器中心标志；8——光学对中器；9——串行信号接口；10——整平脚螺旋；11——底板；12——粗瞄准器；13——望远镜调焦螺旋；14——望远镜把手；15——目镜；16——垂直制动螺旋；17——垂直微动螺旋；18——管水准器；19——显示屏；20——电池锁紧杆；21——机载电池 TBB-2；23——水平微动螺旋；24——水平制动螺旋。

图 2.9 拓普康 GTS330 全站仪的外观结构

3）微型计算机系统。微型计算机系统主要包括中央处理器、存储器和输入/输出设备。微型计算机系统使得全站仪能够获得多种测量成果，同时还能够使测量数据与外界计算机进行数据交换、计算、编辑和绘图。测量时，微型计算机系统根据键盘或程序的指令控制各分系统的测量工作，进行必要的逻辑和数值运算，以及数据存储、处理、管理、传输、显示等。

4）其他辅助设备。全站仪的辅助设备主要有整平装置、对中装置、电源等。整平装置除传统的圆水准器和管水准器外，还增加了自动倾斜补偿设备；对中装置有垂球、光学对中器和激光对中器；电源为各部分供电。

（2）全站仪的安置

全站仪安置操作方法和步骤与经纬仪类似，包括对中和整平。若全站仪具备激光对中和电子整平功能，在把仪器安装到三脚架上之后，应先开机，然后选定对中、整平模式后再进行相应的操作。

（3）全站仪的功能

全站仪具有多种测量功能，可同时进行角度测量（图 2.10）、距离测量（图 2.11）和坐标测量（图 2.12）。

全站仪还内置有程序测量功能，如图 2.13 所示，按 F1 键进入“数据采集”，可以进行地形数字测图的数据采集工作；按 F2 键进入“放样”，可以进行坐标放样工作；按 F3 键进入“存储管理”，可进行文件管理数据传输等工作。此外，全站仪还内置有很多辅助测量程序，一般有悬高测量、面积测量、对边测量、后方交会等。有的全站仪还有道路放样、斜坡放样等功能。

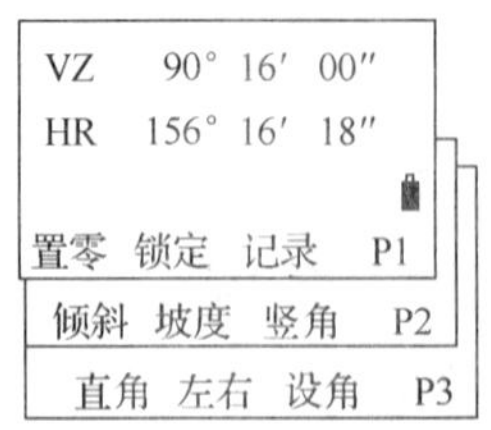


图 2.10 角度测量模式

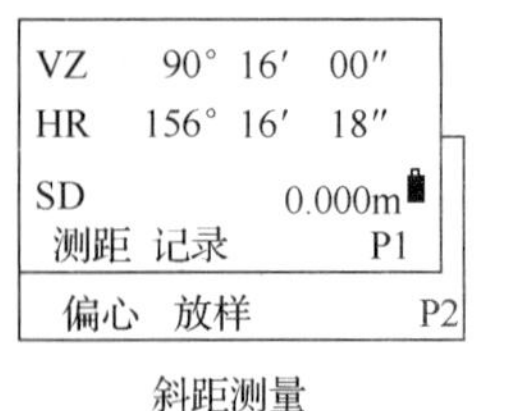


斜距测量

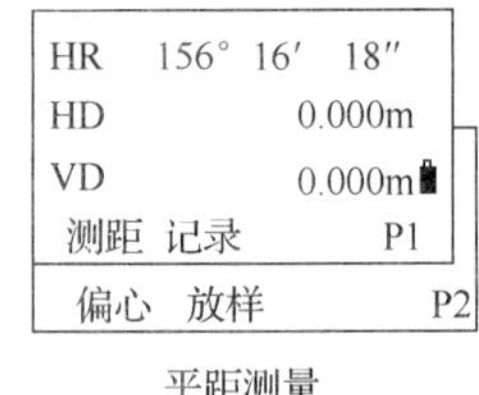


平距测量

图 2.11 距离测量模式

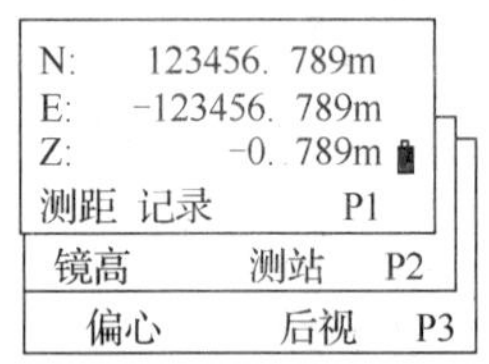


图 2.12 坐标测量模式

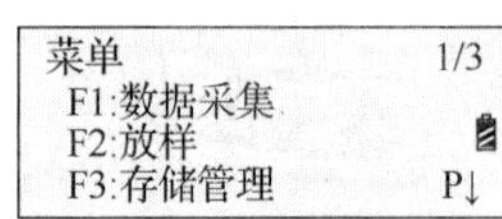


图 2.13 程序测量功能

### 2.1.3 水平角测量方法

水平角观测常用方法有测回法和方向观测法两种。测回法适用于只有 2 个照准方向的情况，方向观测法适用于有 3 个及以上照准方向的情况。

无论采用哪种方法进行水平角观测，通常都要用盘左和盘右各观测一次。盘左就是竖盘位于望远镜的左边，又称为正镜；盘右就是竖盘位于望远镜的右边，又称为倒镜。将正、倒镜的观测结果取平均值，可以抵消部分仪器误差的影响，提高成果质量。如果只用盘左（正镜）或者盘右（倒镜）观测一次，则称为半个测回或半测回；如果用盘左、盘右（正、倒镜）各观测一次，则称为一个测回或一测回。

1. 测回法

（1）观测程序

如图 2.14 所示，欲测 $OA$、$OB$ 两方向之间所夹的水平角，首先将经纬仪安置在测站点 $O$ 上，并在 $A$、$B$ 两点上分别设置照准标志（竖立花杆或测钎）。观测方法和步骤如下。

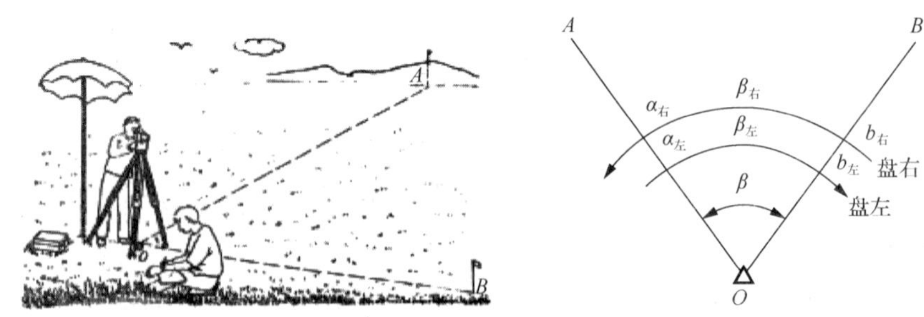


图 2.14 测回法观测水平角

1）使仪器竖盘处于望远镜左边（称盘左或正镜），照准目标 $A$，配盘，使水平度盘读数略大于 0°（一般为 0°05′左右），将读数 $\alpha_{左}$ 记入观测手簿。

2）松开水平制动螺旋，顺时针方向转动照准部，照准目标 $B$，读取水平度盘读数 $b_{左}$，将读数记入观测手簿。

以上两步骤称为上半测回（或盘左半测回），上半测回角值为

$$\beta_{左} = b_{左} - \alpha_{左} \tag{2.1}$$

3）纵转望远镜，使竖盘处于望远镜右边（称盘右或倒镜），照准目标 $B$，读取水平度盘读数 $b_{右}$，将读数记入手簿。

4）逆时针转动照准部，照准目标 $A$，读取水平度盘读数 $\alpha_{右}$，将读数记入手簿。

以上两步骤称为下半测回（或盘右半测回），下半测回角值为

$$\beta_{右} = b_{右} - \alpha_{右} \tag{2.2}$$

上下半测回角值之差符合要求，取其平均值，称为一测回角。一测回角值为

$$\beta = (\beta_{左} + \beta_{右}) / 2 \tag{2.3}$$

若采用全站仪观测，首先从显示屏上确定是否处于角度测量模式，如果不是，按键转换为角度测量模式；盘左瞄准左目标 $A$，按置零键，使水平度盘读数为 0°00′00″；顺时针旋转照准部，瞄准右目标 $B$，读取显示读数并记录；盘右照准右目标 $B$，读取显示读数并记录；逆时针旋转照准部，照准左目标 $A$，读取显示读数并记录。

上、下两个半测回合称为一测回，一测回的观测程序概括为：上—左—顺、下—右—逆。

为了提高观测精度，常观测多个测回。为了减弱度盘分划误差的影响，各测回应均匀分配在度盘不同位置进行观测。若要观测 $n$ 个测回，则每测回起始方向读数应递增 180°/$n$。例如，采用经纬仪观测 2 个测回，每个测回应递增 180°/2=90°，即每测回起始方向读数应依次配置在 0°00′、90°00′稍大的读数处；采用全站仪观测 2 测回，每测回起始方向读数应依次配置为 0°00′00″、90°00′00″。

（2）外业手簿计算

1）半测回角值的计算。上、下半测回角值皆等于右目标读数减去左目标读数，如：

$$\beta_{左} = B_{左} - A_{左} = 68°45'06'' - 0°04'00'' = 68°41'06''$$

$$\beta_{右} = B_{右} - A_{右} = 248°45'18'' - 180°04'06'' = 68°41'12''$$

需要注意的是，计算时如果右目标读数小于左目标读数，则右目标读数应先加 360°后再减左目标读数。

2）一测回角值的计算。一测回角值等于盘左、盘右所测得的角度值的平均值，如：

$$\beta_1 = (\beta_{左} + \beta_{右}) / 2 = (68°41'06'' + 68°41'12'') / 2 = 68°41'09''$$

$$\beta_2 = (\beta_{左} + \beta_{右}) / 2 = (68°41'12'' + 68°41'18'') / 2 = 68°41'15''$$

3）各测回平均角值的计算。各测回平均角值等于各个测回所测得的角度值的平均值，如：

$$\beta = (\beta_1 + \beta_2) / 2 = (68°41'09'' + 68°41'15'') / 2 = 68°41'12''$$

测回法两测回观测水平角的记录格式如表 2.1 所示。

**表 2.1　测回法观测手簿**

| 测站<br>测回 | 竖盘<br>位置 | 目标 | 水平度盘<br>读数/（° ′ ″） | 半测回<br>角值/（° ′ ″） | 一测回<br>角值/（° ′ ″） | 各测回平均<br>角值/（° ′ ″） | 备注 |
|---|---|---|---|---|---|---|---|
| 1 | 2 | 3 | 4 | 5 | 6 | 7 | 8 |
| *O*<br>1 | 左 | *A* | 0 04 00 | 68 41 06 | 68 41 09 | 68 41 12 | *O*　*β*　*A*　*B* |
| | | *B* | 68 45 06 | | | | |
| | 右 | *B* | 248 45 18 | 68 41 12 | | | |
| | | *A* | 180 04 06 | | | | |
| *O*<br>2 | 左 | *A* | 90 03 12 | 68 41 12 | 68 41 15 | | |
| | | *B* | 158 44 24 | | | | |
| | 右 | *B* | 338 44 30 | 68 41 18 | | | |
| | | *A* | 270 03 12 | | | | |

（3）限差要求

1）两个半测回角值之差称为半测回差，半测回差≤36″。

2）各测回角值之差称为测回差，测回差≤24″。

2. 方向观测法

当在一个测站上需要观测 3 个或 3 个以上方向时，通常采用这种方法（2 个方向也可采用）。它的直接观测结果是各个方向相对于起始方向的水平角值，也称为方向值。相邻方向的方向值之差就是各相邻方向间的水平角值。当照准方向为 4 个及 4 个以上时，由于观测时照准部要旋转 360°，因此又将方向观测法称为全圆方向法。

如图 2.15 所示，设在 *O* 点有 *OA*、*OB*、*OC*、*OD* 4 个方向，方向观测法观测步骤如下。

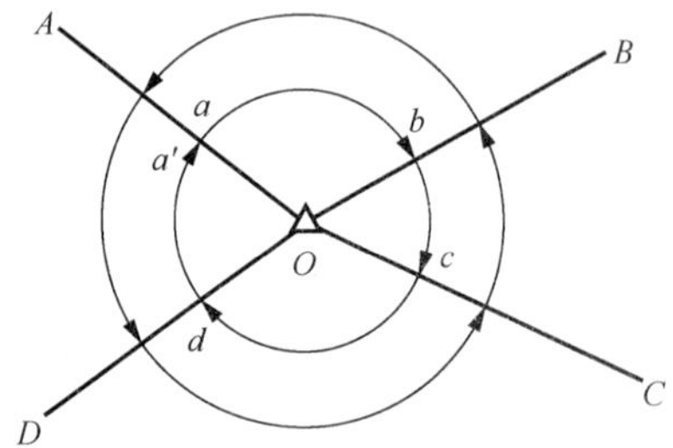


图 2.15　方向观测法

（1）观测程序

1）在测站点 *O* 安置经纬仪，选一距离适中、背景明亮、成像清晰的目标（如 *A*）作为起始方向，盘左照准 *A* 目标，配盘，使水平度盘读数略大于 0°（一般为 0°05′左右），再松开制动，重新照准 *A* 方向，读取水平度盘读数 *a*，将读数记入观测手簿。

2）顺时针旋转照准部，依次照准 *B*、*C*、*D* 目标，并分别读取水平度盘读数 *b*、*c*、*d*，将读数记入观测手簿；回到起始方向 *A*，再读取水平度盘读数 *a*′。

第二次照准起始方向称为归零，其目的是检查水平度盘在观测过程中是否发生变动。$a$ 与 $a'$ 之差称为归零差，归零差不能超过限差。

观测程序 1）和 2）为上半测回，上半测回自上而下记录。

3）纵转望远镜，盘右照准 $A$ 目标，读取水平度盘读数，将读数记入观测手簿。

4）逆时针方向旋转照准部，依次照准 $D$、$C$、$B$，最后回到起始方向 $A$，分别读取水平度盘读数并记入观测手簿。

观测程序 3）和 4）为下半测回，下半测回自下而上记录。

以上操作过程称为一测回。为了提高观测精度，常观测多个测回。各测回配盘方法与测回法相同。

（2）外业手簿计算

方向观测法观测手簿如表 2.2 所示。

**表 2.2　方向观测法观测手簿**

| 测站 | 测回 | 目标 | 水平度盘读数/（° ′ ″） | | 2c/（″） | 平均读数/（° ′ ″） | 一测回归零方向值/（° ′ ″） | 各测回平均归零方向值/（° ′ ″） | 水平角/（° ′ ″） |
|---|---|---|---|---|---|---|---|---|---|
| | | | 盘左 | 盘右 | | | | | |
| 1 | 2 | 3 | 4 | 5 | 6 | 7 | 8 | 9 | 10 |
| O | 1 | A | 0 02 00 | 180 02 12 | −12 | （0 02 09）<br>0 02 06 | 0 00 00 | 0 00 00 | 42 31 28 |
| | | B | 42 33 36 | 222 33 42 | −6 | 42 33 39 | 42 31 30 | 42 31 28 | 57 49 48 |
| | | C | 100 23 18 | 280 23 30 | −12 | 100 23 24 | 100 21 15 | 100 21 16 | 44 58 59 |
| | | D | 145 22 24 | 325 22 42 | −18 | 145 22 33 | 145 20 24 | 145 20 15 | |
| | | A | 0 02 06 | 180 02 18 | −12 | 0 02 12 | | | |
| O | 2 | A | 90 01 12 | 270 01 18 | −6 | （90 01 12）<br>90 01 15 | 0 00 00 | | |
| | | B | 132 32 42 | 312 32 36 | −12 | 132 32 39 | 42 31 27 | | |
| | | C | 190 22 36 | 10 22 24 | −12 | 190 22 30 | 100 21 18 | | |
| | | D | 235 21 24 | 55 21 12 | −18 | 235 21 18 | 145 20 06 | | |
| | | A | 90 01 06 | 270 01 12 | −6 | 90 01 09 | | | |

1）计算半测回归零差。每半测回零方向有两个读数，它们的差值称为归零差。表 2.2 中，第一测回上下半测回归零差分别为$\Delta_{左}=06''-00''=+06''$，$\Delta_{右}=18''-12''=+06''$。

2）计算两倍照准误差（$2c$）。同一方向盘左盘右读数之差为两倍照准误差，两倍照准误差=盘左读数−(盘右读数±180°)，结果填入表 2.2 第 6 栏。

3）计算平均读数。平均读数=$\frac{1}{2}$[盘左读数+（盘右读数±180°）]，结果填入表2.2第7栏。

零方向有两个平均值，取这两个平均值的中数记在第7栏上方，并加括号。例如，第一测回括号内的值为（0°02′06″+0°02′12″）/2=0°02′09″。

4）计算归零方向值。表2.2第8栏中各值的计算，是用第7栏中各方向平均读数减去零方向括号内之值。例如，第一测回方向 $B$ 的归零方向值为 42°33′39″−0°02′09″=42°31′30″。

5）计算各测回平均归零方向值。一测站按规定测回数测完后，应比较同一方向各测回归零后方向值，检查其较差是否超限，如表2.2中 $D$ 方向两个测回较差为18″。各测回归零后同一方向值之差符合规范要求后，取其平均值作为该方向最后结果，填入表2.2第9栏。

6）计算各方向间的水平角值。第9栏中相邻两方向值之差即为相邻两方向线之间的水平角值，记入表2.2第10栏。

（3）限差要求

一测回观测完成后，应及时进行计算，并对照检查各项限差，如有超限，应进行重测。一测回限差符合要求，再进行下一测回观测。方向观测法技术要求如表2.3所示。

表2.3　方向观测法技术要求

| 仪器型号 | 光学测微器两次重合读数之差 | 半测回归零差 | 各测回同方向 $2c$ 值互差 | 各测回同一方向值互差 |
|---|---|---|---|---|
| $DJ_2$ | 3″ | 8″ | 13″ | 10″ |
| $DJ_6$ | — | 18″ | — | 24″ |

# 任务2.2　天顶距测量

## 2.2.1　天顶距测量原理

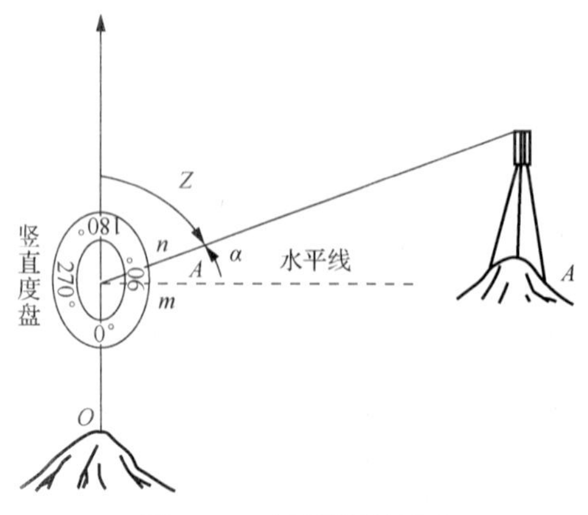

图2.16　天顶距测量原理

在竖直面内，视线与水平线的夹角称为竖直角，用 $\alpha$ 表示，其角值范围为−90°～+90°，向上倾斜的仰角规定为正，向下倾斜的俯角规定为负；视线与铅垂线天顶方向之间的夹角称为天顶距，其角值范围为0°～180°，用 $Z$ 表示，如图2.16所示。当视线仰倾时，$\alpha$ 取正值，$Z<90°$；当视线俯倾时，$\alpha$ 取负值，$Z>90°$；当视线水平时，$\alpha=0°$，$Z=90°$。竖直角与天顶距之间的关系为

$$\alpha + Z = 90° \tag{2.4}$$

如果在测站点 $O$ 上安置一个带有竖直刻度盘的测角仪器，其竖盘中心通过水平视线，设照准目标点 $A$ 时视线的读数为 $n$，视线水平时的读数为 $m$（此读数为一固定值，读数为 90°或 90°的整倍数，称为始读数），则竖直角 $\alpha=n-m$，天顶距 $Z=90°-\alpha$。

竖直角和天顶距之和为 90°，在测量工作中，两者只需测得其中一个即可。由于现代光学经纬仪竖盘注记多数为天顶距式注记，而且在采用计算器按天顶距计算高差时无须考虑正负号的问题，因此测量工作中宜观测天顶距。

### 2.2.2 竖盘读数系统

光学经纬仪的竖盘读数系统如图 2.17 所示。竖盘的特点如下。

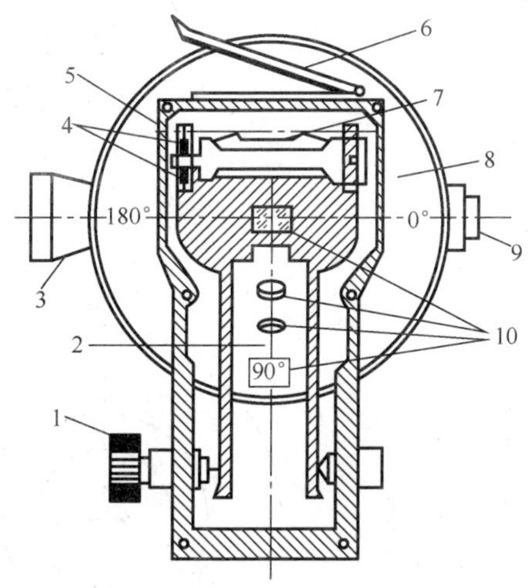


1——指标水准管微动螺旋；2——光具组光轴；3——望远镜；4——水准管校正螺钉；5——指标水准管轴；6——指标水准管反光镜；7——指标水准管；8——竖盘；9——目镜；10——光具组的透镜和棱镜。

图 2.17 竖盘读数系统

1）竖盘固定在望远镜横轴的一端，垂直于横轴，竖盘随望远镜的上下转动而转动。

2）竖盘注数按顺时针方向增加，并使 0°和 180°的对径分划线与望远镜视准轴在竖盘上的正射投影重合。

3）读数指标线不随望远镜的转动而转动。为使读数指标线位于正确的位置，竖盘读数指标线与竖盘水准管固定在一起，由指标水准管微动螺旋控制。转动指标水准管微动螺旋可使竖盘水准管气泡居中，达到指标线处于正确位置的目的。

4）通常情况下，视线水平时（竖盘指标线位于正确位置），竖盘读数为一个已知的固定值（0°、90°、180°、270° 4 个值中的一个）。

竖盘分划线通过一系列棱镜和透镜组成的光具组（10）与分微尺一起成像于读数显微镜的读数窗内。光具组和竖盘指标水准管（7）固定在一个支架上，并使其指标水准管轴（5）垂直于光具组光轴（2）。光轴相当于竖盘的读数指标，观测时就是根据光轴照准的位置进行读数。当调节指标水准管微动螺旋（1）使其气泡居中时，光具组的光轴处于竖盘位置，盘左照准的竖盘读数 $L$ 所对应的角度与天顶距为对顶角，两者相等，如图 2.18 所示，即

$$Z = L \tag{2.5}$$

盘右照准目标的竖盘读数 $R$ 所对应的角度与天顶距的对顶角之和为 360°，如图 2.18 所示，即

$$Z = 360° - R \tag{2.6}$$

所以，同一目标的盘左盘右之和为 360°。

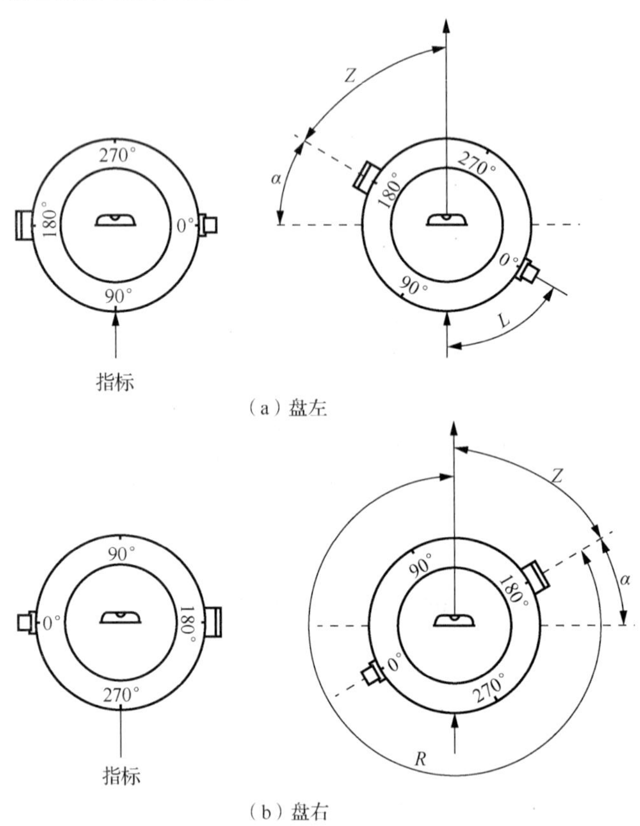


图 2.18 竖盘读数与天顶距的关系

要保证光具组的光轴处于正确位置，除了利用水准管装置以外，不同型号仪器还采用吊丝或弹性摆将光具组悬挂起来，利用重力作用使光具组自然垂直的装置称为自动补偿装置，这种装置没有竖盘水准管，而是设置了一个自动补偿开关，读数前需要将自动补偿开关打开。

### 2.2.3 竖盘指标差

如图 2.19 所示，如果竖盘水准管轴与光具组光轴互不垂直，当水准管气泡居中时，竖盘读数指标则不在竖直位置，其所偏角度 $x$ 称为竖盘指标差，简称指标差。

图 2.19（a）所示为盘左位置，由于存在指标差，当望远镜照准目标时，读数大了一个 $x$ 值，正确的天顶距为

$$Z = L - x \tag{2.7}$$

同样，在盘右位置照准同一目标，读数仍然大了一个 $x$ 值，则正确的天顶距为

$$Z = 360° - R + x \tag{2.8}$$

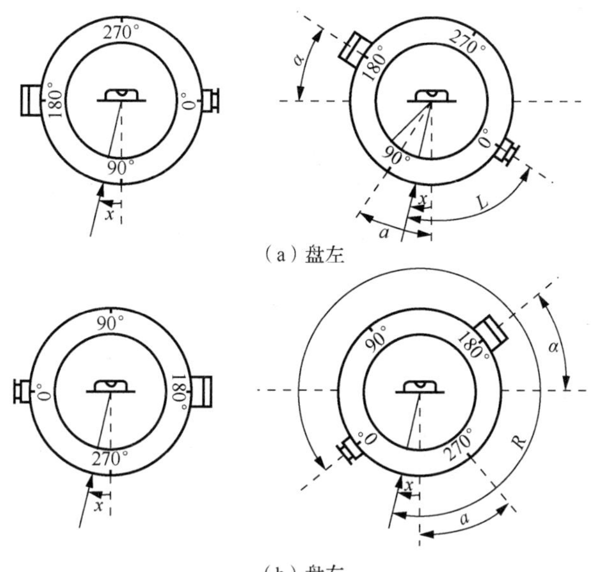

（a）盘左

（b）盘右

图 2.19 竖盘指标差

式（2.7）和式（2.8）计算的天顶距相等，所以

$$x = \frac{1}{2}(L + R - 360°) \tag{2.9}$$

用盘左、盘右观测天顶距，可以消除竖盘指标差的影响。

### 2.2.4 天顶距测量方法

在测站上安置经纬仪，在待测点上竖立觇标，一个测回的观测程序如下。

1）盘左中丝照准目标顶部或某一固定位置，调节指标水准管微动螺旋使气泡居中（或打开自动补偿开关），读数、记录，即为上半测回。如果照准目标有多个，则在盘左位置依次照准各目标，分别读数、记录。

2）盘右中丝照准目标，调节指标水准管微动螺旋使气泡居中（或打开自动补偿开关），读数、记录，即为下半测回。如果照准目标有多个，则在盘右位置依次照准各目标，分别读数、记录。

天顶距观测手簿如表 2.4 所示。

表 2.4 天顶距观测手簿

| 测站 | 测回 | 目标 | 竖盘读数 | | 指标差 | 一测回天顶距 | 各测回平均天顶距 |
|---|---|---|---|---|---|---|---|
| | | | 盘左 | 盘右 | | | |
| | | | ° ′ ″ | ° ′ ″ | ″ | ° ′ ″ | ° ′ ″ |
| *O* | 1 | *A* | 94 33 24 | 265 26 24 | −6 | 94 33 30 | 94 33 30 |
| | | *B* | 92 16 12 | 267 43 42 | −3 | 92 16 15 | 92 16 15 |
| | | *C* | 84 46 36 | 275 13 12 | −6 | 84 46 42 | 84 46 38 |
| | | *D* | 86 25 42 | 273 34 00 | −9 | 86 25 51 | 86 25 50 |

续表

| 测站 | 测回 | 目标 | 竖盘读数 | | 指标差 | 一测回天顶距 | 各测回平均天顶距 |
|---|---|---|---|---|---|---|---|
| | | | 盘左 | 盘右 | | | |
| | | | ° ′ ″ | ° ′ ″ | ″ | ° ′ ″ | ° ′ ″ |
| | 2 | *A* | 94 33 30 | 265 26 30 | 0 | 94 33 30 | |
| | | *B* | 92 16 18 | 267 43 48 | +3 | 92 16 15 | |
| | | *C* | 84 46 42 | 275 13 36 | +9 | 84 46 33 | |
| | | *D* | 86 25 54 | 273 34 18 | +6 | 86 25 48 | |

为了提高观测结果的精度，天顶距也可以进行多个测回的观测，各测回观测方法相同。

对于 $J_6$ 级仪器，一个测回中的最大指标差和最小指标差之差称为指标差的变动范围，应不超过 24″。对于 $J_6$ 级仪器，各个测回同一方向的天顶距较差不应超过 24″。

# 任务 2.3 经纬仪的检验与校正

按照规定，经纬仪必须定期送法定检测机关进行检测，以评定仪器的性能和状态。在使用过程中，由于多种原因会使仪器状态发生变化，仪器的使用者应经常对仪器进行必要的检验和校正，以使仪器处于理想状态，从而保证测角的精度要求。

## 2.3.1 经纬仪应满足的几何条件

经纬仪的主要轴线有仪器的旋转轴 *VV*（简称竖轴）、望远镜的旋转轴 *HH*（简称横轴）、望远镜的视准轴 *CC*、照准部水准管轴 *LL* 和圆水准器轴 *L′L′*，如图 2.20 所示。根据测角的原理可知，为了能正确地测出水平角和竖直角，仪器要精确地安置在测站点上，仪器竖轴中心应与测站点在同一铅垂位置；视线绕横轴旋转时，能够形成一个铅垂面；当视线水平时，竖盘读数应为 90°或 270°。

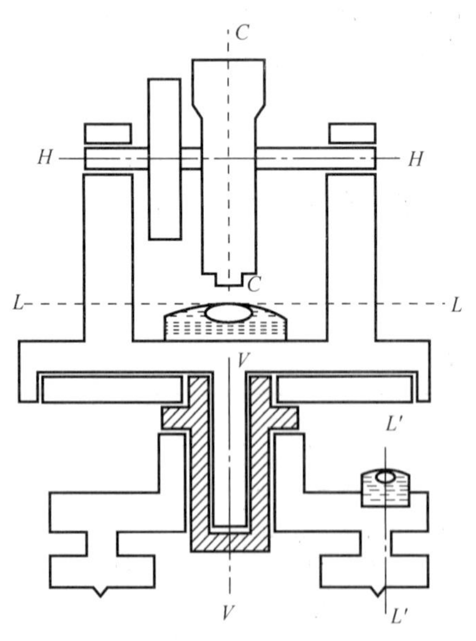

图 2.20 经纬仪的主要轴线

为满足上述要求，仪器主要轴线之间应满足以下几何条件。

1）照准部水准管轴应垂直于竖轴。若满足照准部水准管轴垂直于竖轴，则可利用水准管整平仪器，竖轴竖直，精确位于铅垂方向。

2）圆水准器轴应平行于竖轴。这一关系满足后，可用圆水准器整平仪器，使仪器竖轴粗略地位于铅垂方向。

3）十字丝竖丝应垂直于横轴。十字丝竖丝垂直于横轴后，当横轴水平时，竖丝位于铅垂位置。

这样，可以利用竖丝检查照准的目标是否倾斜，也可利用竖丝的任一部位照准目标，此时水平度盘读数均一样。

4）视准轴应垂直于横轴。视准轴垂直于横轴，则在望远镜绕着横轴旋转时，视准轴可形成一个垂直于横轴的平面。

5）横轴应垂直于竖轴。若满足横轴垂直于竖轴，则当仪器整平后，竖轴竖直，横轴水平，视准轴绕横轴旋转时形成一个铅垂面。

另外，除了以上条件需要满足外，还需满足光学对中器的视线与竖轴的旋转中心线重合，这样利用光学对中器对中后，竖轴旋转中心才可位于测站点的铅垂线上。当视线水平时，竖盘读数应为90°的整倍数（竖盘指标水准管气泡居中或竖盘自动补偿装置开关打开），否则有指标差存在。

### 2.3.2 $DJ_6$ 光学经纬仪的检验与校正

经纬仪检验的目的，就是检查以上各条件满足与否。如果不能满足，并且偏差超过允许范围，则需校正仪器使其满足，保证仪器处于正常的使用状态。下面分别说明各条件检验和校正的具体方法。

#### 1. 照准部水准管轴垂直于竖轴的检验与校正

（1）检验

首先将仪器粗略整平，使水准管平行于其中的两个脚螺旋，并用两个脚螺旋使水准管气泡精确居中，这时水准管轴 $LL$ 已居于水平位置。如果两者不相互垂直，则竖轴 $VV$ 不在铅垂位置。然后将照准部旋转 180°，由于它是绕竖轴旋转的，竖轴位置不动，因此水准管轴偏移水平位置，气泡也不再居中，则此条件不满足；如果照准部旋转 180°后气泡仍然居中，则两者相互垂直，条件满足。

（2）校正

检验后若气泡偏离超过一格，应进行校正。校正时用脚螺旋使气泡退回原偏移量的一半位置，再用校正针调节水准管一端的校正螺钉，升高或降低这一端，使气泡居中，则条件满足。水准管校正装置的构造如图 2.21 所示。调节校正螺钉时要注意先松后紧，以免对螺钉造成破坏。此项检校工作要反复进行，直到满足条件为止。

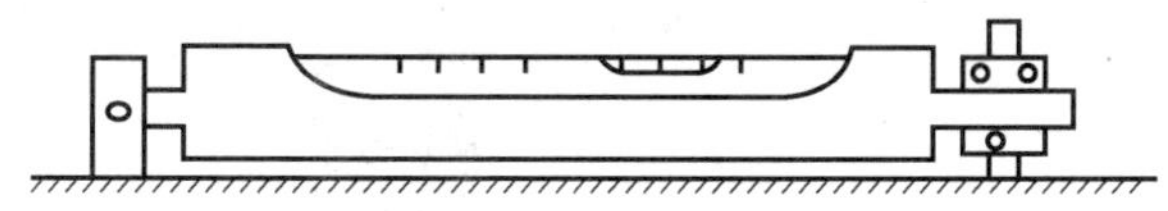

图 2.21 水准管校正装置的构造

#### 2. 圆水准器轴平行于竖轴的检验与校正

（1）检验

照准部水准管气泡居中后，仪器整平，这时竖轴已居铅垂位置。如果圆水准器平行于竖轴条件满足，则气泡应该居中，否则需要校正。

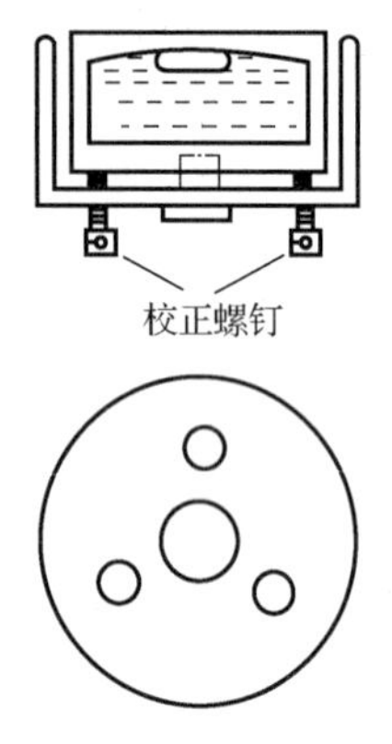


图 2.22 圆水准器的校正

（2）校正

在圆水准器装置的底部有 3 个校正螺钉，如图 2.22 所示，根据气泡偏移的方向进行调节，直至圆气泡居中。校正完成后，将螺钉旋紧。

3. 十字丝竖丝垂直于横轴的检验与校正

（1）检验

整平仪器后，用十字丝竖丝的一端照准一个小而清晰的目标点，拧紧水平制动螺旋和望远镜制动螺旋，使用望远镜的微动螺旋使目标点移动到竖丝的另一端，如果目标点此时仍位于竖丝上，则条件满足，否则需要校正，如图 2.23 所示。或者在墙壁上挂一细垂线，用望远镜竖丝瞄准垂线，若竖丝与垂线重合，则符合条件，否则需要校正。

（2）校正

十字丝分划板位于望远镜的目镜端。将护罩打开后，有 4 个固定分划板的螺旋，如图 2.24 所示。稍稍拧松这 4 个螺旋，慢慢转动分划板，条件满足后旋紧固定螺旋，并将护罩盖好。

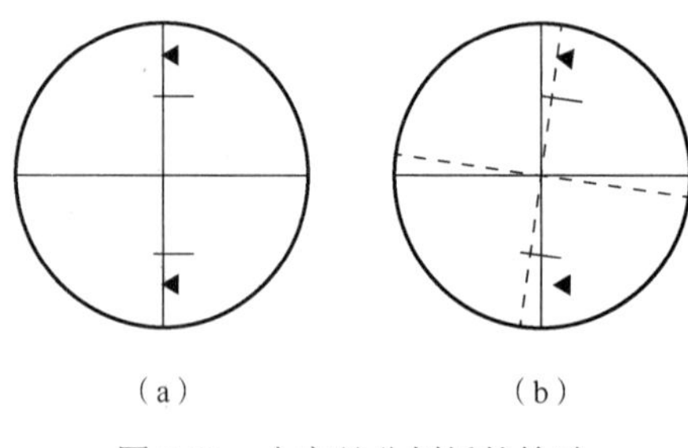


图 2.23 十字丝分划板的检验

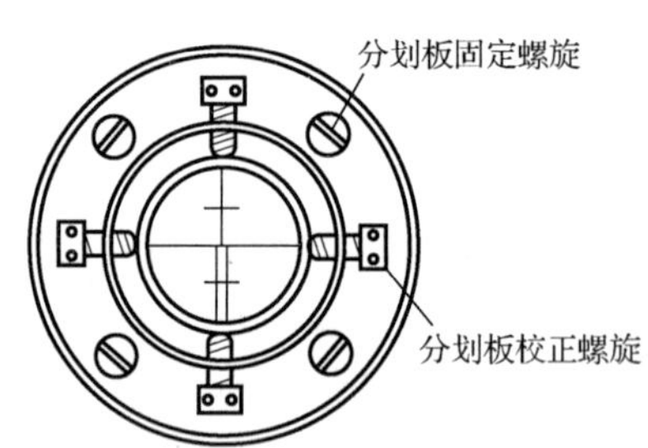


图 2.24 十字丝的校正

4. 视准轴垂直于横轴的检验与校正

（1）检验

如图 2.25 所示，选一长约 100m 的平坦地面，在一条直线上确定 $A$、$O$、$B$ 3 点（$OB$ 长度大于 10m），将仪器安置于 $O$ 点。$A$ 点设一照准目标，$B$ 点横放一有毫米分划的小尺。

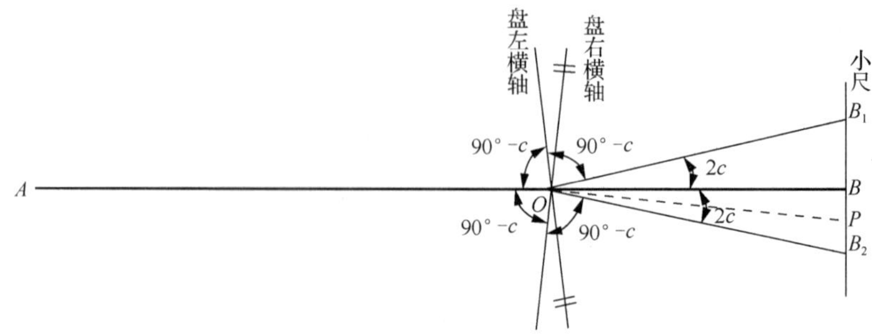


图 2.25 视准轴垂直于横轴的检验

首先以盘左位置照准 $A$ 点目标，固定照准部，将望远镜倒转，在 $B$ 点小尺上读数，得 $B_1$ 点；然后用同样方法以盘右位置照准 $A$ 点目标，固定照准部，再倒转望远镜，在 $B$ 点小尺上读数，得 $B_2$ 点。若 $B_1$ 和 $B_2$ 重合则条件满足；若不重合则条件不满足，需要进行校正。

视准轴不垂直于横轴，相差一个 $c$ 角（视准误差），则盘左照准 $A$ 时倒转后照准 $B_1$ 点，所得 $B_1B$ 长为 $2c$ 的反映；盘右照准 $A$ 时倒转后照准 $B_2$ 点，所得 $B_2B$ 长也为 $2c$ 的反映，所以 $B_1B_2$ 长为 $4c$ 的反映。视准误差 $c=\frac{1}{4}\frac{B_1B_2}{OB}\rho$。

（2）校正

在图 2.25 中，若视线与横轴不垂直，存在视准误差 $c$，则 $\angle B_1OB_2=4c$。校正时只需校正一个 $c$ 角。取靠近 $B_2$ 点的 $B_1B_2$ 的 1/4 处 $P$ 点，认为 $\angle POB_2=c$。在照准部不动的条件下，拨动分划板校正螺旋，使十字丝交点左右移动，直至对准 $B$ 点，则此条件即可满足。

另外，也可采用水平度盘读数法进行检验，方法是分别用盘左和盘右照准同一目标，得盘左和盘右读数，两读数应相差 180°；若不相差 180°，则存在视准误差 $c=\frac{1}{2}(a_{左}-a_{右}\pm 180°)$。校正时，盘右位置配置水平度盘读数为 $a'_{右}=a_{右}+c$（令盘左时 $c$ 为正），此时十字丝交点不再对准目标，利用十字丝校正螺旋校正十字丝分划板位置，使交点对准目标即可。这种检验方法只对水平度盘无偏心或偏心差影响小于估读误差时有效，若偏心差影响是主要的，则这种检验将得不到正确结果。

5. 横轴垂直于竖轴的检验与校正

（1）检验

在竖轴铅垂的情况下，如果横轴不垂直竖轴，则横轴倾斜；如果视线已垂直横轴，则绕横轴旋转时构成的是一个倾斜平面。在进行这项检验时，应将仪器架设在一处较高墙壁附近，如图 2.26 所示。当仪器整平以后，先以盘左照准墙壁高处一清晰的目标点 $P$（倾角＞30°）；然后将望远镜放平，在视线上标出墙上的一点 $P_1$；再将望远镜改为盘右，仍然照准 $P$ 点，并放平视线，在墙上标出一点 $P_2$。如果 $P_1$ 和 $P_2$ 两点重合，则此条件满足，否则需要校正。

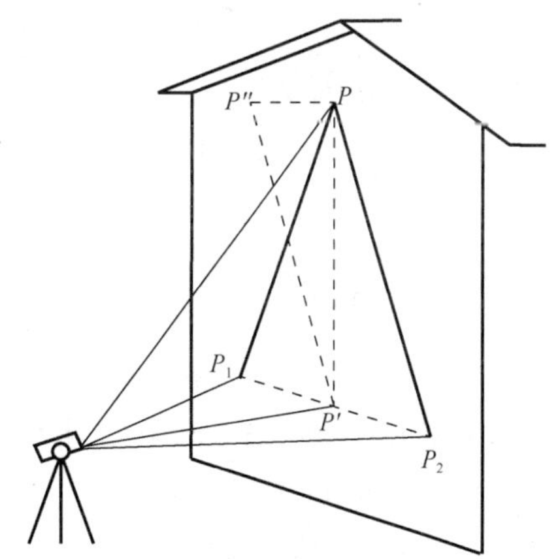

图 2.26 横轴垂直于竖轴的检验

（2）校正

取 $P_1$、$P_2$ 的中点 $P'$，则 $P$、$P'$ 在同一铅垂面内。照准 $P'$ 点，将望远镜抬高，则视线必然偏离 $P$ 点而指向 $P''$ 点。校正时保持仪器不动，校正横轴的一端，将横轴支架的护罩打开，松开偏心轴承的 3 个固定螺旋，轴承可作微小转动，使横轴端点上下移动，使视线落在 $P$ 上，校正好后，旋紧固定螺旋，并上好护罩。这项校正需打开支架护罩，不宜在室外进行。

#### 6. 光学对中器的视线与竖轴旋转中心线重合的检验与校正

（1）检验

将仪器架好后，在地面上铺以白纸，在纸上标出视线的位置点，然后将照准部平转180°，再标出视线的位置点，如果两点重合，则条件满足，否则需要校正。

（2）校正

不同厂家生产的仪器其校正的部位也不同。有的是校正光学对中器的望远镜分划板，有的则校正直角棱镜。由于检验时所得前后两点之差是由二倍误差造成的，因此在标出两点的中间位置后，校正有关的螺旋，使视线落在中间点上即可。光学对中器分划板的校正与望远镜分划板的校正方法相同。直角棱镜的校正装置位于两支架的中间，校正直角棱镜的方向和位置需要反复进行校正，直到满足条件为止。

#### 7. 竖盘指标差的检验与校正

（1）检验

检验竖盘指标差，应用盘左、盘右照准同一目标，读得其读数 $L$ 和 $R$ 后，按指标差的计算公式来计算其值，不符合限差则需校正。

（2）校正

保持盘右照准原来的目标不变，这时的正确读数应为 $R-x$。用指标水准管微动螺旋将竖盘读数安置在 $R-x$ 的位置上，这时水准管气泡必不再居中，调节指标水准管校正螺旋，使气泡居中即可。有竖盘指标自动补偿器的仪器应由专业人员校正竖盘自动补偿装置或更换竖盘自动补偿装置。

上述的每一项校正都需要反复进行几次，直至误差在容许的范围。

### 2.3.3 角度测量误差

在角度测量过程中，造成测角误差的因素有 3 种：仪器误差、观测误差、外界条件的影响。

#### 1. 仪器误差

仪器虽经过检验及校正，但总会有残余的误差存在。仪器误差一般是系统性的，可以在工作中通过一定的方法予以消除或减小。

仪器误差中的视准轴不垂直横轴、横轴不垂直竖轴、照准部偏心及竖盘的指标差等对测角造成的误差均可通过取盘左、盘右读数的平均值或取盘左、盘右观测角值的平均值的方法来加以抵消或大大减弱。

#### 2. 观测误差

观测误差主要有对中误差（测站偏心）、目标偏心、照准误差及读数误差。

（1）对中误差

对中误差的大小取决于仪器对中装置的状况及操作的仔细程度。它对测角精度的影响如图 2.27 所示。设 $O$ 为地面标志点，$O'$为仪器中心，$OO'$的长度为对中时的偏心距 $e$，则实际测得的水平角为 $\beta'$，而不是应测的 $\beta$，两者差值为

$$\Delta\beta = \beta - \beta' = \delta_1 + \delta_2 \tag{2.10}$$

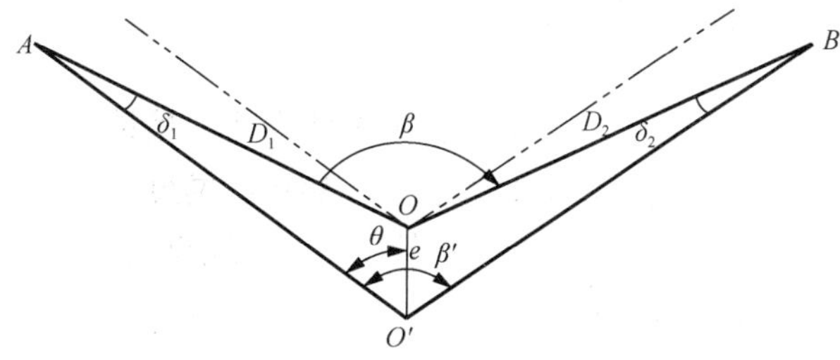


图 2.27　对中误差对测角精度的影响

由于 $\delta_1$ 和 $\delta_2$ 很小，因此存在

$$\delta_1 = e\rho\frac{\sin\theta}{D_1} \tag{2.11}$$

$$\delta_2 = e\rho\frac{\sin(\beta'-\theta)}{D_2} \tag{2.12}$$

式中，$\theta$ 为观测方向与偏心方向夹角；$D_1$、$D_2$ 分别为测站点至 $A$、$B$ 的距离。

由此可得

$$\Delta\beta = \delta_1 + \delta_2 = e\rho\left[\frac{\sin\theta}{D_1} + \frac{\sin(\beta'-\theta)}{D_2}\right]$$

当 $\beta'$=180°，$\theta$=90°时，取 $D_1 = D_2 = D$，则 $\Delta\beta$ 有最大值：

$$\Delta\beta = \frac{2e}{D}\rho \tag{2.13}$$

当 $D$=100m，$e$=3mm 时，$\Delta\beta$=12. 4″；当 $D$=50m，$e$=3mm 时，$\Delta\beta$=25″。

因此，边长越短，偏心距 $e$ 越大，对测角精度的影响越大。所以，在测水平角时，边长越短，对对中的精度要求越高，对中时越要仔细。

（2）目标偏心

在测角时，通常要在地面点上设置观测标志，如花杆、垂球等。造成目标偏心的原因是标志与地面点对得不准，或者标志没有铅垂，而照准的标志上部与地面标志点偏移。

与测站偏心类似，偏心距越大，边长越短，目标偏心对测角精度的影响越大。所以，在观测角度时，标杆底部要对准地面点并且竖直，在瞄准时应尽可能地瞄准目标的底部。短边测角时，尽可能用垂球作为观测标志。

（3）照准误差

照准误差大小与人眼的分辨能力、望远镜的放大率有关。人眼的分辨能力一般为 60″；设望远镜的放大率为 $V$，则照准时的分辨能力为 $\frac{60''}{V}$。一般 $DJ_6$ 光学经纬仪望远镜的放大倍率 $V$ 为 25～30 倍，因此瞄准误差 $m_V$ 一般为 2.0″～2.4″。另外，瞄准误差与目标的大小、形状、颜色和大气的透明度等也有关。因此，在观测中应尽量消除视差，选择适宜的照准标志，熟练操作仪器，掌握瞄准方法，并仔细瞄准以减小误差。粗的目标宜用双丝照准，细的目标则用单丝照准。

（4）读数误差

对于分微尺读法，主要是估读最小分划的误差；对于对径符合读法，主要是对径符合的误差所带来的影响，所以在读数时宜特别注意。一般读数时应读到最小刻度的1/10。

3. 外界条件的影响

对测量成果产生影响的外界条件很多，如天气的变化、植被的不同、地面土质松紧的差异、地形的起伏及周围建筑物的状况等都会影响测角的精度。有风会使仪器不稳，地面土松软可使仪器下沉，强烈阳光照射会使水准管变形，视线靠近反光物体则有折光影响等。在测角时，这些情况应尽量予以避免。

## 项目小结

本项目主要介绍了 $DJ_6$ 光学经纬仪测量水平角及天顶距的方法。水平角测量介绍了只有2个照准方向的测回法和有4个照准方向的全圆方向法，测回法需要重点掌握。对于竖直角或天顶距，从实际应用的角度出发，选取了天顶距测量进行阐述。不论是水平角还是天顶距测量，每种观测方法皆有相关的规程和技术要求。本项目还阐述了角度测量误差来源及消减方法。通过本项目的学习，学生需掌握以下内容。

1）水平角、竖直角的概念及测角原理。

2）熟悉经纬仪的操作与使用方法。

3）初步认识全站仪，学会用全站仪测角。

4）水平角的观测、记录与外业计算方法。

5）天顶距的观测、记录与外业计算方法。

6）$DJ_6$ 光学经纬仪的检验与校正。

7）角度测量误差及其消减方法。

## 知识检验

1）什么是水平角？什么是竖直角？什么是天顶距？

2）简述用光学对中器的经纬仪如何进行对中整平。

3）水平角测量的方法有几种？简要说明测量过程。

4）什么是竖盘指标差？如何测定其大小？如何消除？

5）经纬仪的主要轴线应满足什么条件？如何进行检验？

# 项目3

# 距离测量

## 项目简介

距离是确定地面点位置的基本要素之一，距离分为倾斜距离（简称斜距）和水平距离（简称平距）两种。倾斜距离是指地面上两点间的直线距离，如图 3.1 所示的 *AB*；水平距离是指两点间连线在某一个水平面上的投影长度，如图 3.1 所示的 *A′B′*。倾斜距离可以改算为水平距离。

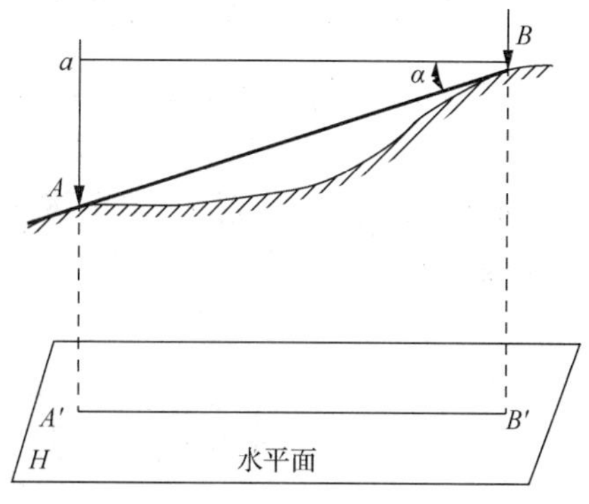

图 3.1　两点间的距离

距离测量是确定地面点位置的基本测量工作之一。常用的距离测量方法有钢尺丈量、视距测量和电磁波测距等。钢尺丈量是用可以卷起来的钢尺沿地面丈量，属于直接量距；视距测量是利用经纬仪或水准仪望远镜中的视距丝及视距标尺按几何光学原理进行测距；电磁波测距是用仪器发射及接收光波（红外光、激光）或微波，按其传播速度及时间测定距离，属于电子物理测距，后两者属于间接测距。

钢尺丈量，工具简单，但易受地形限制，适用于平坦地区的测距，丈量较长距离时工作繁重，已较少采用；视距测量充分利用了测量望远镜的性能，能克服地形障碍，工作方便，但其测距精度一般低于钢尺丈量，并且随距离的增大精度大大降低，适用于低精度的近距离测量（200m 以内）；电磁波测距仪器先进，工作轻便，测距精度高，测程远，同时也正在向近距离的细部测量等普及；除此外，还有很轻便的手持激光测距仪等专用作近距离室内测量。因此，各种测距方法适合于不同的现场具体情况及不同的测距精度要求。

本项目由 2 个任务组成。其中，任务 3.1“经纬仪视距测量”的主要内容包括视距测量的原理、经纬仪视距测量的观测与计算、视距测量的注意事项，任务 3.2“电磁波测距”的主要内容包括概述、电磁波测距的基本原理、电磁波测距仪简介、全站仪的基本使用。通过本项目的学习，学生应达到如下要求：了解全站仪的结构、全站仪的基本操作，掌握经纬仪视距测量的观测方法、全站仪距离测量的操作方法，独立完成测量过程中的记录、计算。

# 任务 3.1 经纬仪视距测量

视距测量是根据几何光学和三角学原理，利用仪器望远镜内的视距装置及视距尺，同时测定两点间水平距离和高差的一种测量方法。这种方法具有操作方便、速度快、不受地形条件限制等优点；但其测距精度较低，一般相对误差为 1/300～1/200。虽然该方法精度较低，但能满足测定碎部点位置的精度要求，因此被广泛应用于地形测图工作中。视距测量所用的主要仪器和工具是经纬仪及视距尺。

## 3.1.1 视距测量的原理

### 1. 视线水平时的距离与高差计算公式

如图 3.2 所示，欲测定 $A$、$B$ 两点间的水平距离 $D$ 及高差 $h$，可在 $A$ 点安置经纬仪，$B$ 点竖立视距尺，设望远镜视线水平，瞄准 $B$ 点视距尺，此时视线与视距尺垂直。若尺上 $M$、$N$ 点成像在十字丝分划板上的两根视距丝 $m$、$n$ 处，那么尺上 $MN$ 的长度可由上、下视距丝读数之差求得。上、下丝读数之差称为视距间隔或尺间隔。

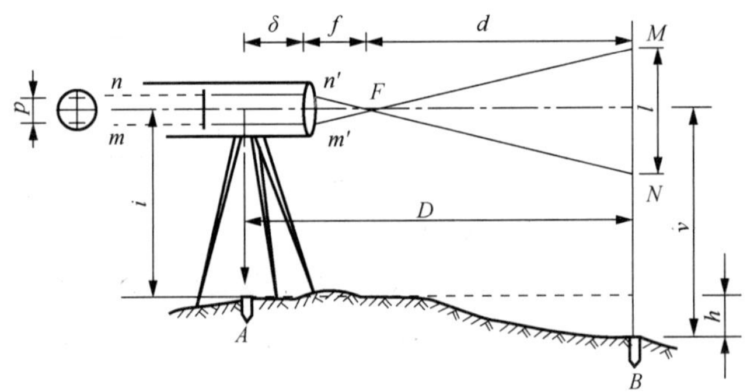


图 3.2 视线水平时的视距测量

图 3.2 中，$l$ 为视距间隔，$p$ 为上、下视距丝的间距，$f$ 为物镜焦距，$\delta$ 为物镜至仪器中心的距离。

由于 $\Delta m'n'F \backsim \Delta MNF$，可得

$$\frac{d}{f}=\frac{l}{p}, \qquad d=\frac{f}{p}l$$

由图 3.2 可知：

$$D=d+f+\delta$$

则 $A$、$B$ 两点间的水平距离为

$$D=\frac{f}{p}l+f+\delta$$

令 $\frac{f}{p}=K$， $f+\delta=C$，则

$$D=Kl+C$$

式中，$K$、$C$ 分别为视距乘常数和视距加常数。

现代常用的内对光望远镜的视距常数，设计时已使 $K$=100，$C$ 接近于 0，所以上式可改写为

$$D=Kl \tag{3.1}$$

同时，由图 3.2 可以推出 $A$、$B$ 的高差：

$$h=i-v \tag{3.2}$$

式中，$i$ 为仪器高，是桩顶到仪器横轴中心的高度；$v$ 为瞄准高，是十字丝中丝在尺上的读数。

2. 视线倾斜时的距离与高差计算公式

在地面起伏较大地区进行视距测量时，必须使视线倾斜才能读取视距间隔。由于视线不垂直于视距尺，因此不能直接应用上述公式。

设想将目标尺以中丝读数 $l$ 这一点为中心，转动一个 $\alpha$ 角，使目标尺与视准轴垂直，由图 3.3 可推算出视线倾斜时的视距测量计算公式：

$$D=Kl\cos^2\alpha \tag{3.3}$$

$$h=D\tan\alpha+i-v \tag{3.4}$$

式中，$K$ 为视距乘常数；$\alpha$ 为竖直角；$i$ 为仪器高；$v$ 为中丝读数，即目标高。

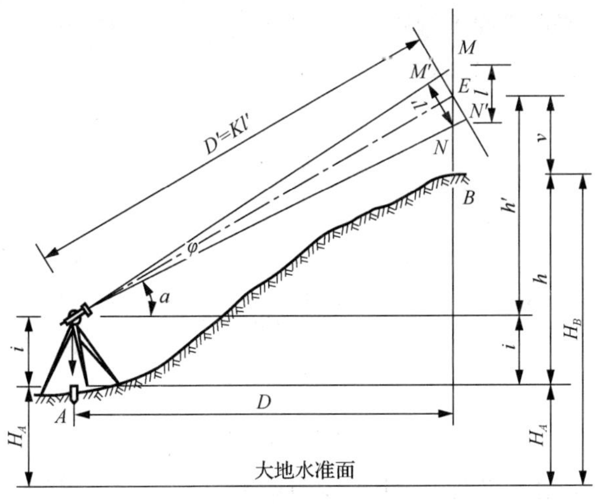


图 3.3　视线倾斜时的视距测量

由于多数经纬仪的竖盘注记是天顶距式注记，即在忽略竖盘指标差的情况下，盘左的竖盘读数等于天顶距 $Z$，少数仪器的盘左读数等于天顶距 $Z$ 的补角。所以，实际工作中常采用以下计算公式：

$$D = Kl\sin^2 Z \tag{3.5}$$

$$h = \frac{D}{\tan Z} + i - v \tag{3.6}$$

### 3.1.2 经纬仪视距测量的观测与计算

1）在测站点上安置仪器，对中整平，用小卷尺量取仪器高 $i$（精确至厘米）。测站点高程为 $H_0$。

2）选择立尺点，竖立视距尺。

3）以经纬仪的盘左位置照准视距尺，采用不同的操作方法对同一根视距尺进行观测。

根据不同型号的仪器，竖盘读数前，打开竖盘指标补偿器开关，或使竖盘指标水准管气泡居中。对于天顶距式注记的经纬仪，在忽略指标差的情况下，盘左竖盘读数即为天顶距，故计算上采用天顶距表达的公式更加方便。

1）任意法：望远镜十字丝照准尺面，高度使三丝均能读数即可。读取上丝读数、下丝读数、中丝读数 $v$、竖盘读数 $L$，分别记入手簿。

水平距离：

$$D = Kl\sin^2 Z$$

高差：

$$h = \frac{D}{\tan Z} + i - v$$

高程：

$$H = H_0 + h$$

2）等仪器高法：望远镜照准视距尺，使中丝读数等于仪器高，即 $i=v$。读取上丝读数、下丝读数、竖盘读数 $L$，分别记入手簿。

水平距离：

$$D = Kl\sin^2 Z$$

高差：

$$h = \frac{D}{\tan Z}$$

高程：

$$H = H_0 + h$$

3）直读视距法：望远镜照准视距尺，调节望远镜高度，使下丝对准视距尺上整米读数，且三丝均能读数。读取视距 $Kl$、中丝读数 $v$、竖盘读数 $L$，分别记入手簿。

水平距离：

$$D = Kl\sin^2 Z$$

高差：

$$h = \frac{D}{\tan Z} + i - v$$

高程：

$$H = H_0 + h$$

4）平截法（经纬仪水准法）：望远镜照准视距尺，调节望远镜高度，使竖盘读数 $L$ 等于 90°。读取上丝读数、下丝读数、中丝读数 $v$，分别记入手簿。

水平距离：

$$D = Kl$$

高差：

$$h = i - v$$

高程：

$$H = H_0 + h$$

当地形起伏较大时，适合选择等仪器高法；当地形起伏不大，特别是平地区域时，选择平截法较为方便。

### 3.1.3 视距测量的注意事项

为了提高视距测量的精度，消除视距乘常数、视距尺不竖立、外界条件等带来的误差影响，视距测量时应注意以下事项。

1）视距测量前，要严格测定所有仪器的视距乘常数 $K$，$K$ 值应在 $100 \pm 0.1$ 之内；否则，应用测定的 $K$ 值计算水平距离和高差，或者编制改正数表进行改正计算。

2）作业时，为了避免视距尺竖立不直，应尽量采用带有水准器的视距尺。

3）为减少垂直折光等外界条件的影响，要在成像稳定的情况下进行观测，观测时应尽可能使视线离地面 1m 以上，并且将距离限制在一定范围内。

## 任务 3.2 电磁波测距

### 3.2.1 概述

钢尺丈量和视距测量是过去常用的两种测距方法，这两种方法都具有明显的缺点。例如，钢尺丈量时工作繁重、效率低，在复杂的地形条件下甚至无法工作；视距测量虽操作简便，可以克服某些地形条件的限制，但测距短，测距精度不高。从 20 世纪 60 年代起，由于电磁波测距仪不断更新、完善和愈益精密，电磁波测距以速度快、效率高、不受地形条件限制等优点取代了以上两种测距方法。

电磁波是客观存在的一种能力传输形式，利用发射电磁波来测定距离的各种测距仪统称为电磁波测距仪。按采用的载波不同，电磁波测距仪分为光电测距仪和微波测距仪两类，其中以激光、红外光和其他光源为载波的电磁波测距仪称为光电测距仪，以微波为载波的电磁波测距仪称为微波测距仪。因为光波和微波均属于电磁波的范畴，所以它们又统称为电磁波测距仪。

由于电测波测距仪不断向自动化、数字化和小型轻便化方向发展，大大地减轻了测量工作者的劳动强度，加快了工作速度，因此在实际生产中被广泛使用。

电磁波测距仪按测程大体分为三大类。

1）短程电磁波测距仪：测程在 3km 以内，测距精度一般在 lcm 左右。这种仪器可用来测量三等以下的三角锁网的起始边，以及相应等级的精密导线和三边网的边长，适用于工程测量和矿山测量。

2）中程电磁波测距仪：测程在 3～15km，适用于二、三、四等控制网的边长测量。

3）远程电磁波测距仪：测程在 15km 以上，精度一般可达 $5\text{mm}+1\times10^{-6}D$（$D$ 为水平距离），能满足国家一、二等控制网的边长测量。

中、远程电磁波测距仪多采用氦-氖（He-Ne）气体激光器作为光源，也有采用砷化镓激光二极管作为光源的，还有其他光源的，如二氧化碳（$CO_2$）激光器等。由于激光器发射激光具有方向性强、亮度高、单色性好等特点，其发射的瞬时功率大，因此在中、远程测距仪中多用激光作载波，称为激光测距仪。

根据测距仪出厂的标称精度的绝对值，按 1km 的测距中误差，测距仪的精度分为 3 级，如表 3.1 所示。

表 3.1　测距仪的精度分级

| 测距中误差/mm | 测距仪精度等级 |
|---|---|
| 小于 5 | I |
| 5～10 | II |
| 11～20 | III |

### 3.2.2　电磁波测距的基本原理

电磁波测距的基本原理是通过测定电磁波束在待测距离上往返传播的时间 $t_{2S}$ 来计算待测距离 $S$。如图 3.4 所示，待测距离计算公式为

$$S=\frac{1}{2}ct_{2S} \tag{3.7}$$

式中，$c$ 为电磁波在大气中的传播速度，约 30 万 km/s；$S$ 为测距仪中心到棱镜中心的倾斜距离。

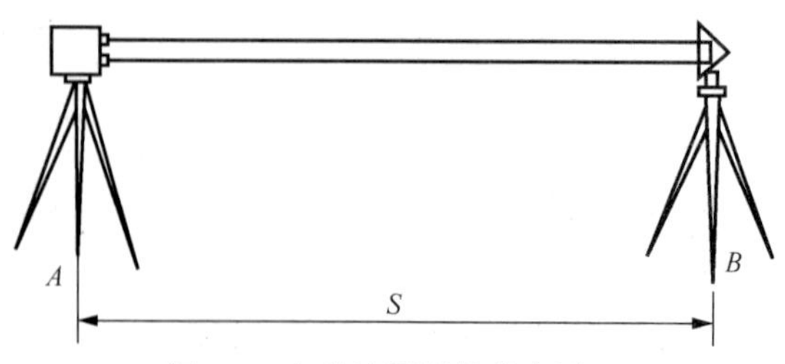


图 3.4　电磁波测距的基本原理

电磁波在测线上的往返传播时间 $t_{2S}$ 可以直接测定，也可以间接测定。直接测定电磁波

传播时间是用一种脉冲波，由仪器的发送设备发射出去，被目标反射回来，再由仪器接收器接收，最后由仪器的显示系统显示出脉冲波在测线上往返传播的时间 $t_{2S}$ 或直接显示出测线的斜距，这种测距方式称为脉冲式测距。间接测定电磁波传播时间是采用一种连续调制波，由仪器发射出去，被反射回来后进入仪器接收器，通过发射信号与返回信号的相位比较，即可测定调制波往返于测线的迟后相位差中小于 $2\pi$ 的尾数，用 $n$ 个不同调制波的测相结果便可间接推算出传播时间 $t_{2S}$，并计算（或直接显示）出测线的倾斜距离。这种测距方式称为相位式测距。目前这种方式的计时精度达 $10^{-10}$s 以上，从而使测距精度提高到 1cm 左右，可基本满足精密测距的要求。现今用于精密测距的测距仪多采用相位式测距。

### 3.2.3 电磁波测距仪简介

老式测距仪（图 3.5）不能独立工作，它必须与光学经纬仪或电子经纬仪联机，才能完成测距工作。

测距仪与经纬仪联机又被称为半站式速测仪，如图 3.6 所示。目前，这种类型的测距仪已经很少被采用，取而代之的是操作更加方便灵活的全站仪。

近几年也出现了能够独立测距的仪器，称为手持式测距仪，如图 3.7 所示。这种仪器在精度要求不高的测距工作（如房产测量）中应用非常广泛。

图 3.5 南方测距仪

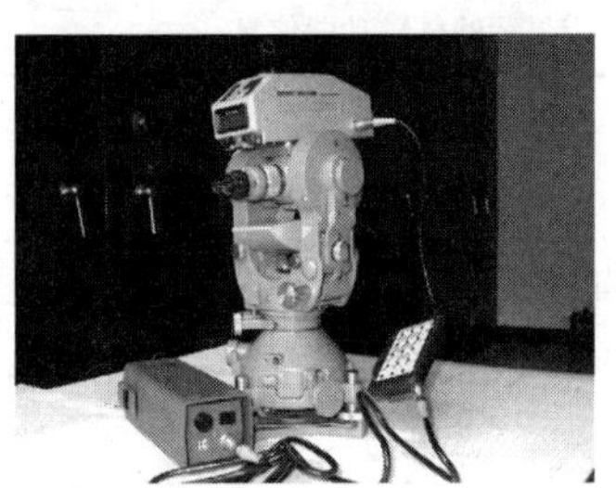

图 3.6 徕卡 DI1001 测距仪

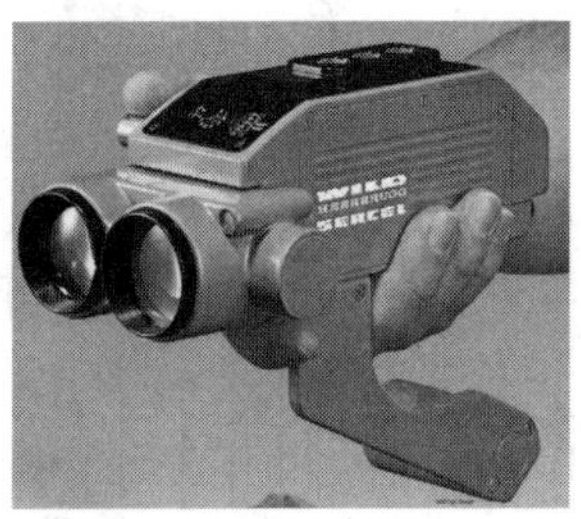

图 3.7 徕卡手持式测距仪

### 3.2.4 全站仪的基本使用

以下以拓普康 GTS-330 为例介绍全站仪的基本使用，仪器的外观和操作键如图 3.8 所示。

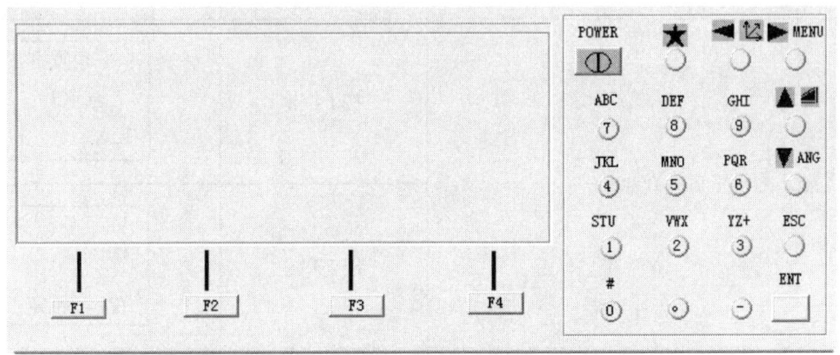


图 3.8 拓普康 GTS-330 全站仪的外观和操作键

拓普康 GTS-330 全站仪的操作键功能如表 3.2 所示。

表 3.2 拓普康 GTS-330 全站仪的操作键功能

| 键 | 名称 | 功能 |
|---|---|---|
| ★ | 星键 | 1）显示屏对比度。<br>2）十字丝照明。<br>3）背景光。<br>4）倾斜改正。<br>5）定线点指示器（适用于有此装置仪器）。<br>6）设置音响模式 |
| ⇄ | 坐标测量键 | 坐标测量模式 |
| ◢ | 距离测量键 | 距离测量模式 |
| ANG | 角度测量键 | 角度测量模式 |
| POWER | 电源键 | 电源开关 |
| MENU | 菜单键 | 在菜单模式和正常测量模式之间切换，在菜单模式下可设置应用测量与照明调节、仪器系统误差改正 |
| ESC | 退出键 | 返回测量模式或上一层模式，从正常测量模式直接进入数据采集模式或放样模式，也可作为正常测量模式下的记录键 |
| ENT | 确认输入键 | 在输入值末尾按此键 |
| Fl～F4 | 软键（功能键） | 对应于显示的软键功能信息 |

1. 角度测量

（1）水平角（右角）和垂直角测量

安置仪器并对中整平后，确认仪器处于角度测量模式，按表 3.3 所示程序进行水平角 HR（右角）和垂直角 V 的测量。

表 3.3 水平角（右角）和垂直角测量

| 操作过程 | 操作 | 显示 |
|---|---|---|
| 照准第一个目标 *A* | 照准目标 *A* | V: 90° 10′ 20″<br>HR: 120° 30′ 40″<br>置零 锁定 置盘 P1↓ |
| 设置目标 *A* 的水平角为 0°00′00″ | 按 F1 键 | 水平角置零<br>>OK?<br>--- --- [是] [否] |
| | 按 F3 键 | V: 90° 10′ 20″<br>HR: 0° 00′ 00″<br>置零 锁定 置盘 P1↓ |
| 照准第二个目标 *B*，显示目标 *B* 的 V/H [R] | 照准目标 *B* | V: 90° 10′ 20″<br>HR: 160° 40′ 20″<br>置零 锁定 置盘 P1↓ |

（2）水平角（左角/右角）切换

水平角（左角/右角）切换如表3.4所示。

**表3.4 水平角（左角/右角）切换**

| 操作过程 | 操作 | 显示 |
| --- | --- | --- |
| 按F4（↓）键两次，转到第3页功能 | 按F4键两次 | V: 90° 10′ 20″<br>HR: 120° 30′ 40″<br>置零 锁定 置盘 P1↓<br>倾斜 复测 V% P2↓<br>H-蜂鸣 R/L 竖角 P3↓ |
| 按F2（R/L）键，从右角模式（HR）切换到左角模式（HL），以左角模式（HL）进行测量 | 按F2键 | V: 90° 10′ 20″<br>HR: 239° 29′ 20″<br>H-蜂鸣 R/L 竖角 P3↓ |

（3）水平角设置

水平角设置如表3.5所示。

**表3.5 水平角设置**

| 操作过程 | 操作 | 显示 |
| --- | --- | --- |
| 用水平微动螺旋旋转到所需的水平角 | 显示角度 | V: 90° 10′ 20″<br>HR: 130° 40′ 20″<br>置零 锁定 置盘 P1↓ |
| 按F2（锁定）键 | 按F2键 | 水平角置零<br>>OK?<br>--- --- [是] [否] |
| 照准目标 | 照准 | 水平角锁定<br>HR: 130° 40′ 20″<br>>设置?<br>--- --- [是] [否] |
| 按F3（是）键，完成水平角设置，显示窗变为正常角度测量模式 | 按F3键 | V: 90° 10′ 20″<br>HR: 130° 40′ 20″<br>置零 锁定 置盘 P1↓ |

（4）垂直角百分度（%）设置

垂直角百分度（%）设置如表3.6所示。

**表3.6 垂直角百分度（%）设置**

| 操作过程 | 操作 | 显示 |
| --- | --- | --- |
| 按F4（↓）键，转到第2页 | 按F4键 | V: 90° 10′ 20″<br>HR: 170° 30′ 40″<br>置零 锁定 置盘 P1↓<br>倾斜 复测 V% P1↓ |

续表

| 操作过程 | 操作 | 显示 |
| --- | --- | --- |
| 按 F3（V%）键 | 按 F3 键 | V : -0.30 %<br>HR: 170° 30′ 40″<br>倾斜 复测 V% P1↓ |

2. 距离测量

（1）大气改正数和棱镜常数设置

当设置大气改正数时，通过预先测量温度和气压并输入仪器中可求得改正值。

全站仪在进行距离测量等作业时，需在目标处放置反射棱镜。反射棱镜可通过基座连接器将棱镜组与基座连接，再安置到三角架上，也可直接安置在对中杆上，如 3.9 所示。

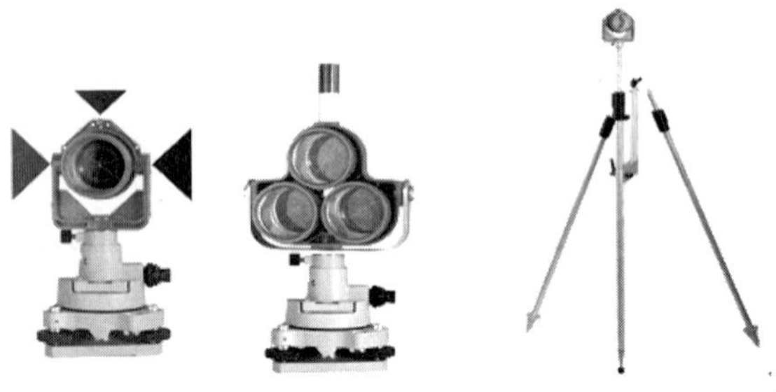

图 3.9 棱镜组

拓普康棱镜常数为 0，设置棱镜改正数为 0。如使用其他厂家生产的棱镜，则在使用前应输入相应的棱镜常数。

（2）距离测量（连续测量）

距离测量（连续测量）如表 3.7 所示。

表 3.7 距离测量（连续测量）

| 操作过程 | 操作 | 显示 |
| --- | --- | --- |
| 照准棱镜中心 | 照准 | V: 90° 10′ 20″<br>HR: 120° 30′ 40″<br>置零 锁定 置盘 P1↓ |
| 按 [ ◢ ] 键，开始测量距离 | 按 [ ◢ ] 键 | HR: 90° 10′ 20″<br>HD* [r] <<m<br>VD: m<br>测量 模式 S/A P1↓ |
| 显示测量的距离 | | HR: 120° 30′ 40″<br>HD* 123.456m<br>VD: 5.678m<br>精测 跟踪 粗测 F |

续表

| 操作过程 | 操作 | 显示 |
| --- | --- | --- |
| 再次按[ ◢ ]键，显示变为水平角（HR）、垂直角（V）和斜距（SD） | 按[ ◢ ]键 | V: 90° 10′ 20″<br>HR: 120° 30′ 40″<br>SD: 131.678m<br>测量 模式 S/A P1↓ |

（3）距离测量（*N*次测量/单次测量）

当输入测量次数后，GTS-330N系列就将按设置的次数进行测量，并显示出距离平均值（表3.8）。

**表3.8 距离测量（*N*次测量/单次测量）**

| 操作过程 | 操作 | 显示 |
| --- | --- | --- |
| 照准棱镜中心 | 照准 | V: 90° 10′ 20″<br>HR: 120° 30′ 40″<br><br>置零 锁定 置盘 P1↓ |
| 按[ ◢ ]键，连续测量开始 | 按[ ◢ ]键 | HR: 90° 10′ 20″<br>HD* [r] <<m<br>VD: m<br>测量 模式 S/A P1↓ |
| 当连续测量不再需要时，按F1键，“*”消失并显示平均值 | 按F1键 | HR: 120° 30′ 40″<br>HR* 123.456 m<br>VD: 5.678 m<br>测量 模式 S/A P1↓ |

（4）精测、跟踪、粗测模式

精测模式是正常测距模式，最小显示单位为0.2mm或1mm；跟踪模式观测时间比精测模式短，在跟踪日标或放样时很有用处，其最小显示单位为10mm；粗测模式观测时间比精测模式短，最小显示单位为10mm或1mm（表3.9）。

**表3.9 精测、粗测、跟踪模式**

| 操作过程 | 操作 | 显示 |
| --- | --- | --- |
| 距离测量模式下按F2键，将显示精测、跟踪、粗测 | 按F2键 | HR: 120° 30′ 40″<br>HD* 123.456m<br>VD: 5.678m<br>测量 模式 S/A P1↓<br><br>HR: 120° 30′ 40″<br>HD* 123.456m<br>VD: 5.678m<br>精测 跟踪 粗测 F |
| 按F1、F2或F3键，选择精测、跟踪或粗测 | 按F1、F2或F3键 | HR: 120° 30′ 40″<br>HD* [r] <<m<br>VD: m<br>测量 模式 S/A P1↓ |
| 取消设置，按ESC键 | | |

3. 全站仪使用注意事项

1）不得将望远镜直接照准太阳，否则会损坏仪器。
2）小心轻放，避免撞击与剧烈震动。
3）注意工作环境，避免沙尘侵袭仪器。在烈日、雨天、潮湿环境下作业必须打伞。
4）取下电池时务必先关闭电源，否则会损坏内部线路。
5）仪器入箱，必须先取下电池，否则可能会使仪器发生故障，或耗尽电池电能。

## 项目小结

本项目主要介绍了常用的距离测量方法，包括视距测量和电磁波测距两种。视距测量是利用经纬仪或水准仪望远镜中的视距丝及视距标尺按几何光学原理测距。这种方法能克服地形障碍，适合于 200m 以内低精度的近距离测量。电磁波测距是用仪器发射并接收电磁波，通过测量电磁波在待测距离上往返传播的时间计算出距离。这种方法测距精度高，测程远，一般用于高精度的远距离测量和近距离的细部测量。

视距测量主要用于地形测量的碎部测量中，分为视线水平时的视距测量和视线倾斜时的视距测量两种。在观测中需注意用视距丝读取尺间隔的误差、标尺倾斜误差、大气竖直折光的影响并选择合适的天气作业。

电磁波测距仪与传统测距工具和方法相比，具有精度高、效率高、测程长、作业快、工作强度低、几乎不受地形限制等优点。

现在的电磁波测距仪已经和电子经纬仪及计算机软硬件集成为一体，称为全站仪。全站仪是一种自动化、智能化程度高的仪器，能够同时进行角度测量、距离测量、高程测量以及坐标测量等，能够进行数据计算与存储，并能够实现包括蓝牙技术在内的多种方式的数据传输。全站仪是现在使用最多的测量仪器之一。

通过本项目的学习，学生需掌握以下内容。

1）视距测量原理和视距测量方法。
2）理解全站仪测距的基本原理，学会用全站仪测距。

## 知识检验

1）距离测量的方法主要有哪几种？
2）经纬仪视距测量有哪几种测量方法？
3）简述电磁波测距的基本原理。

# 项目 4

# 测量数据简易处理

## 项目简介

在测量工作中，对某量进行多次观测，所得的各次观测结果总是存在着差异。例如，在四等水准测量一测站的测量中，可以计算出黑面、红面两个高差，即便刨除尺常数的影响，黑红面高差也基本上是不相等的；测回法水平角测量中，一个测回当中的两个半测回角基本上是不一样的，两个测回的一测回角也是不一样的。这种差异证明了测量工作中误差的产生是不可避免的，正确地认识误差、分析误差、处理误差、利用误差等是本项目要讨论的问题。

本项目由 2 个任务组成。其中，任务 4.1 “测量成果最可靠值的计算”的主要内容包括测量误差基本知识、偶然误差的特性、测量成果最可靠值的确定，任务 4.2 “测量成果精度评定”的主要内容包括中误差、相对误差、允许误差、误差传播定律。通过本项目的学习，学生应达到如下要求：掌握误差出现的规律及其对观测成果的影响，理解偶然误差的特性，掌握测量成果最可靠值的确定方法，掌握衡量测量精度的指标，理解误差传播定律及其应用等，能够合理地处理含有测量误差的测量成果，求出最可靠值并正确评定测量成果的精度。

## 任务 4.1　测量成果最可靠值的计算

### 4.1.1　测量误差基本知识

1. 测量误差的定义

任何一个量，其本身都有一个反映其真正大小的数值，这个数值称为该量的真值。通过测量，直接或间接得到一个量大小的数值，称为该量的观测值。观测值与真值之差称为真误差。设观测量的真值为 $X$，观测值为 $L_i$（$i=1,2,\cdots,n$），则

$$\varDelta = L_i - X(i=1,2,\cdots,n) \tag{4.1}$$

式中，$\varDelta$ 为真误差。

### 2. 测量误差的来源

测量工作是由人通过一定的仪器并且在所处的某种外界条件下进行的，所以测量误差的来源可以归结为以下 3 个方面。

1）测量仪器：由于仪器加工、制造工艺水平的限制，致使仪器的精度受到一定限制；同时，仪器的检验、校正工作不可能十分完善，仪器轴系间的关系不可能绝对得到满足，使得仪器本身存在误差，这样就必然会给观测结果带来误差。

2）观测者：观测者是通过自身的感觉器官来进行工作的。人的感觉器官鉴别能力的局限性，使得在仪器安置、照准、读数等方面都会产生误差，从而给观测结果带来误差；同时，观测者的工作态度和技术水平也是影响观测结果质量的重要因素。

3）外界条件：观测时所处的外界条件，如温度、湿度、气压、风力、大气折光等因素都会给观测结果带来种种影响；另外，这些因素随时都可能发生变化，其对测量结果的影响也将随之变化。

上述测量仪器、观测者、外界条件 3 方面的因素综合起来，合称为观测条件。显然，观测条件的好坏与观测成果的质量有着密切关系。

### 3. 测量误差的分类

（1）系统误差

在相同的观测条件下做一系列的观测，如果误差在大小、符号上表现出系统性，或者按一定的规律变化，或者保持某一常数，则这种误差称为系统误差。例如，用带有尺长误差 $\Delta l$ 的钢尺量距，每量一尺段距离就会产生一个 $\Delta l$ 的误差；受水准仪的 $i$ 角影响，每次读数都会产生一个与视距长度成比例的误差等，这些都属于系统误差。

系统误差具有累积性，对测量成果的影响较大，应当设法消除或减弱它的影响，使之达到忽略不计的程度。消除或减弱系统误差影响的方法一般有两种：一种是在观测过程中采取一定措施（如测角中采用正倒镜观测方法，以消除视准轴误差；水准测量中采取前后视等距离方法，以消除 $i$ 角的影响等）；另一种是在观测结果中施加改正（如钢尺量距中的尺长改正、温度改正等）。

（2）偶然误差

在相同的观测条件下做一系列的观测，如果误差在大小和符号上都表现出偶然性，即从单个误差看，误差的大小和符号都没有规律性，但对总体而言却存在着一定的统计规律性，则这种误差称为偶然误差。照准误差、读数误差等都属于偶然误差。

偶然误差的不确定性、偶然性在数学上称为随机性，所以偶然误差也称为随机误差。偶然误差是不可避免的，它是观测过程中一些偶然因素所造成的，人们不能确定其产生的具体原因，因此事先既不能防范，事后也不能改正，只能通过较好的观测条件来减弱它。

测量工作过程中，除了上述两类性质的误差外，还可能发生错误（也称粗差），如测错、读错、算错等。错误是由于工作中粗心大意所造成的。错误的存在不仅大大影响测量结果的可靠性，而且往往造成返工、浪费，给工作带来极大的损失。因此，工作中除了加强责任心、审慎作业外，采取有效的检核措施也是十分必要和必需的。一般来讲，错误不算作观测误差。

粗差可以通过有效的检核方法加以防止，系统误差可以在作业中采取一定的措施或施加改正的方法予以消除，所以观测结果中通常我们只认为包含偶然误差。偶然误差是本项目研究的主要对象。

### 4.1.2　偶然误差的特性

偶然误差的产生是随机的，就单个误差来讲，其大小和符号是没有规律的；但对大量偶然误差总体而言，却存在着一定的统计规律性，揭示这种规律性具有重要的实用价值。现通过一个实例来阐述偶然误差的统计规律。

在相同的观测条件下独立地观测 217 个三角形的全部内角。由于观测误差的存在，致使三角形三个内角（$L_1$、$L_2$、$L_3$）之和不等于其真值 180°。根据式（4.2），各三角形内角和的真误差为

$$\varDelta_i = \left(L_1 + L_2 + L_3\right)_i - 180^\circ \quad (i = 1,2,\cdots,217) \tag{4.2}$$

现取误差区间的间隔为 $\Delta d=3''$，根据误差值的大小及其正负号，分别统计出误差出现在各区间内的个数 $k$ 及相对个数 $k/n$（频率）（本例 $n$=217）。统计结果列于表 4.1 中。

表 4.1　误差频率分布

| 误差区间 $\Delta d$/（″） | 正误差 | | 负误差 | | 合计 | |
|---|---|---|---|---|---|---|
| | 个数 $k$ | 频率 $k/n$ | 个数 $k$ | 频率 $k/n$ | 个数 $k$ | 频率 $k/n$ |
| 0～3 | 30 | 0.138 | 29 | 0.134 | 59 | 0.272 |
| 3～6 | 21 | 0.097 | 20 | 0.092 | 41 | 0.189 |
| 6～9 | 15 | 0.069 | 18 | 0.083 | 33 | 0.152 |
| 9～12 | 14 | 0.065 | 16 | 0.073 | 30 | 0.138 |
| 12～15 | 12 | 0.055 | 10 | 0.046 | 22 | 0.101 |
| 15～18 | 8 | 0.037 | 8 | 0.037 | 16 | 0.074 |
| 18～21 | 5 | 0.023 | 6 | 0.028 | 11 | 0.051 |
| 21～24 | 2 | 0.009 | 2 | 0.009 | 4 | 0.018 |
| 24～27 | 1 | 0.005 | 0 | 0 | 1 | 0.005 |
| 27 | 0 | 0 | 0 | 0 | 0 | 0 |
| 合计 | 108 | 0.498 | 109 | 0.502 | 217 | 1.000 |

从表 4.1 中可以看出，小误差出现的个数（或频率）较大误差出现的个数（或频率）大，绝对值相等的正负误差出现个数（或频率）相仿，绝对值最大的误差不超过某一定值（本例为 27″）。在其他测量结果中也显示出上述同样的规律。通过观察大量的实验统计结果，特别是当观测次数较多时，可以总结出偶然误差具有如下 4 个特性（统计规律性）。

（1）有界性

在一定的观测条件下，偶然误差的绝对值不会超过一定的限值。用概率的术语表述，即超过一定限值的误差，其出现的概率为零。

（2）集中性

绝对值小的误差比绝对值大的误差出现的可能性大；或者说，小误差出现的概率大，大误差出现的概率小。

（3）对称性

绝对值相等的正误差与负误差出现的可能性相等，或者说它们出现的概率相等。

（4）抵消性

当观测次数无限增多时，偶然误差的算术平均值趋近于零，即

$$\lim_{n\to\infty}\frac{[\varDelta]}{n}=0 \tag{4.3}$$

式中，$[\varDelta]$为误差总和。

### 4.1.3 测量成果最可靠值的确定

研究误差的目的之一，就是把带有误差的观测值给予适当处理，以求得最可靠值。测量中是将多次观测的算术平均值确定为最可靠值，原因是在有限次的观测中，算术平均值最接近于真值，称为算术平均值原理，证明如下。

在相同的观测条件下，对某一未知量进行一系列观测，其观测值分别为$L_1$、$L_2$、…、$L_n$，该量的真值设为$X$，各观测值的真误差为$\varDelta_1$、$\varDelta_2$、…、$\varDelta_n$，则$\varDelta_i=L_i-X(i=1,2,\cdots,n)$。将各式取和再除以次数$n$，得

$$\frac{[\varDelta]}{n}=\frac{[L]}{n}-X \tag{4.4}$$

式中，$[L]$为观测值总和。

即

$$\frac{[L]}{n}=\frac{[\varDelta]}{n}+X \tag{4.5}$$

根据偶然误差的第4个特性，有

$$\lim_{n\to\infty}\frac{[\varDelta]}{n}=0 \tag{4.6}$$

所以

$$\lim_{n\to\infty}\frac{[L]}{n}=X \tag{4.7}$$

由此可见，当观测次数$n$趋近于无穷大时，算术平均值就趋近于未知量的真值；当$n$为有限值时，算术平均值最接近于真值。因此，在实际测量工作中，将算术平均值看作测量成果最可靠值并将其作为观测的最后结果，同时增加观测次数可提高观测结果的精度。

## 任务 4.2 测量成果精度评定

研究测量误差理论的主要任务之一，是要评定测量成果的精度。精度就是指一组观测值的精确程度，与误差分布的密集或分散程度有关。凡是在零误差附近分布较为密集的，

表示该组观测精度较高；反之分布较为分散的，则表示该组观测精度较低。在实际测量问题中，需要有一个数字特征反映误差分布的离散程度，用它来评定观测成果的精度，这就是评定精度的指标。利用相应的指标，就可以进行测量成果的精度评定。

### 4.2.1　中误差

设在相同观测条件下，对真值为 $X$ 的一个未知量 $L_1$ 进行 $n$ 次观测，观测值结果为 $L_1$、$L_2$、…、$L_n$，每个观测值相应的真误差为 $\varDelta_1$、$\varDelta_2$、…、$\varDelta_n$，则以各个真误差之平方和的平均数的平方根作为精度评定的标准，用 $m$ 表示，称为观测值中误差。

$$m = \pm\sqrt{\frac{[\varDelta\varDelta]}{n}} \tag{4.8}$$

式中，$n$ 为观测次数；$m$ 为观测值中误差（又称均方误差）；$[\varDelta\varDelta]$ 为各个真误差 $\varDelta$ 的平方的总和。

式（4.8）表明了中误差与真误差的关系，中误差并不等于每个观测值的真误差，其仅是一组真误差的代表值。一组观测值的测量误差越大，中误差也就越大，测量精度就越低；一组观测值的测量误差越小，中误差也就越小，测量精度就越高。

**【例 4.1】** 设有两组观测值，其真误差分别如下。

第Ⅰ组：+3″，−2″，−4″，+2″，0″，−4″，+3″，−3″，−1″，+2″。

第Ⅱ组：0″，−1″，−7″，+2″，+1″，+1″，−8″，0″，+3″，−1″。

两组观测值的中误差分别为

$$m_{\mathrm{I}} = \pm\sqrt{\frac{[\varDelta\varDelta]}{n}} = \pm\sqrt{\frac{3^2+(-2)^2+(-4)^2+\cdots+(-1)^2+2^2}{10}} = \pm 2.7''$$

$$m_{\mathrm{II}} = \pm\sqrt{\frac{[\varDelta\varDelta]}{n}} = \pm\sqrt{\frac{0^2+(-1)^2+(-7)^2+\cdots+3^2+(-1)^2}{10}} = \pm 3.6''$$

可以看出，第Ⅰ组观测值比第Ⅱ组观测值的精度高，这是由于第Ⅱ组观测值中含有较大的误差，用平方能明显反映出较大的误差的影响。换言之，中误差能够灵敏地反映大误差的存在，因此测量工作中常常采用中误差作为评定精度的指标。

### 4.2.2　相对误差

真误差和中误差都有符号，并且有与观测值相同的单位，它们被称为绝对误差。绝对误差可用于衡量那些诸如角度、方向等其误差与观测值大小无关的观测值的精度。但在某些测量工作中，绝对误差不能完全反映出观测的质量。例如，用钢尺丈量长度分别为 100m 和 200m 的两段距离，若观测值的中误差都是 ± 2cm，则不能认为两者的精度相等，显然后者要比前者的精度高，这时采用相对误差就比较合理。相对误差 $K$ 等于误差的绝对值与相应观测值的比值。它是一个不名数，常用分子为 1 的分式表示，即

$$\text{相对误差} = \frac{\text{误差的绝对值}}{\text{观测值}} = \frac{1}{T}$$

当误差的绝对值为中误差 $m$ 的绝对值时，$K$ 称为相对中误差。

$$K=\frac{|m|}{D}=\frac{1}{\dfrac{D}{|m|}} \tag{4.9}$$

用相对误差来衡量前文中两段距离的精度，则两段距离的相对误差分别为 1/5000 和 1/10 000，后者精度较高。

### 4.2.3 允许误差

中误差虽然反映了一组观测值的精度，但它并不代表个别误差的大小。因此，要衡量某一观测值的质量，决定其取舍，还要引入允许误差（又称为限差）的概念。

由偶然误差的第一特性可知，在一定的观测条件下，误差的绝对值不会超过一定的限值。根据误差理论可知，在等精度观测的一组误差中，误差落在（$-\sigma$，$+\sigma$）、（$-2\sigma$，$+2\sigma$）、（$-3\sigma$，$+3\sigma$）的概率分别为

$$\begin{cases} P(-\sigma<\varDelta<+\sigma)\approx 68.3\% \\ P(-2\sigma<\varDelta<+2\sigma)\approx 95.4\% \\ P(-3\sigma<\varDelta<+3\sigma)\approx 99.7\% \end{cases} \tag{4.10}$$

式（4.10）表明，绝对值大于两倍中误差的误差，其出现的概率为 4.6%；绝对值大于三倍中误差的误差，出现的概率仅为 0.3%，已经是概率接近于零的小概率事件，或者说实际上的不可能事件。因此，在测量工作中，通常规定以三倍或两倍中误差作为偶然误差的允许误差或限差，即

$$\begin{cases} \varDelta_{允}(或\varDelta_{限})=3m \\ \varDelta_{允}(或\varDelta_{限})=2m \end{cases} \tag{4.11}$$

超过上述限差的观测值应舍去不用或返工重测。

### 4.2.4 误差传播定律

在测量工作中，有些未知量往往不能直接测得，而是由某些直接观测值通过一定的函数关系间接计算而求得。例如，在水准测量中，每一站的高差是由读得的前后视读数求得的，即 $h=a-b$；又如，两点间的坐标增量是由直接测得的边长 $D$ 及方位角 $\alpha$，通过函数关系 $\Delta x=D\cos\alpha$、$\Delta y=D\sin\alpha$ 间接求得的。

由于观测值含有误差，受其影响它的函数也必然存在误差。阐述观测值中误差与函数中误差之间关系的定律称为误差传播定律。现就线性函数与非线性函数两种函数形式分别讨论如下。

1. 线性函数

线性函数的一般形式为

$$z=k_1x_1\pm k_2x_2\pm\cdots\pm k_nx_n \tag{4.12}$$

式中，$x_1$、$x_2$、…、$x_n$ 为独立观测值；$k_1$、$k_2$、…、$k_n$ 为常数。

设观测值的中误差分别为 $m_1$、$m_2$、…、$m_n$，函数 $z$ 的中误差为 $m_z$。下面推导两者中

误差的关系。为简便起见，先讨论具有两个独立观测值的函数，此时式（4.12）可写为

$$z = k_1 x_1 \pm k_2 x_2 \tag{4.13}$$

设 $x_1$、$x_2$ 具有真误差 $\Delta x_1$、$\Delta x_2$，则函数 $z$ 必存在真误差 $\Delta z$，即

$$z + \Delta z = k_1\left(x_1 + \Delta x_1\right) \pm k_2\left(x_2 + \Delta x_2\right) \tag{4.14}$$

式（4.14）减式（4.13），得真误差关系式：

$$\Delta z = k_1 \Delta x_1 \pm k_2 \Delta x_2 \tag{4.15}$$

若对 $x_1$、$x_2$ 进行了 $n$ 次观测，则有

$$\begin{cases} \Delta z_1 = k_1\left(\Delta x_1\right)_1 \pm k_2\left(x_2\right)_1 \\ \Delta z_2 = k_1\left(\Delta x_1\right)_2 \pm k_2\left(x_2\right)_2 \\ \quad\cdots \\ \Delta z_n = k_1\left(\Delta x_1\right)_n \pm k_2\left(x_2\right)_n \end{cases} \tag{4.16}$$

将式（4.16）等号两边平方求和，并除以 $n$，得

$$\frac{\left[\Delta z^2\right]}{n} = \frac{k_1^2\left[\Delta x_1^2\right]}{n} + \frac{k_2^2\left[\Delta x_2^2\right]}{n} \pm 2\frac{k_1 k_2\left[\Delta x_1 \Delta x_2\right]}{n} \tag{4.17}$$

由于 $\Delta x_1$、$\Delta x_2$ 均为偶然误差，因此乘积 $\Delta x_1 \Delta x_2$ 也必然呈现偶然性。根据偶然误差第四特性，则有

$$\lim_{n\to\infty}\frac{k_1 k_2\left[\Delta x_1 \Delta x_2\right]}{n} = 0$$

于是，根据中误差的定义，可得到中误差关系式：

$$m_z^2 = k_1^2 m_1^2 \pm k_2^2 m_2^2 \tag{4.18}$$

推广之，可得线性函数中误差的关系式为

$$m_z^2 = k_1^2 m_1^2 \pm k_2^2 m_2^2 + \cdots + k_n^2 m_n^2 \tag{4.19}$$

由式（4.19），不难写出下列两种特殊线性函数及其中误差关系式。

1）倍数函数。函数式：

$$z = kx \tag{4.20}$$

中误差关系式：

$$m_z = k m_x \tag{4.21}$$

2）和差函数。函数式：

$$z = x_1 \pm x_2 \pm \cdots \pm x_n \tag{4.22}$$

中误差关系式：

$$m_z^2 = m_1^2 + m_2^2 + \cdots + m_n^2 \tag{4.23}$$

当观测值等精度时，即当 $m_1 = m_2 = \cdots = m_n = m$ 时，有

$$m_z = m\sqrt{n} \tag{4.24}$$

2. 非线性函数

非线性函数即一般函数，其形式为

$$z = f(x_1, x_2, \cdots, x_n) \tag{4.25}$$

式中，$x_1$、$x_2$、…、$x_n$ 为独立观测值；$z$ 为函数。

为推导中误差关系式，对式（4.25）取全微分，得

$$\mathrm{d}z = \frac{\partial f}{\partial x_1}\mathrm{d}x_1 + \frac{\partial f}{\partial x_2}\mathrm{d}x_2 + \cdots + \frac{\partial f}{\partial x_n}\mathrm{d}x_n \tag{4.26}$$

因真误差均很小，用其代替式（4.26）中的微分，得真误差关系式：

$$\Delta z = \frac{\partial f}{\partial x_1}\Delta x_1 + \frac{\partial f}{\partial x_2}\Delta x_2 + \cdots + \frac{\partial f}{\partial x_n}\Delta x_n \tag{4.27}$$

式中，$\dfrac{\partial f}{\partial x_i}(i = 1,2,\cdots,n)$ 为函数对各自变量的偏导数，以观测值代入，所得的值为常数。

式（4.27）即成为类似于线性函数的真误差关系式。仿照式（4.25），即可写出非线性函数的中误差关系式：

$$m_z^2 = \left(\frac{\partial f}{\partial x_1}\right)^2 m_1^2 + \left(\frac{\partial f}{\partial x_1}\right)^2 m_2^2 + \cdots + \left(\frac{\partial f}{\partial x_n}\right)^2 m_n^2 \tag{4.28}$$

事实上，线性函数的中误差关系式也可通过求函数全微分的方法导出，因此线性函数可以认为是非线性函数的一种特殊形式。

应用误差传播定律求函数中误差时，首先应根据问题的性质列出正确的函数关系式。对于线性函数，可直接采用相应的中误差公式来求；对于非线性函数，应先对函数进行全微分，再求取函数的中误差。应当注意，观测值必须是独立的观测值，即函数式中各自变量必须是互相独立的，不包含相同的误差，否则应做并项或分项处理，使其均为独立观测值为止，不然将会得出错误的结果。

**【例 4.2】**在比例尺 $M$ 为 1∶2000 的地形图上量得 $A$、$B$ 两点间的距离 $d$=162.3mm，其中误差 $m_d$=±0.1mm。求 $A$、$B$ 两点间的实际距离 $D$ 及其中误差 $m_D$。

**解** $A$、$B$ 两点间的实际距离与图上所量距离是倍数函数关系，即

$$D = Md = 2000 \times 162.3 \times 10^{-3} = 324.6(\mathrm{m})$$

则

$$m_D = Mm_d = 2000 \times 0.1 \times 10^{-3} = 0.2(\mathrm{m})$$

最后结果写为

$$D = 324.6\mathrm{m} \pm 0.2\mathrm{m}$$

**【例 4.3】**如图 4.1 所示，自 $\mathrm{BM}_1$ 点向 $\mathrm{BM}_2$ 点进行水准测量，已测得各段高差分别为

$h_1 = +4.183\text{m} \pm 3\text{mm}$，$h_2 = +5.784\text{m} \pm 4\text{mm}$，$h_3 = -3.732\text{m} \pm 2\text{mm}$，求 $BM_1$、$BM_2$ 两点间的高差 $h$ 及其中误差 $m_h$。

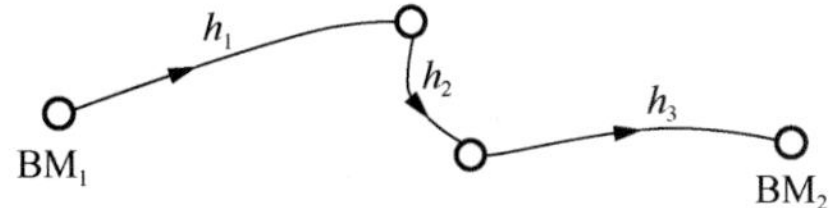


图 4.1 和差函数中误差算例图

**解** $h = h_1 + h_2 + h_3 = 4.183 + 5.784 + (-3.732) = +6.235(\text{m})$

则

$$m_h = \pm\sqrt{m_1^2 + m_2^2 + m_3^2} = \pm\sqrt{3^2 + 4^2 + 2^2} \approx \pm 5.4(\text{mm})$$

**【例 4.4】** 等精度观测某量 $n$ 次，观测值分别为 $l_1$、$l_2$、…、$l_n$，中误差 $m_1=m_2=\cdots=m_n=m$，求观测值算术平均值 $x$ 的中误差 $m_x$。

**解** $n$ 个观测值的算术平均值为

$$x = \frac{l_1 + l_2 + \cdots + l_n}{n} = \frac{1}{n}l_1 + \frac{1}{n}l_2 + \cdots + \frac{1}{n}l_n$$

由式（4. 28）得

$$m_x^2 = \frac{1}{n^2}m_1^2 + \frac{1}{n^2}m_2^2 + \cdots + \frac{1}{n^2}m_n^2 = \frac{1}{n^2}\left(m_1^2 + m_2^2 + \cdots + m_n^2\right)$$

由于各观测值等精度，即 $m_1 = m_2 = \cdots = m_n = m$，则

$$m_x^2 = \frac{n}{n^2}m^2 = \frac{1}{n}m^2$$

即

$$m_x = \frac{m}{\sqrt{n}} \tag{4.29}$$

**【例 4.5】** 如图 4.2 所示，直线 $AB$ 的长度 $D$=216.318m ± 0.005m，方位角 $\alpha$=116°38′30″ ± 5″，求直线端点 $B$ 的点位中误差。

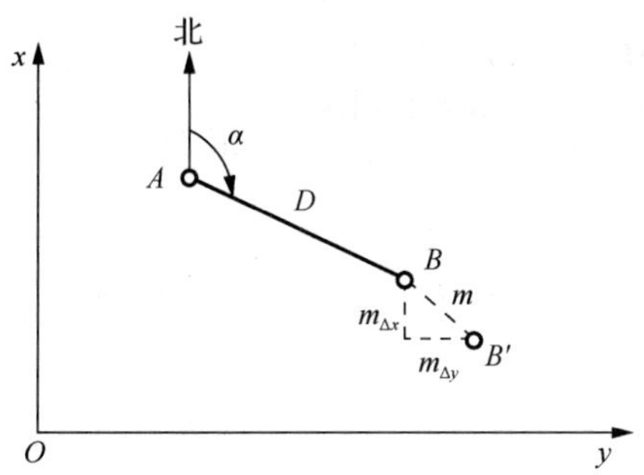


图 4.2 点位中误差算例图

**解** 坐标增量的函数式为

$$\Delta x = D\cos\alpha$$

$$\Delta y = D\sin\alpha$$

设 $\Delta x$ 、 $\Delta y$ 、 $D$ 及 $\alpha$ 的中误差分别为 $m_{\Delta x}$ 、 $m_{\Delta y}$ 、 $m_D$ 及 $m_\alpha$ ，将上两式对 $D$ 及 $\alpha$ 求偏导数，则

$$\frac{\partial(\Delta x)}{\partial D} = \cos\alpha$$

$$\frac{\partial(\Delta x)}{\partial\alpha} = -D\sin\alpha$$

$$\frac{\partial(\Delta y)}{\partial D} = \sin\alpha$$

$$\frac{\partial(\Delta y)}{\partial\alpha} = D\cos\alpha$$

由式（4.28）得

$$m_{\Delta x}^2 = \cos^2\alpha \cdot m_D^2 + (-D\sin\alpha)^2\left(\frac{m_\alpha}{\rho}\right)^2$$

$$m_{\Delta y}^2 = \sin^2\alpha \cdot m_D^2 + (D\cos\alpha)^2\left(\frac{m_\alpha}{\rho}\right)^2$$

由图 4.2 可知，$B$ 点的点位中误差为

$$m^2 = m_{\Delta x}^2 + m_{\Delta y}^2 = m_D^2 + \left(D\frac{m_\alpha}{\rho}\right)^2$$

则

$$m = \pm\sqrt{m_D^2 + \left(D\frac{m_\alpha}{\rho}\right)^2}$$

将 $m_D = \pm 5\text{mm}$ ，$m_\alpha = \pm 5''$ ，$\rho = 206\,265''$（常数，1 弧度等于 206 265″），$D = 216.318\text{m}$ 代入上式，得

$$m = \pm\sqrt{5^2 + \left(216.318\times 10^3 \times \frac{5}{206\,265}\right)^2} \approx \pm 7.2(\text{mm})$$

## 项 目 小 结

本项目主要介绍了测量误差的概念、分类，介绍了测量观测值最可靠值的计算，介绍了评定精度的指标及误差传播定律。通过本项目的学习，学生需掌握以下内容。

1）测量误差的概念、分类。

2）偶然误差的特性。

3）测量成果最可靠值的确定。

4）利用中误差、相对误差、允许误差进行精度评定。

5）误差传播定律。

## 知 识 检 验

1）什么是测量误差？误差分哪两种？

2）偶然误差有哪些特性？

3）什么是中误差？如何用中误差进行精度评定？

4）什么是相对误差？如何用相对误差进行精度评定？

项目 5

# 图根控制测量

## 项目简介

测量工作必须遵循“从整体到局部，先控制后碎部”的原则，先建立控制网，然后根据控制网进行碎部测量和测设。控制网按其建立的范围分为国家平面控制网、城市平面控制网和小地区平面控制网，按其测量内容分为平面控制网和高程控制网。为建立测量控制网而进行的测量工作称为控制测量。控制测量具有控制全局及限制测量误差累积和传播的作用。本项目主要讨论图根控制测量的有关问题。

本项目由 2 个任务组成。其中，任务 5.1“平面控制测量”的主要内容包括导线测量、交会测量；任务 5.2“高程控制测量”的主要内容包括三、四等水准测量，三角高程测量。通过本项目的学习，学生应达到如下要求：掌握导线的布设形式、直线定向和坐标正反算、导线测量的外业工作、导线测量的内容计算，了解交会测量，掌握三、四等水准测量的实施要点，掌握三角高程测量的内外业工作。

## 任务 5.1 平面控制测量

在全国范围内建立的平面控制网称为国家平面控制网。它是全国各种比例尺测图的基本控制，也是工程建设的基本依据，同时为确定地球的形状和大小及其他科学研究提供资料。国家平面控制网使用精密测量仪器和方法进行施测，按照测量精度由高到低分为一、二、三、四等 4 个等级，低等级点受高等级点逐级控制。

在城市地区为进行测图或工程建设而建立的平面控制网称为城市平面控制网。一般是在国家平面控制点的基础上，根据测区的大小、城市规划和施工测量的要求，将城市平面控制网布设成不同的等级，以供地形测图和施工放样使用。

在面积小于 $10km^2$ 范围内建立的平面控制网称为小地区平面控制网。小地区平面控制网测量应与国家平面控制网或城市平面控制网连测，以便建立统一的坐标系统。若无条件进行连测，也可在测区内建立独立的平面控制网。国家平面控制网和城市平面控制网的测量成果资料可向有关测绘部门申请获得。

小地区平面控制网应根据测区面积的大小按精度要求分级建立。在测区范围内建立的精度最高的控制网称为首级控制网，直接为测图需要而建立的控制网称为图根控制网。直接供地形测图使用的控制点称为图根控制点，简称图根点。图根点的密度（包括高级点）取决于测图比例尺和地物、地貌的复杂程度。至于布设哪一级控制作为首级控制，则取决于城市或工程建设的规模。中小城市一般以四等网作为首级控制网；面积在 15km$^2$ 以内的小城镇，可用一级或二级小三角网或一级导线网作为首级控制；面积在 0.5km$^2$ 以下的测区，图根控制网可作为首级控制。

测定控制点平面位置的工作称为平面控制测量。平面控制网的建立可采用三角测量和导线测量的常规方法，也可采用 GPS 进行测量。下面将重点介绍用导线测量建立小地区平面控制网，完成图根控制测量。

### 5.1.1 导线测量

#### 1. 导线测量概述

在测区范围内的地面上按一定要求选定的具有控制意义的点称为控制点。将测区内相邻控制点连成直线所构成的折线称为导线，其中的控制点也称为导线点，折线边也称为导线边。导线测量就是依次测定各导线边的长度和各转折角值，再根据起始数据，推算各边的坐标方位角，求出各导线点的坐标，从而确定各点平面位置的测量方法。导线测量在建立小地区平面控制网中经常被采用，尤其在地物分布较复杂的建筑区、视线障碍较多的隐蔽区及带状地区。

用经纬仪测量转折角，用钢尺测定边长的导线，称为经纬仪导线。如果使用光电测距仪或全站仪测定导线边长，称为电磁波测距导线。

导线测量平面控制网根据测区范围和精度要求分为一级、二级、三级和图根 4 个等级。

（1）导线的布设形式

根据测区的情况和工程要求不同，导线主要可布设成以下 3 种形式。

1）闭合导线。如图 5.1（a）所示，导线从一已知点 *A* 出发，经过 1、2、3、4、5 点，最后又回到已知点 *A*。这种起止于同一已知点的导线称为闭合导线。闭合导线自身具有严密的几何条件可用于检核。应尽量使导线与附近的高级控制点连接，以获得起算数据，并建立统一坐标系统。闭合导线常用在面积较宽阔的独立地区。

2）附合导线。如图 5.1（b）所示，从一高级控制点 *A* 出发，最后附合到另一高级控制点 *C* 上。这种布设在两个已知点之间的导线称为附合导线。附合导线多用在带状地区。

3）支导线。如图 5.1（c）所示，由一已知点出发，既不附合到另一已知点，又不闭合到原起始点的导线称为支导线。支导线没有检核条件，精度较低，其导线边数不能超过 4 条，适用于图根控制加密。

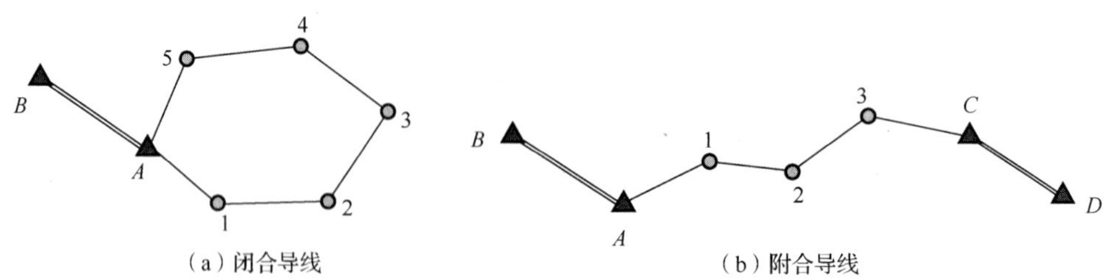


图 5.1 导线的基本布设形式

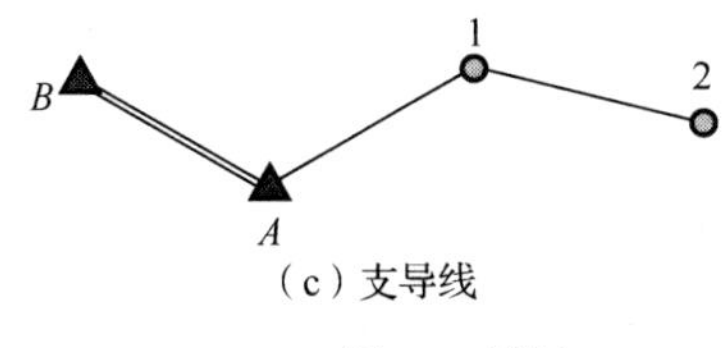

（c）支导线

图 5.1（续）

（2）导线测量的技术要求

经纬仪导线和电磁波测距导线的主要技术要求分别如表 5.1 和表 5.2 所示。

**表 5.1 经纬仪导线的主要技术要求**

| 等级 | 测图比例尺 | 附合导线长度/m | 平均边长/m | 往返丈量相对误差 | 测角中误差/（″） | 导线全长相对闭合差 | 测回数 | | 方位角闭合差/（″） |
|---|---|---|---|---|---|---|---|---|---|
| | | | | | | | $DJ_2$ | $DJ_6$ | |
| 一级 | | 2500 | 250 | ≤1/20 000 | ≤±5 | ≤1/10 000 | 2 | 4 | $\leqslant \pm 10\sqrt{n}$ |
| 二级 | | 1800 | 180 | ≤1/15 000 | ≤±8 | ≤1/7000 | 1 | 3 | $\leqslant \pm 16\sqrt{n}$ |
| 三级 | | 1200 | 120 | ≤1/10 000 | ≤±12 | ≤1/5000 | 1 | 2 | $\leqslant \pm 24\sqrt{n}$ |
| 图根 | 1∶500 | 500 | 75 | | | ≤1/2000 | | 1 | $\leqslant \pm 60\sqrt{n}$ |
| | 1∶1000 | 1000 | 110 | | | | | | |
| | 1∶2000 | 2000 | 180 | | | | | | |

注：*n* 为测站数。

**表 5.2 电磁波测距导线的主要技术要求**

| 等级 | 测图比例尺 | 附合导线长度/m | 平均边长/m | 测距中误差/mm | 测角中误差/（″） | 导线全长相对闭合差 | 测回数 | | 方位角闭合差/（″） |
|---|---|---|---|---|---|---|---|---|---|
| | | | | | | | $DJ_2$ | $DJ_6$ | |
| 一级 | | 3600 | 300 | ≤±15 | ≤±5 | ≤1/14 000 | 2 | 4 | $\leqslant \pm 10\sqrt{n}$ |
| 二级 | | 2400 | 200 | ≤±15 | ≤±8 | ≤1/10 000 | 1 | 3 | $\leqslant \pm 16\sqrt{n}$ |
| 三级 | | 1500 | 120 | ≤±15 | ≤±12 | ≤1/6000 | 1 | 2 | $\leqslant \pm 24\sqrt{n}$ |
| 图根 | 1∶500 | 900 | 80 | | | ≤1/4000 | | 1 | $\leqslant \pm 40\sqrt{n}$ |
| | 1∶1000 | 1800 | 150 | | | | | | |
| | 1∶2000 | 3000 | 250 | | | | | | |

注：*n* 为测站数。

### 2. 导线测量外业

（1）导线施测前的准备工作

1）业务准备。

① 学习技术设计书，了解工程的性质、来源、目的、技术要求、质量要求、工期要求等。

② 学习所涉及的各工程类别的相关规范，了解基本技术要求。

③ 学习各工种操作、配合基本要求。

④ 依据设计书要求，在已有的地形图上大概设计出导线点位。

⑤ 检查已知点平面成果的投影带号是否正确，各批已知点成果坐标系统是否统一，水准点等已知点高程系统与设计要求是否一致。

2）仪器设备检查及生产资料准备。

① 了解经纬仪、全站仪等型号，测距、测角精度，检查仪器加常数、乘常数等参数设置是否正确。

② 在平坦的地面上用钢尺量距 4～5m，用全站仪测量平距，检查棱镜常数是否设置正确。若有问题应及时向生产负责人汇报，以获得正确棱镜常数，重新设置。

③ 实测前检验仪器在经过长途搬运后各项指标是否正常。

④ 检查棱镜、觇板、基座、脚架是否正常，数量是否满足生产要求。

⑤ 检查记录手簿是否带够，若为电子手簿，应熟悉记录手簿软件，检查软件运行情况和与台式机数据传输情况等。

⑥ 检查辅助测量的物品是否齐备，如记录板、铅笔、钢卷尺、做标记的红布、木桩、油漆、毛笔等。

⑦ 全站仪及对讲机等需充电设备应及时充电。

（2）导线测量的外业工作

导线测量的外业工作主要有踏勘选点并建立标志、测量导线边长、测量导线转折角和连接测量。测量时应参照项目 2 和项目 3 的记录格式，做好导线测量外业工作的记录，并保存好测量数据。

1）踏勘选点并建立标志。首先调查搜集测区已有地形图和高一级的控制点的成果资料；然后将控制点展绘在地形图上，并在地形图上拟定出导线的布设方案；最后到野外踏勘，实地核对、修改、落实点位并建立标志。若测区没有地形图资料，则需到现场详细踏勘，根据已知控制点的分布、测区地形条件及测图和施工需要等具体情况，合理选定导线点的位置。

实地选点时应注意以下几点。

① 使相邻点间通视良好，地势平坦，方便测角和量距。

② 将点位选在土质坚实处，便于安置仪器和保存标志。

③ 点所在处应视野开阔，便于进行碎部测量。

④ 导线点的密度应满足要求，分布较均匀，便于控制整个测区。

⑤ 导线各边长应大致相等，相邻边长的长度尽量不要相差太大，导线边长应符合有关技术要求。

选定导线点后，应马上建立标志。若是临时性标志，则通常在各个点位处打上大木桩，在桩周围浇灌混凝土，并在桩顶钉一小钉；若导线点需长时间保存，则应埋设混凝土桩或石桩，桩顶刻“十”字，作为永久性标志。为了便于寻找，导线点还应统一编号，并做好点之记，即绘制草图，注明导线点与附近固定而明显的地物点的尺寸及相互位置关系。

2）测量导线边长。可用光电测距仪（或全站仪）测定导线边长，测量时要同时观测竖直角（或天顶距），供倾斜改正用。若用钢尺量距，量距前须进行检定，并按钢尺丈量的精密方法进行量距。

3）测量导线转折角。导线转折角分为左角和右角，在导线前进方向右侧的转折角为右角，在导线前进方向左侧的转折角为左角。可用测回法测量导线转折角。一般在闭合导线中均测内角，若导线前进方向为顺时针则为右角，若导线前进方向为逆时针则为左角；在附合导线中常测左角，也可测右角，但要统一；在支导线中既要测左角也要测右角，以便进行检核。各等级导线测角时应符合其相应的技术要求。图根导线一般用 $DJ_6$ 光学经纬仪测一个测回。若盘左、盘右测得角值的较差不超过 36″，则可取两者的平均值为测量的角值。

为了方便瞄准，测角时可在已埋设的标志上用测钎或觇牌作为照准标志。

4）连接测量。当导线与高级控制点连接时，须进行连接测量，即进行连接边和连接角测量，作为传递坐标方位角和坐标的依据。若附近没有高级控制点，则应用罗盘仪施测导线起始边的磁方位角，并假定起始点的坐标作为起算数据。

### 3. 导线测量内业计算基础

（1）直线定向

要确定地面上两点之间的相对位置，除了需要测定两点之间的水平距离外，还需确定两点所连直线的方向。一条直线的方向是根据某一标准方向来确定的。确定直线与标准方向之间的关系称为直线定向。

1）标准方向。直线定向时，常用的标准方向有真子午线方向、磁子午线方向和坐标纵线方向，如图 5.2 所示。

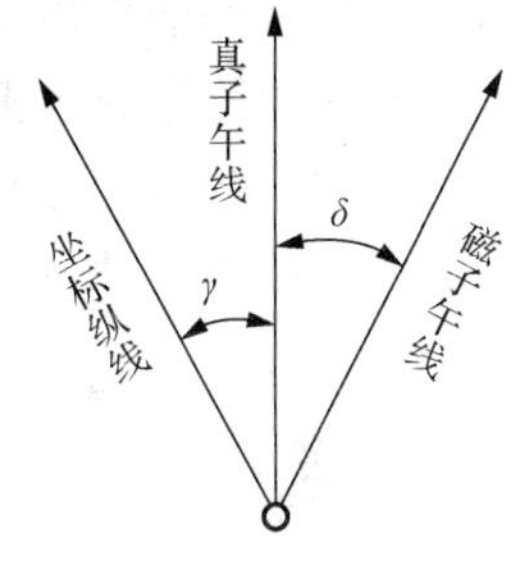

图 5.2 三北方向图

① 真子午线方向（真北方向）。过地球南北极的平面与地球表面的交线称为真子午线。通过地球表面某点的真子午线的切线方向称为该点的真子午线方向。真子午线方向用天文测量方法或用陀螺经纬仪测定。

② 磁子午线方向（磁北方向）。磁子午线方向是在地球磁场作用下，磁针在某点自由静止时其轴线所指的方向，指向北端的方向为磁北方向。磁子午线方向可用罗盘仪测定。

③ 坐标纵线方向（轴北方向）。坐标纵线方向就是与高斯平面直角坐标系或假定坐标系的坐标纵轴平行的方向。

在测量工作中通常采用高斯平面直角坐标或独立平面直角坐标确定地面点的位置，因此取坐标纵轴（$X$ 轴）方向作为直线定向的标准方向。

在独立平面直角坐标系中，可以测区中心某点的磁子午线方向作为坐标纵线方向。

2）方位角。直线方向常用方位角来表示。方位角就是以标准方向为起始方向顺时针转到该直线的水平夹角，所以方位角的取值范围是 0°～360°。如图 5.3 所示，直线 $OM$ 的方位角为 $A_{OM}$，直线 $OP$ 的方位角为 $A_{OP}$。

① 方位角的种类。由于每点都有真北、磁北和坐标纵线北 3 种不同的指北方向线，因此从某点到某一目标就有以下 3 种不同方位角。

a. 真方位角。由真子午线方向的北端起，顺时针量到直线间的夹角称为该直线的真方位角，一般用 $A$ 表示。

b．磁方位角。由磁子午线方向的北端起，顺时针量至直线间的夹角称为该直线的磁方位角，用 $A_M$ 表示。

c．坐标方位角。由坐标纵轴方向的北端起，顺时针量到直线间的夹角称为该直线的坐标方位角，常简称方位角，用 $\alpha$ 表示。

测量工作中，一般采用坐标方位角表示直线方向。

② 3 种方位角之间的关系。因标准方向选择的不同，故同一条直线有 3 种不同的方位角，3 种方位角之间的关系如图 5.4 所示。

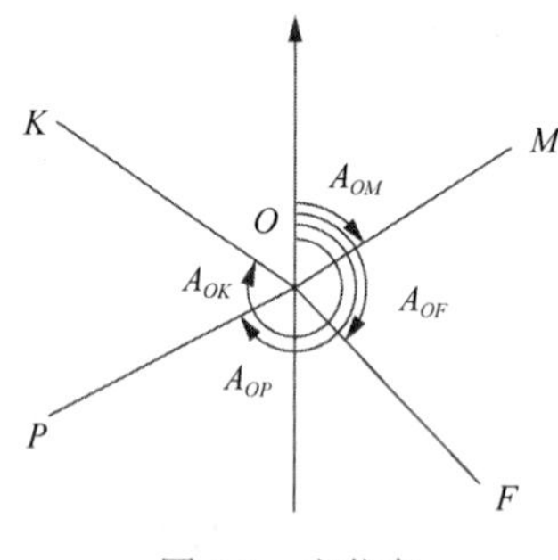


图 5.3　方位角

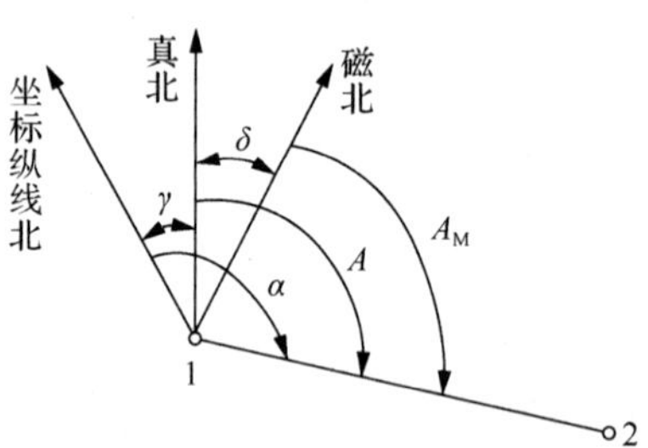


图 5.4　3 种方位角之间的关系

过 1 点的真北方向与磁北方向之间的夹角称为磁偏角（$\delta$），过 1 点的真北方向与坐标纵线北方向之间的夹角称为子午线收敛角（$\gamma$）。

$\delta$ 和 $\gamma$ 的符号规定相同：当磁北方向或坐标纵线北方向在真北方向东侧时，$\delta$ 和 $\gamma$ 的符号为“+”；当磁北方向或坐标纵线北方向在真北方向西侧时，$\delta$ 和 $\gamma$ 的符号为“−”。

同一直线的 3 种方位角之间的关系为

$$A = A_M + \delta$$
$$A = \alpha + \gamma$$
$$\alpha = A_M + \delta - \gamma$$

3）象限角。由坐标纵线的北端或南端起，沿顺时针或逆时针方向量至直线的锐角，并注出象限名称，称为该直线的象限角，用 $R$ 表示，其角值范围为 0°～90°。

坐标方位角与象限角的换算关系如图 5.5 和表 5.3 所示。

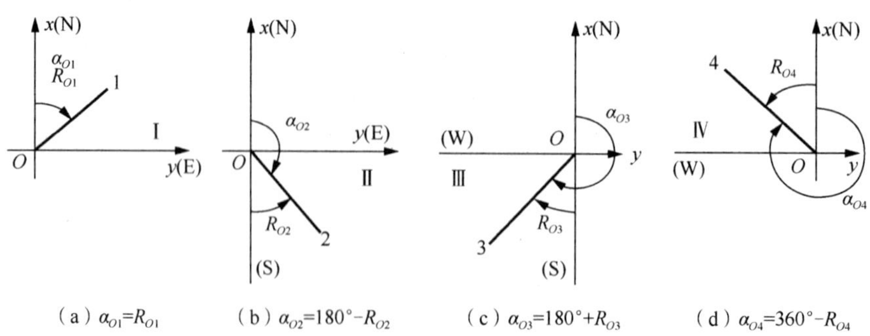


（a）$\alpha_{O1}=R_{O1}$　（b）$\alpha_{O2}=180°-R_{O2}$　（c）$\alpha_{O3}=180°+R_{O3}$　（d）$\alpha_{O4}=360°-R_{O4}$

图 5.5　坐标方位角与象限角的换算关系

表 5.3　坐标方位角与象限角的换算关系

| 直线定向 | 由坐标方位角推算坐标象限角 | 由坐标象限角推算坐标方位角 |
|---|---|---|
| 北东（NE），第Ⅰ象限 | $R=\alpha$ | $\alpha=R$ |
| 南东（SE），第Ⅱ象限 | $R=180°-\alpha$ | $\alpha=180°-R$ |
| 南西（SW），第Ⅲ象限 | $R=\alpha-180°$ | $\alpha=180°+R$ |
| 北西（NW），第Ⅳ象限 | $R=360°-\alpha$ | $\alpha=360°-R$ |

4）正、反坐标方位角的关系。测量中任何直线都有一定的方向，如图 5.6 所示的直线 $AB$，其中 $A$ 为起点，$B$ 为终点。过起点 $A$ 的坐标北方向与直线 $AB$ 的夹角 $\alpha_{AB}$ 称为直线 $AB$ 的正方位角，过终点 $B$ 的坐标北方向与直线 $BA$ 的夹角 $\alpha_{BA}$ 称为直线 $AB$ 的反方位角。由于 $A$、$B$ 两点的坐标北方向是平行的，因此正、反方位角相差 180°，即

$$\alpha_{反}=\alpha_{正}\pm 180°$$

5）坐标方位角的推算关系。在实际测量工作中，并不是直接确定各直线的坐标方位角，而是通过与已知坐标方位角的直线联测，并测量出各直线之间的水平夹角，然后根据已知直线的坐标方位角推算出各直线的坐标方位角。

如图 5.7 所示，起始直线 12 为已知直线，其坐标方位角为 $\alpha_{12}$，通过测量水平角，沿着测量路线的前进方向，测得直线 12 与直线 23 的转折角为 $\beta_2$（右角），直线 23 与直线 34 的转折角为 $\beta_3$（左角），现推算 $\alpha_{23}$、$\alpha_{34}$。

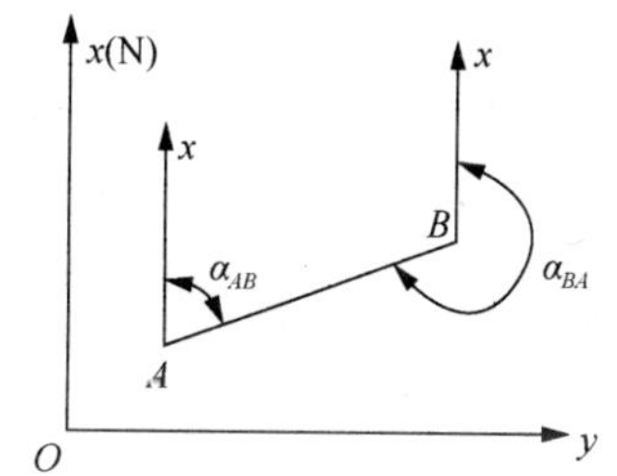


图 5.6　正、反坐标方位角的关系

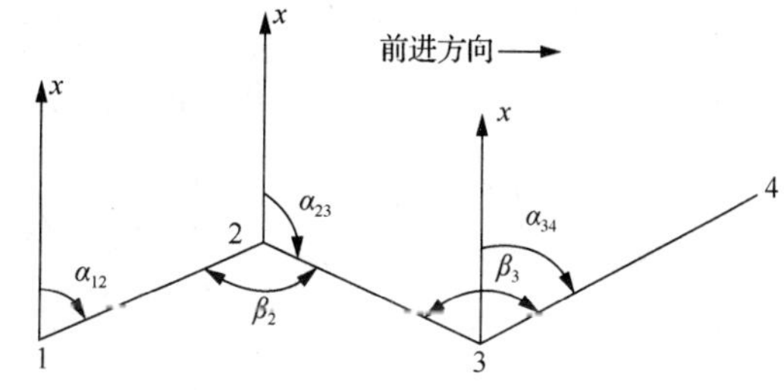


图 5.7　坐标方位角推算

由图 5.7 中几何关系可以看出：

$$\alpha_{23}=\alpha_{12}+180°-\beta_2$$

$$\alpha_{34}=\alpha_{23}+\beta_3-180°$$

由此可推算出坐标方位角的通用公式如下：

若测得转折角为右角，则

$$\alpha_{前}=\alpha_{后}-\beta_{后}\pm 180°$$

若测得转折角为左角，则

$$\alpha_{前}=\alpha_{后}+\beta_{左}\pm 180°$$

需要注意的是，计算中，若推算出的 $\alpha_{前}>360°$，则减 360°；若推算出的 $\alpha_{前}<0°$，则加 360°。

（2）坐标计算

1）坐标正算。根据已知点坐标、已知边长及该边的坐标方位角计算未知点的坐标称为坐标正算。

如图 5.8 所示，在直角坐标系中已知 $A$ 点坐标（$x_A$，$y_A$）、$AB$ 的边长 $D_{AB}$ 及 $AB$ 边的坐标方位角 $\alpha_{AB}$，计算未知点 $B$ 的坐标（$x_B$，$y_B$）。

由图 5.8 可知：

$$\begin{cases} x_B = x_A + \Delta x_{AB} \\ y_B = y_A + \Delta y_{AB} \end{cases} \tag{5.1}$$

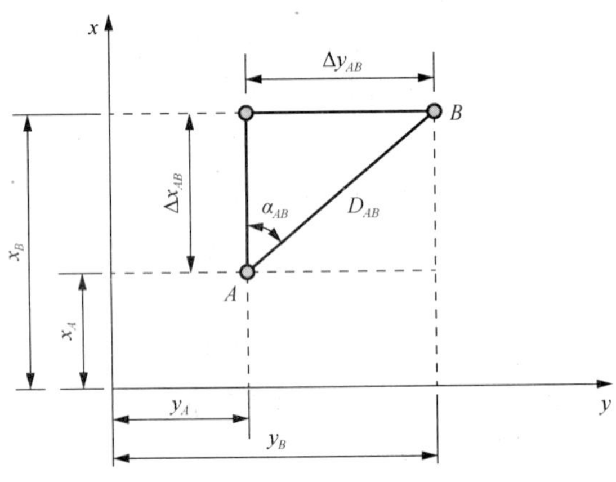


图 5.8　导线坐标计算

坐标增量的计算公式可由三角形的几何关系得到：

$$\begin{cases} \Delta x_{AB} = D_{AB} \cos \alpha_{AB} \\ \Delta y_{AB} = D_{AB} \sin \alpha_{AB} \end{cases} \tag{5.2}$$

则有

$$\begin{cases} x_B = x_A + D_{AB} \cos \alpha_{AB} \\ y_B = y_A + D_{AB} \sin \alpha_{AB} \end{cases} \tag{5.3}$$

2）坐标反算。由两个已知点的坐标反算其坐标方位角和边长称为坐标反算。

如图 5.8 所示，已知 $A$ 点坐标（$x_A, y_A$）、$B$ 点坐标（$x_B, y_B$），则可得坐标反算公式为

$$\alpha'_{AB} = \arctan \left| \frac{\Delta y_{AB}}{\Delta x_{AB}} \right| = \arctan \left| \frac{y_B - y_A}{x_B - x_A} \right| \tag{5.4}$$

$$D_{AB} = \sqrt{(\Delta x_{AB})^2 + (\Delta y_{AB})^2} = \sqrt{(x_B - x_A)^2 + (y_B - y_A)^2} \tag{5.5}$$

需要指出的是，按式（5.4）计算出来的角属象限角，应根据坐标增量 $\Delta x$ 和 $\Delta y$ 的正负号判别直线 $AB$ 所在的象限后再将象限角换算成坐标方位角。判别与换算方法如下。

① 当 $\Delta x>0$，$\Delta y>0$ 时，$AB$ 边在第Ⅰ象限，则 $\alpha_{AB} = \alpha'_{AB}$。

② 当 $\Delta x<0$，$\Delta y>0$ 时，$AB$ 边在第Ⅱ象限，则 $\alpha_{AB} = 180° - \alpha'_{AB}$。

③ 当 $\Delta x<0$，$\Delta y<0$ 时，$AB$ 边在第Ⅲ象限，则 $\alpha_{AB} = 180° + \alpha'_{AB}$。

④ 当$\Delta x$＞0，$\Delta y$＜0 时，$AB$ 边在第Ⅳ象限，则 $\alpha_{AB}=360°-\alpha'_{AB}$。

4. 导线测量内业计算

导线测量的内业计算就是根据已知的起算数据和外业的观测数据，经过误差调整，推算出各导线点的平面坐标。

计算前，应先全面、认真检查导线测量的外业记录，查看数据是否齐全、正确，成果精度是否符合要求，起算数据是否准确；然后绘制导线略图，并将各项数据标注在图上相应位置。

（1）闭合导线计算

1）准备工作。将校核过的外业观测数据及起算数据填入闭合导线坐标计算表中。

2）角度闭合差的计算与调整。由平面几何关系知，$n$ 边形闭合导线的理论内角和值应为

$$\sum\beta_{理}=(n-2)\times180° \tag{5.6}$$

因观测角不可避免地存在误差，使实测内角和值不等于理论值，故而产生角度闭合差，其值为

$$f_\beta=\sum\beta_{测}-\sum\beta_{理} \tag{5.7}$$

各级导线角度闭合差若不满足表 5.1 或表 5.2 的要求，则说明所测角度不符合要求，应重新测量角度；若不超过，则可进行角度改正计算，将角度闭合差反符号平均分配到各观测角中。角度改正数为

$$\Delta\beta=-\frac{1}{n}f_\beta \tag{5.8}$$

若式（5.8）不能整除而有余数，则可将余数调整到短边的邻角上，使改正后的内角和值为理论内角和值$(n-2)\times180°$，以作为计算校核。

3）用改正后的转折角推算各边的坐标方位角。根据起始边的已知坐标方位角及改正后的转折角推算其他各导线边的坐标方位角。注意，最后推算出的起始边坐标方位角应与原有的已知坐标方位角值相等，否则应重新计算。

4）坐标增量闭合差的计算与调整。先按式（5.2）计算坐标增量值，然后计算各导线边坐标增量的代数和。由闭合导线本身的几何特点可知，各导线边纵横坐标增量的代数和的理论值应等于 0，即$\sum\Delta x_{理}=0,\sum\Delta y_{理}=0$。但实际测量中因其存在误差，往往$\sum\Delta x_{测}\neq0$，$\sum\Delta y_{测}\neq0$，从而使导线边纵横坐标增量产生的闭合差为

$$\begin{cases}f_x=\sum\Delta x_{测}\\f_y=\sum\Delta y_{测}\end{cases} \tag{5.9}$$

由于$f_x$、$f_y$ 的存在，使得导线不能完全闭合而有一个缺口，该缺口的长度称为导线全长闭合差，按下式计算：

$$f_D=\sqrt{f_x^2+f_y^2} \tag{5.10}$$

因为导线越长，其全长闭合差越大，所以 $f_D$ 值的大小无法反映导线测量的精度，用导线全长相对误差，即相对闭合差 $K_D$，来衡量导线测量的精度更合理。

$$K_D = \frac{f_D}{\sum D} = \frac{1}{\sum D / f_D} \tag{5.11}$$

当 $K_D \leqslant K_{容}$时，测量成果精度符合要求，可进行坐标增量的改正调整计算；否则，应重新检查成果，甚至重测。坐标增量改正数计算公式为

$$\begin{cases} v_{xi} = -\dfrac{f_x}{\sum D} \times D_i \\ v_{yi} = -\dfrac{f_y}{\sum D} \times D_i \end{cases} \tag{5.12}$$

导线纵横坐标增量改正数之和应符合下式要求：

$$\begin{cases} \sum v_{xi} = -f_x \\ \sum v_{yi} = -f_y \end{cases} \tag{5.13}$$

改正后的坐标增量计算式为

$$\begin{cases} \Delta x_{i改} = \Delta x_i + v_{xi} \\ \Delta y_{i改} = \Delta y_i + v_{yi} \end{cases} \tag{5.14}$$

5）推算各导线点坐标。根据导线起始点的已知坐标及改正后的坐标增量依次推算出各导线点的坐标。注意，最后推回已知点的坐标应与已知坐标相等，以此进行计算检核。

**【例 5.1】**图 5.9 所示为一选定的闭合路线，$A$、$B$、$C$、$D$ 4 个点为导线点。已知起始点坐标为 $A$（554.347，869.218），起始边方位角 $\alpha_{AB}$=48°37′22″，外业观测数据如图 5.9 中所注，计算各导线点的坐标。

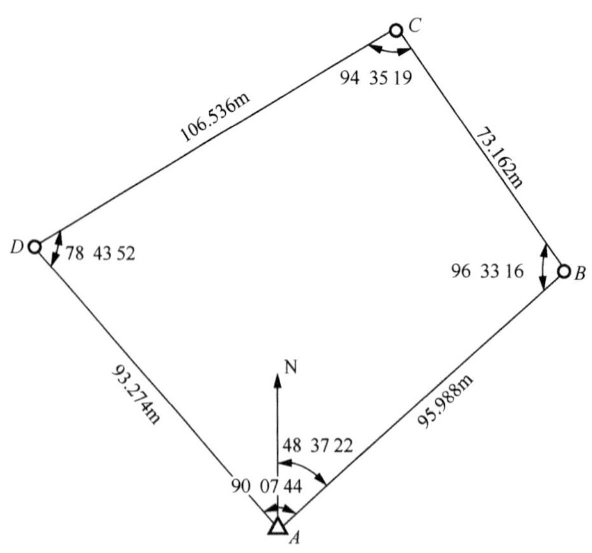


图 5.9　闭合导线观测略图

**解**　闭合导线坐标计算过程如表 5.4 所示。

**表 5.4　闭合导线坐标计算表**

| 点名 | 改正数/(″)<br>观测角值/(° ′ ″) | 改正后角值/(° ′ ″) | 方位角/(° ′ ″) | 边长/m | 改正数/mm<br>坐标增量/m $\Delta x_i$ | $\Delta y_i$ | 改正后的<br>坐标增量/m $\Delta x_{i改}$ | $\Delta y_{i改}$ | 坐标/m<br>$x$ | $y$ |
|---|---|---|---|---|---|---|---|---|---|---|
| $A$ | | | | | | | | | 554.347 | 869.218 |
| | | | 48 37 22 | 95.988 | −3<br>63.449 | −4<br>72.027 | 63.446 | 72.023 | | |
| $B$ | −2<br>96 33 16 | 96 33 14 | | | | | | | 617.793 | 941.241 |
| | | | 325 10 36 | 73.162 | −2<br>60.060 | −4<br>−41.779 | 60.058 | −41.783 | | |
| $C$ | −3<br>94 35 19 | 94 35 16 | | | | | | | 677.851 | 899.458 |
| | | | 239 45 52 | 106.536 | −3<br>−53.647 | −5<br>−92.043 | −53.650 | −92.048 | | |
| $D$ | −3<br>78 43 52 | 78 43 49 | | | | | | | 624.201 | 807.410 |
| | | | 138 29 41 | 93.274 | −2<br>−69.852 | −4<br>61.812 | −69.854 | 61.808 | | |
| $A$ | −3<br>90 07 44 | 90 07 41 | | | | | | | 554.347 | 869.218 |
| | | | 48 37 22 | | | | | | | |
| $B$ | | | | | | | | | | |
| $\sum$ | −11<br>360 00 11 | 360 00 00 | | 368.960 | −10<br>+0.010 | −17<br>+0.017 | 0 | 0 | | |
| 辅助计算 | $f_\beta=\sum\beta_{测}-\sum\beta_{理}=360°00'11''-(4-2)\times180°=+11''$　$f_{\beta允}=\pm60''\sqrt{n}=\pm120''$<br>$f_x=\sum\Delta x=+0.010(\mathrm{m})$　$f_y=\sum\Delta y=+0.017(\mathrm{m})$　$f_D=\sqrt{f_x^2+f_y^2}=0.020(\mathrm{m})$<br>$K_D=\frac{f_D}{\sum D}=\frac{1}{18\,448}\leqslant1/2000$ | | | | | | | | | |

（2）附合导线计算

附合导线的计算步骤与闭合导线基本相同，只是角度闭合差及坐标增量闭合差的计算公式有区别。

1）角度闭合差的计算。若观测 $n$ 个角，已知的起始边的坐标方位角为 $\alpha_{始}$，终边的坐标方位角为 $\alpha_{终}$，依次推得各导线边的坐标方位角，将各坐标方位角推导式相加，得到理论上转折角的代数和为

$$\sum\beta_{理(左)}=\alpha_{终}-\alpha_{始}+n\times180° \tag{5.15}$$

$$\sum\beta_{理(右)}=\alpha_{始}-\alpha_{终}+n\times180° \tag{5.16}$$

但实际上观测中存在误差，往往观测角总和与理论值不相等，其差值为角度闭合差 $f_\beta$：

$$f_\beta=\sum\beta_{测}-\sum\beta_{理} \tag{5.17}$$

角度闭合差 $f_\beta$ 若不超过相应等级技术要求的容许值，则可进行角度闭合差的调整计算，否则应查找原因重测。其调整的方法与闭合导线相同。调整后的转折角的观测值总和应等于理论值总和，以进行检核。

2）坐标增量闭合差的计算。理论上各边纵横坐标增量的代数和应等于终始两已知点间的纵横坐标差，即应符合下式要求：

$$\begin{cases}\sum\Delta x_{理}=x_{终}-x_{始}\\ \sum\Delta y_{理}=y_{终}-y_{始}\end{cases} \tag{5.18}$$

在实际测量中因存在误差，式（5.18）并不满足要求。将实际计算的各边的纵横坐标增量的代数和与附合导线终点与起始点的纵横坐标之差的差值称为纵横坐标增量闭合差 $f_x$ 和 $f_y$，其计算公式为

$$\begin{cases} f_x = \sum \Delta x - \sum \Delta x_{理} = \sum \Delta x - \left( x_{终} - x_{始} \right) \\ f_y = \sum \Delta y - \sum \Delta y_{理} = \sum \Delta y - \left( y_{终} - y_{始} \right) \end{cases} \tag{5.19}$$

**【例 5.2】** 图 5.10 所示为一选定的附合导线，$A$、$B$（1）、2、3、4、$C$（5）、$D$ 共 7 个点为导线点。已知点坐标为 $A$（843.408，1264.298）、$B$（640.932，1068.443）、$C$（589.971，1307.871）、$D$（793.616，1399.197），外业观测数据如图 5.10 中所注，计算各导线点的坐标。

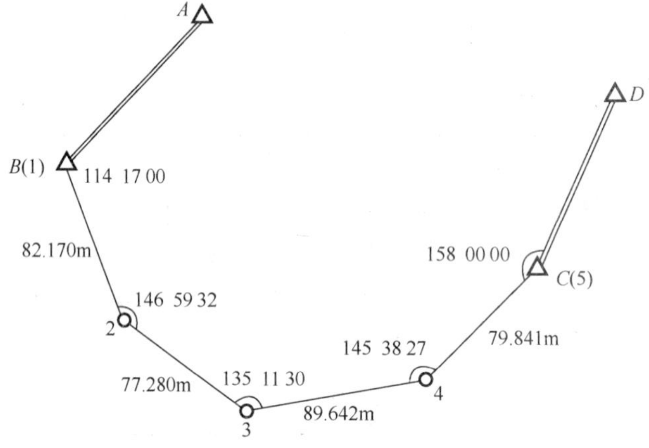


图 5.10　附合导线观测略图

**解**　附合导线坐标计算过程如表 5.5 所示。

**表 5.5　附合导线坐标计算表**

| 点名 | 改正数/(″)<br>观测角值/(° ′ ″) | 改正后角值/(° ′ ″) | 方位角/(° ′ ″) | 边长/m | 改正数/mm<br>坐标增量/m | | 改正后的<br>坐标增量/m | | 坐标/m | |
|---|---|---|---|---|---|---|---|---|---|---|
| | | | | | $\Delta x_i$ | $\Delta y_i$ | $\Delta x_{i改}$ | $\Delta y_{i改}$ | $x$ | $y$ |
| $A$ | | | | | | | | | 843.408 | 1264.298 |
| | | | 224 02 52 | | | | | | | |
| $B$(1) | −2<br>114 17 00 | 114 16 58 | | | | | | | 640.932 | 1068.443 |
| | | | 158 19 50 | 82.170 | +1<br>−76.363 | +9<br>+30.341 | −76.362 | +30.350 | | |
| 2 | −1<br>146 59 32 | 146 59 31 | | | | | | | 564.570 | 1098.793 |
| | | | 125 19 21 | 77.280 | +0<br>−44.682 | +8<br>+63.054 | −44.682 | +63.062 | | |
| 3 | −2<br>135 11 30 | 135 11 28 | | | | | | | 519.888 | 1161.855 |
| | | | 80 30 49 | 89.642 | +1<br>+14.774 | +9<br>+88.416 | +14.775 | +88.425 | | |
| 4 | −2<br>145 38 27 | 145 38 25 | | | | | | | 534.663 | 1250.280 |
| | | | 46 09 14 | 79.841 | +1<br>+55.307 | +9<br>+57.582 | +55.308 | +57.591 | | |
| $C$(5) | −2<br>158 00 00 | 157 59 58 | | | | | | | 589.971 | 1307.871 |
| | | | 24 09 12 | | | | | | | |
| $D$ | | | | | | | | | 793.616 | 1399.197 |

续表

| 点名 | 改正数/(″)<br>观测角值/(° ′ ″) | 改正后角值/(° ′ ″) | 方位角/(° ′ ″) | 边长/m | 改正数/mm<br>坐标增量/m | | 改正后的<br>坐标增量/m | | 坐标/m | |
|---|---|---|---|---|---|---|---|---|---|---|
| | | | | | $\Delta x_i$ | $\Delta y_i$ | $\Delta x_{i改}$ | $\Delta y_{i改}$ | $x$ | $y$ |
| $\sum$ | 700 06 29 | 700 06 20 | | 328.933 | +3<br>−50.964 | +35<br>+239.393 | −50.961 | +239.428 | | |
| 辅助计算 | $\alpha_{AB}=\arctan\dfrac{y_B-y_A}{x_B-x_A}=224°02'52''$　$\alpha_{CD}=\arctan\dfrac{y_D-y_C}{x_D-x_C}=24°09'12''$<br>$f_\beta=\sum\beta_测+\alpha_{AB}-\alpha_{CD}-n\cdot180°=700°06'29''+224°02'52''-24°09'12''-5\times180°=+9''$<br>$f_{\beta容}=\pm60''\sqrt{5}=\pm134''$　$f_x=\sum\Delta x-(x_C-x_B)=-0.003(\text{m})$<br>$f_y=\sum\Delta x-(x_C-x_B)=-0.035(\text{m})$　$f_D=\sqrt{f_x^2+f_y^2}=0.035(\text{m})$<br>$K=\dfrac{f_D}{\sum D}=\dfrac{0.035}{328.933}=\dfrac{1}{9400}\leqslant\dfrac{1}{2000}$ | | | | | | | | | |

（3）支导线计算

由于支导线既不回到原起始点上，又不附合到另一个已知点上，因此支导线没有检核限制条件，也就不需要计算角度闭合差与坐标增量闭合差，只要根据已知边的坐标方位角和已知点的坐标，由外业测定的转折角和导线边长直接计算各边的方位角及各边坐标增量，最后推算出待定导线点的坐标即可。

**【例 5.3】** 图 5.11 所示为一选定的支导线，$A$、$B$、$T_1$、$T_2$、$T_3$ 共 5 个点为导线点。已知点坐标为 $A$（343.058，779.072）、$B$（282.291，744.324），外业观测数据如图 5.11 中所注，计算各导线点的坐标。

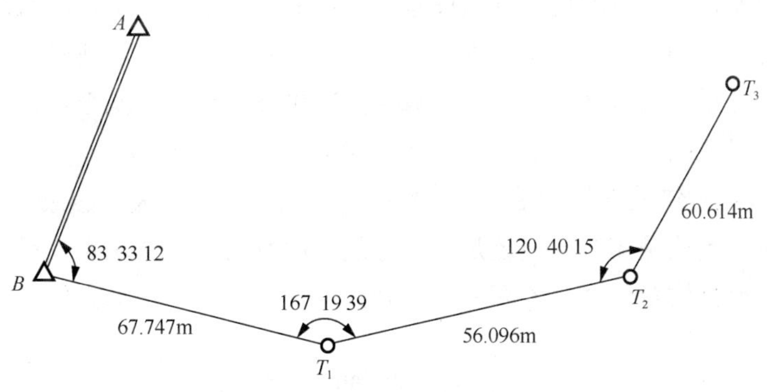


图 5.11　支导线观测略图

**解**　支导线坐标计算过程如表 5.6 所示。

表 5.6　支导线坐标计算表

| 点名 | 转折角/(° ′ ″) | 方位角/(° ′ ″) | 边长/m | 坐标增量/m | | 坐标/m | |
|---|---|---|---|---|---|---|---|
| | | | | $\Delta x$ | $\Delta y$ | $x$ | $y$ |
| $A$ | | | | | | 343.058 | 779.072 |
| | | 209 45 43 | | | | | |
| $B$ | 83 33 12 | | | | | 282.291 | 744.324 |
| | | 113 18 55 | 67.747 | −26.814 | 62.215 | | |
| $T_1$ | 167 19 39 | | | | | 255.477 | 806.539 |
| | | 100 38 34 | 56.096 | −10.360 | 55.131 | | |
| $T_2$ | 120 40 15 | | | | | 245.117 | 861.670 |
| | | 41 18 49 | 60.614 | 45.528 | 40.016 | | |
| $T_3$ | | | | | | 290.645 | 901.686 |
| 辅助计算 | $\alpha_{AB}=\arctan\dfrac{y_B-y_A}{x_B-x_A}=209°45'43''$ | | | | | | |

（4）导线测错的检查

1）个别转折角测错的查找方法。在外业结束后进行观测数据检查时，如果发现角度闭合差超限，则有可能只是测错了一个角度，这种情况下可用如下方法查找测错的角度。

① 若观测的是闭合导线，可先将观测的边长和转折角按较大的比例尺展绘出导线图；然后在闭合差的中点作垂线，如果垂线通过或接近通过某导线点，则该点发生错误的可能性最大。

② 若观测的是附合导线，可先将两个端点的已知起算数据展绘在图上；然后分别从导线的两个端点出发，将观测的边长和角度按一定比例尺展绘在图上，形成两条导线，在两条导线的交点处发生测角错误的可能性最大。当误差较小而用图解法难以显示角度测错的点位时，也可从导线的两端开始，分别计算各点的坐标，若某点两个坐标值相近，则该点就是测错角度的导线点。

2）个别导线边测错的查找方法。如果导线全长相对闭合差大大超限，则可能是某一导线边测错。此时，无论是闭合导线还是附合导线，都可用如下方法查找错误。

先根据纵横坐标增量闭合差 $f_x$ 和 $f_y$ 求出导线全长闭合差的坐标方位角值，计算公式为

$$\alpha_f=\arctan\frac{f_y}{f_x} \tag{5.20}$$

凡是坐标方位角与 $\alpha_f$ 或 $\alpha_f\pm180°$ 相近的导线边就可能是测错的导线边。也可通过展绘导线图，查找与导线全长闭合差平行或接近平行的导线边，其为可能测错的导线边。还可通过计算 $f_y/f_x$ 及 $\Delta y/\Delta x$ 的比值查找，凡是 $\Delta y/\Delta x$ 的比值接近 $f_y/f_x$ 的比值的导线边就可能是测错的导线边。

上述查找方法只适用于个别转折角测错或个别导线边测错的情况，如果出现多角测错或多边测错的情况，则很难查找到。因此，导线测量的外业工作一定要认真仔细，尽量避免出错重测。

### 5.1.2 交会测量

交会测量是指用两个或三个已知基准点，通过测量基准点到监测点的距离及角度来计算监测点的坐标，通过坐标变化量来确定其变形情况的方法。这种方法简单易行，成本较低，不需要特殊仪器，比较适合于一些监测目标位置特殊、人员不易到达的地方，如滑坡监测、巨型水塔监测、烟囱监测等；但其缺点是精度较低，高精度监测时通常不用此方法。

交会测量主要包括测角前方交会法、测边前方交会法和测角后方交会法 3 种。交会法观测前应首先在变形影响区布置固定可靠的工作基点和基准点，工作基点应定期与基准点联测，以校核其是否产生移动。工作基点宜采用强制对中观测墩，以减少对中误差影响。

工作基点到监测点的距离不宜过远，并且到各个监测点的距离大致相等，监测点布置应大致同高。交会边应离开障碍物或高于地面 1.2m 以上，并尽可能避开大面积水域，从而减少大气折光影响。利用电磁波测距交会时，还应避免周围强电磁场的影响。

#### 1. 测角前方交会法

如图 5.12 所示，测角前方交会通常采用 3 个已知点和 1 个待定点组成两个三角形。$P$ 为待定点，$A$、$B$、$C$ 是 3 个已知点，在 3 个已知点上分别设站观测 $\alpha_1$、$\beta_1$、$\alpha_2$、$\beta_2$ 4 个角。可以用式（5.21）求出 $P$ 点坐标（$x_P$，$y_P$）。通常情况下，通过 $\alpha_1$、$\beta_1$ 和 $\alpha_2$、$\beta_2$，分别计算出两组 $P$ 点坐标，从而进行校核。

$$\begin{cases} x_P = \dfrac{x_A \cot\beta + x_B \cot\alpha - y_A + y_D}{\cot\alpha + \cot\beta} \\ y_P = \dfrac{y_A \cot\beta + y_B \cot\alpha + x_A - x_B}{\cot\alpha + \cot\beta} \end{cases} \tag{5.21}$$

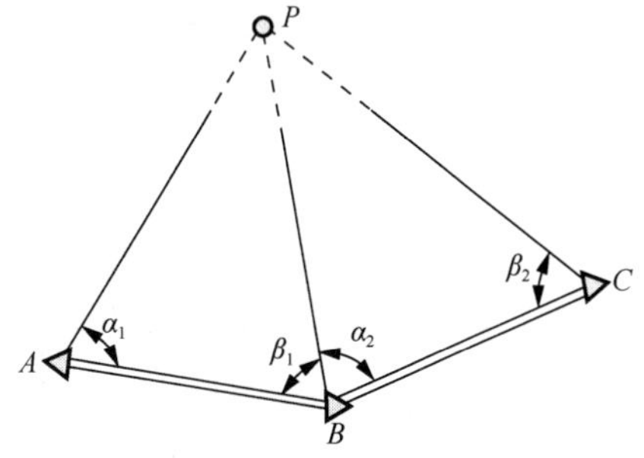


图 5.12 测角前方交会原理

为保证计算结果和提高交会精度，规定如下。

1）前方交会中，由未知点至相邻两已知点方向间的夹角称为交会角。一般要求交会角大于 30°，小于 150°，交会角过大或过小都会影响交会点的精度。

2）水平角应观测两个测回，根据已知点数量选用测回法或方向观测法。

3）在实际工作中，为了保证交会点的精度，避免测角错误的发生，一般要求从 3 个已知点 $A$、$B$、$C$ 分别向 $P$ 点观测水平角 $\alpha_1$、$\beta_1$、$\alpha_2$、$\beta_2$，作两组前方交会。如图 5.12 所示，按式（5.21）计算△$ABP$ 和△$BCP$ 中 $P$ 点的两组坐标 $P'(x_{P'},y_{P'})$ 和 $P''(x_{P''},y_{P''})$。当两组坐标较差符合要求时，取其平均值作为 $P$ 点的最后坐标。一般要求两组坐标较差 $e$ 不大于两倍比例尺精度，用公式表示为

$$e=\sqrt{\delta_r^2+\delta_v^2}\leqslant e_{容}=2\times 0.1M(\text{mm}) \tag{5.22}$$

式中，$\delta_r=x_{P'}-x_{P''}$；$\delta_v=y_{P'}-y_{P''}$；$M$ 为测图比例尺分母。

2. 测边前方交会法

如图 5.13 所示，测边前方交会通常采用 3 个已知点和 1 个待定点组成两个三角形。$P$ 为待定点，$A$、$B$、$C$ 是 3 个已知点，在 3 个已知点上分别设站观测 $S_a$、$S_b$、$S_c$ 3 条边。可以用式（5.23）求出 $P$ 点坐标（$x_P,y_P$）。通常情况下，通过 $S_a$、$S_b$ 和 $S_b$、$S_c$ 分别计算出两组 $P$ 点坐标（$x_P,y_P$），从而进行校核。

$$\begin{cases}x_P=x_A+L(x_B-x_A)+H(y_B-y_A)\\y_P=y_A+L(y_B-y_A)+H(x_B-x_A)\end{cases} \tag{5.23}$$

式中，$L=\dfrac{S_b^2+S_{AB}^2-S_a^2}{2S_{AB}^2}$；$H=\sqrt{\dfrac{S_a^2}{S_{AB}^2}-G^2}$；$G=\dfrac{S_a^2+S_{AB}^2-S_b^2}{2S_{AB}^2}$。

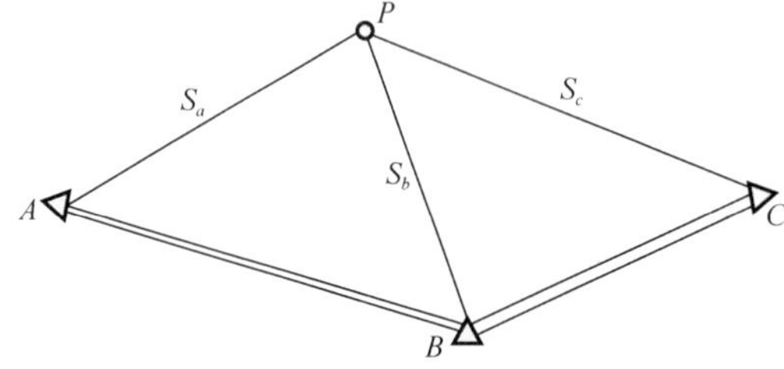


图 5.13 测边前方交会原理

3. 测角后方交会法

如图 5.14 所示，在待定点 $P$ 安置经纬仪，观测水平角 $\alpha$、$\beta$、$\gamma$，则可按式（5.24）计算待定点 $P$ 的坐标（$x_P,y_P$）。

$$\begin{cases}x_P=\dfrac{P_Ax_A+P_Bx_B+P_Cx_C}{P_A+P_B+P_C}\\y_P=\dfrac{P_Ay_A+P_By_B+P_Cy_C}{P_A+P_B+P_C}\end{cases} \tag{5.24}$$

式中，$P_A=\dfrac{1}{\cot\angle A-\cot\alpha}=\dfrac{\tan\alpha\tan\angle A}{\tan\alpha-\tan\angle A}$；$P_B=\dfrac{1}{\cot\angle B-\cot\beta}=\dfrac{\tan\beta\tan\angle B}{\tan\beta-\tan\angle B}$；$P_C=\dfrac{1}{\cot\angle C-\cot\gamma}=\dfrac{\tan\gamma\tan\angle C}{\tan\gamma-\tan\angle C}$。

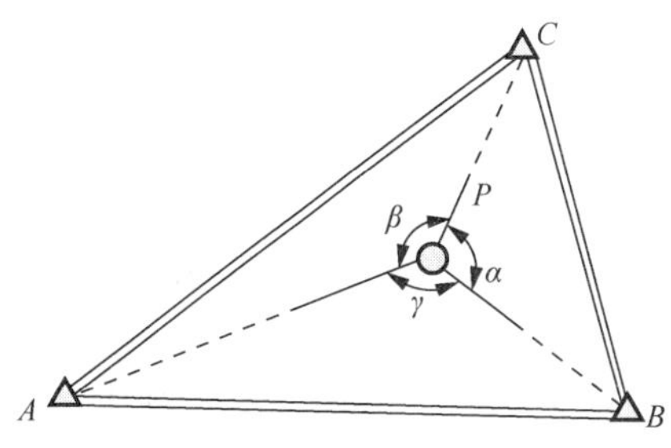


图 5.14 测角后方交会原理

当用测角后方交会时，应注意工作基点和交会点不能位于同一个圆（此圆称为危险圆）上，应至少离开危险圆半径的 20%。

为防止外业工作中的$\alpha$、$\beta$、$\gamma$观测错误，或内业计算的已知点坐标抄写错误，应进行一个多余的观测作检核用。由 4 个方向观测 3 个水平角，检核方式有两种：一种是将 4 个已知点中的 3 个已知点为一组，分作两个后方交会图形，由两组图形计算的 $P$ 点坐标相互比较；另一种是根据图形结构的 3 个已知点计算 $P$ 点的坐标，第 3 个角作检校角。

## 任务 5.2 高程控制测量

在全国范围内建立的高程控制网称为国家高程控制网。它是全国各种比例尺测图的基本控制，并为确定地球形状和大小提供研究资料。国家高程控制网布设成水准网，是采用精密水准测量方法建立的，所以也称国家水准网，其布设也是按照从整体到局部、由高级到低级、分级布设逐级控制的原则。国家水准网分为一、二、三、四等 4 个等级。

在城市地区，为测绘大比例尺地形图、进行市政工程和建筑工程放样，在国家高程控制网的控制下而建立的高程控制网称为城市高程控制网。城市高程控制网一般布设为二、三、四等水准网。首级高程控制网一般要求布设成闭合环形，加密时可布设成附合路线和结点图形。各等级水准测量的精度和国家水准测量相应等级的精度一致。直接供地形测图使用的控制点称为图根控制点，简称图根点。测定图根点高程的工作称为图根高程控制测量。图根控制点的密度（包括高级控制点）取决于测图比例尺和地形的复杂程度。

在面积小于 10km$^2$ 范围内建立的高程控制网称为小地区高程控制网。小地区高程控制网也是根据测区面积大小和工程要求采用分级方法建立的。三、四等水准测量经常用于建立小地区首级高程控制网，在全测区范围内建立三、四等水准路线和水准网，再以三、四等水准点为基础，测定图根点的高程。三、四等水准测量的起算和校核数据应尽量与附近的一、二等水准点连测，若测区附近没有国家一、二等水准点，也可在小地区范围内建立独立高程控制网，假定起算数据。

测定控制点高程的工作称为高程控制测量。小地区高程控制测量一般采用三、四等水准测量和三角高程测量等常规方法，也可采用 GPS 进行测量。

### 5.2.1 三、四等水准测量

三、四等水准网作为测区的首级控制网，一般应布设成闭合环线，并用附合水准路线进行加密。只有在特殊情况下，才允许布设成支水准路线。

水准路线一般尽可能沿铁路、公路及其他坡度较小、施测方便的路线布设，尽可能避免穿越湖泊、沼泽和江河地段。

水准点应选在土质坚实、地下水位低、易于观测的位置。水准点选定后，应埋设水准标石和水准标志，并绘制点之记，以便日后查寻。水准标石一般用混凝土制成，顶部嵌有金属或瓷质的标志。标石应埋在地下，埋设地点应选在地质稳定、便于使用和便于保存的地方。在城镇居民区，也可以采用把金属标志嵌在墙上的“墙脚水准点”。临时性的水准点则可用更简便的方法来设立，可以将木桩（桩顶钉一半圆球状铁钉）或大铁钉打入地面，也可以是埋设于地面的金属标志，如图 5.15 所示。

图 5.15 地面金属标志

水准点间距和三、四等水准路线长度可参照表 5.7 的规定。对于工矿区，水准点的距离还可适当减小。一个测区至少应埋设 3 个水准点。

**表 5.7 水准点间距和三、四等水准路线长度**

| | | |
|---|---|---|
| 水准点间距/km | 建筑物 | 1～2 |
| | 其他地区 | 2～4 |
| 环线或附合于高级点水准路线的最大长度/km | 三等 | 50 |
| | 四等 | 16 |

三、四等水准测量的观测程序、记录计算、校核方法及技术要求详见项目 1。下面就测量中的实施要点进行说明。

1）三等水准测量必须进行往返观测。当使用 $DS_1$ 和因瓦标尺时，可采用单程双转点观测，观测程序仍按后—前—前—后，即后（黑）、前（黑）、前（红）、后（红）。

2）四等水准测量除支水准路线必须进行往返测和单程双转点观测外，闭合水准路线和附合水准路线均可单程观测，观测程序一般为后（黑）、后（红）、前（黑）、前（红）。

3）三、四等水准测量每一测段的往测和返测，其测站数均应为偶数，否则应加入标尺零点误差改正。由往测转向返测时，两根标尺必须互换位置，并应重新安置仪器。

4）在每一测站上，三等水准测量不得两次对光，四等水准测量尽量少做两次对光。

5）工作间歇时，最好能在水准点上结束观测，否则应选择两个坚固可靠、便于放置标尺的固定点作为间歇点，并做出标记；间歇后，应进行检查，如检查两间歇点高差不符值，若三等小于 3mm，四等小于 5mm，则可继续观测，否则须从前一水准点起重新观测。

6）在一个测站上，只有当各项检核符合限差要求时才能迁站。如其中有一项超限，可以在本站立即重测，但须变更仪器高。如果仪器迁站后才发现超限，则应从前一个水准点或间歇点重测。

7）当每千米测站数小于 15 时，闭合差按平地限差公式计算；如超过 15 站，则按山地限差公式计算。

8）当成像清晰、稳定时，三、四等水准的视线长度可容许按规定长度放大 20%。

### 5.2.2　三角高程测量

#### 1. 三角高程测量概述

（1）三角高程测量的基本原理

三角高程测量是通过观测两点间的水平距离或倾斜距离及竖直角或天顶距，求定两点间高差的方法。三角高程测量又可分为经纬仪三角高程测量和光电测距三角高程测量。这种方法较之水准测量灵活方便，但精度较低，主要用于山区的高程控制和平面控制点的高程测定。利用平面控制测量中已知的边长和用经纬仪测得的两点间的竖直角或天顶距，可求得高差。

如图 5.16 所示，已知 $AB$ 水平距离为 $D$，$A$ 点高程为 $H_A$，在测站 $A$ 观测的垂直角为$\alpha$，则

$$h_{AB} = D\tan\alpha + i - v \tag{5.25}$$

$$H_B = H_A + h_{AB} \tag{5.26}$$

式中，$i$ 为仪器高；$v$ 为觇标高。

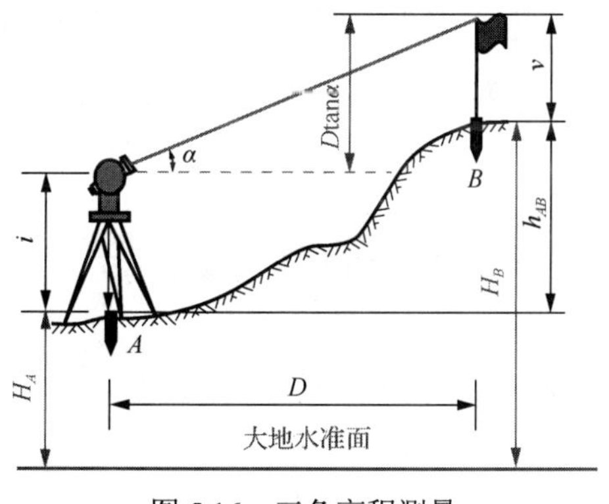


图 5.16　三角高程测量

为了提高三角高程测量的精度，一般要进行直、返觇双向观测，并取平均值作为最后结果。

直觇观测：

$$H_B = H_A + h_{AB} = H_A + D_{AB}\tan\alpha_{AB} + i_A - v_B \tag{5.27}$$

反觇观测：

$$H_B = H_A + h_{AB} = H_A - h_{BA} = H_A - \left(D_{AB}\tan\alpha_{BA} + i_B - v_A\right) \tag{5.28}$$

直、反觇双向观测的高差平均值：

$$h_{AB中} = \frac{h_{AB} - h_{BA}}{2} \tag{5.29}$$

待定点 $B$ 直、反觇双向观测测得的高程：

$$H_B = H_A + h_{AB中} \tag{5.30}$$

（2）经纬仪三角高程测量的技术要求

经纬仪三角高程测量的技术要求如表 5.8 所示。

**表 5.8　经纬仪三角高程测量的技术要求**

| 等级 | 仪器 | 测回数 | 竖盘指标差/（″） | 竖直角较差/（″） | 直、反觇高差较差/mm | 路线高差闭合差/mm |
|---|---|---|---|---|---|---|
| 四等 | $DJ_2$ | 3 | 7 | 7 | $\pm 40\sqrt{D}$ | $\pm 20\sqrt{\sum D}$ |
| 五等 | $DJ_2$ | 2 | 10 | 10 | $\pm 60\sqrt{D}$ | $\pm 30\sqrt{\sum D}$ |
| 图根 | $DJ_6$ | 1 | 25 | 25 | $\pm 400D$ | $\pm 0.1H_D\sqrt{n}$ |

注：$D$ 为测距边长度（km），$n$ 为边数，$H_D$ 为等高距（m）。

（3）经纬仪三角高程测量的外业观测

1）量取仪器高 $i$ 及觇标高 $v$。

2）竖直角（天顶距）观测时注意 3 点：①观测时一般利用十字丝中丝横切觇标的顶端；②进行竖盘读数时必须使竖盘指标水准管气泡居中或打开竖盘补偿开关；③计算竖盘指标差 $x$、竖直角 $\alpha$（天顶距 $Z$），并检查是否超限。

3）应尽可能地采用对向观测，以削弱地球曲率和大气折光对高差观测值的影响。

（4）经纬仪三角高程测量的外业验算

1）由三角高程测量的对向观测所求得的直、反测高差（经过两差改正）较差 $\Delta h_{AB}=h_{AB}+h_{BA}$，$\Delta h_{AB}$ 应符合表 5.8 的规定。

2）三角高程附（闭）合路线的高差闭合差 $f_h=\sum h_{测}-(H_{终}-H_{始})$，$f_h$ 应符合表 5.8 的规定。

（5）经纬仪三角高程测量的内业平差计算

1）绘制三角高程内业计算略图并抄录外业观测数据。

2）设计并编制三角高程内业计算表格。

3）抄录点名、起算点高程及外业观测数据（直、反觇高差平均值、边长）。

4）计算三角高程路线高差闭合差 $f_h$ 并检核。

5）按路线距离成比例反号分配高差闭合差 $f_h$ 并检核。

6）计算各边高差平差值 $h$。

7）计算各待定点高程平差值 $H$。

（6）经纬仪三角高程测量内业计算示例

表 5.9、表 5.10 为某图根三角高程测量内业计算示例。

**表 5.9　三角高程测量直、反觇高差计算表**

| 边号 | 距离/m | 直觇 | | | | 反觇 | | | | 直、反觇高差较差/m | $\Delta h_{允}$/m | 平均高差/m |
|---|---|---|---|---|---|---|---|---|---|---|---|---|
| | | 天顶距/(° ′ ″) | 仪器高/m | 目标高/m | 直觇高差/m | 天顶距/(° ′ ″) | 仪器高/m | 目标高/m | 反觇高差/m | | | |
| $A$-$T_1$ | 81.370 | 86 39 43 | 0.975 | 0.991 | +4.730 | 93 57 42 | 1.295 | 0.397 | -4.737 | -0.007 | ±0.032 | +4.734 |
| $T_1$-$T_2$ | 72.606 | 88 27 47 | 1.295 | 0.991 | +2.252 | 91 59 22 | 1.253 | 0.991 | -2.260 | -0.008 | ±0.029 | +2.256 |
| $T_2$-$T_3$ | 53.292 | 89 55 44 | 1.253 | 0.991 | +0.328 | 90 40 58 | 1.299 | 0.991 | -0.327 | +0.001 | ±0.021 | +0.328 |
| $T_3$-$T_4$ | 61.580 | 90 12 29 | 1.299 | 0.991 | +0.087 | 90 18 51 | 1.252 | 0.991 | -0.077 | +0.010 | ±0.025 | +0.082 |
| $T_4$-$T_5$ | 86.932 | 90 21 38 | 1.252 | 0.991 | -0.286 | 90 00 21 | 1.279 | 0.991 | +0.279 | -0.007 | ±0.035 | -0.282 |
| $T_5$-$T_6$ | 83.377 | 92 56 44 | 1.279 | 0.991 | -4.002 | 87 25 16 | 1.231 | 0.991 | +3.995 | -0.007 | ±0.033 | -3.998 |
| $T_6$-$T_7$ | 68.637 | 92 58 04 | 1.231 | 0.991 | -3.318 | 87 28 16 | 1.281 | 0.991 | +3.321 | +0.003 | ±0.027 | -3.320 |
| $T_7$-$T_8$ | 79.348 | 91 23 01 | 1.281 | 0.991 | -1.627 | 89 07 33 | 1.396 | 0.991 | +0.616 | -0.011 | ±0.032 | -1.622 |
| $T_8$-$A$ | 71.099 | 88 51 23 | 1.396 | 0.986 | +1.829 | 92 03 17 | 0.975 | 0.265 | -1.841 | -0.012 | ±0.028 | +1.835 |

**表 5.10　闭合三角高程路线高差闭合差调整与高程计算表**

| 点号 | 距离/m | 高差观测值/m | 高差改正数/m | 改正后高差/m | 高程/m | 辅助计算 |
|---|---|---|---|---|---|---|
| $A$ | | | | | 100.121 | 已知高程<br>$H_A$=100.121m<br>$f_h=\sum h=+0.013(\text{m})$<br>$f_{h容}=0.1H_D\sqrt{n}=0.300(\text{m})$ |
| | 81.370 | +4.734 | -0.002 | +4.732 | | |
| $T_1$ | | | | | 104.853 | |
| | 72.606 | +2.256 | -0.001 | +2.255 | | |
| $T_2$ | | | | | 107.108 | |
| | 53.292 | +0.328 | -0.001 | +0.327 | | |
| $T_3$ | | | | | 107.435 | |
| | 61.580 | +0.082 | -0.001 | +0.081 | | |
| $T_4$ | | | | | 107.516 | |
| | 86.932 | -0.282 | -0.002 | -0.284 | | |
| $T_5$ | | | | | 107.232 | |
| | 83.377 | -3.998 | -0.002 | -4.000 | | |
| $T_6$ | | | | | 103.232 | |
| | 68.637 | -3.320 | -0.001 | -3.321 | | |
| $T_7$ | | | | | 99.911 | |
| | 79.348 | -1.622 | -0.002 | -1.624 | | |
| $T_8$ | | | | | 98.287 | |
| | 71.099 | +1.835 | -0.001 | +1.834 | | |
| $A$ | | | | | 100.121 | |
| $\sum$ | 658.241 | +0.013 | -0.013 | 0 | | |

### 2. 高程导线测量

除了以上介绍的经纬仪三角高程测量外，还可以采用电磁波测距三角高程测量方法，即高程导线测量。

采用高程导线测量方法进行四等高程控制测量时，高程导线应起闭于不低于三等的水准点，边长不应大于 1km，路线长度不应大于四等水准路线的最大长度。布设高程导线时，宜与平面控制网相结合。

高程导线可采用每点设站或隔点设站的方法施测。隔点设站时，每站应变换仪器高度并观测两次，前后视线长度之差不应大于 100m。

采用高程导线测定的高程控制点或其他固定点的高差应进行正常水准面不平行改正，计算方法应符合《国家三、四等水准测量规范》（GB/T 12898—2009）的规定。

《城市测量规范》（CJJ/T 8—2011）规定了高程导线测量的限差，如表 5.11 所示。当测量结果超出规定时，应进行重测和取舍。

**表 5.11　高程导线测量的限差**　（单位：mm）

| 观测方法 | 两测站对向观测高差不符值 | 两照准点间两次观测高差不符值 | 附合路线或环线闭合差 | | 检测已测测段高差之差 |
|---|---|---|---|---|---|
| | | | 平原、丘陵 | 山区 | |
| 每点设站 | $\pm45\sqrt{D}$ | — | $\pm20\sqrt{L}$ | $\pm25\sqrt{L}$ | $\pm30\sqrt{L_i}$ |
| 隔点设站 | — | $\pm14\sqrt{D}$ | | | |

注：$D$ 为测距边长度（km），$L$ 为附合路线或环线长度（km），$L_i$ 为检测测段长度（km）。

## 项 目 小 结

本项目重点介绍了现今生产实际当中在小区域，尤其是图根平面控制测量工作中最常用的方法——导线测量，对几种不同布设形式的导线分别进行了介绍。其中，重点对其难点部分——导线计算进行了详细的阐述与对比，并提供了计算示例，有助于难点问题的解决。除此之外，本项目也对能应用在图根控制点加密上的交会测量方法进行了简要介绍，使图根控制测量方法更加丰富。

由于生产实际当中最常用的高程控制测量方法——三、四等水准测量的具体方法及测站技术要求等在项目 1 中已经进行了详细介绍，因此本项目仅对三、四等水准测量实施过程中的具体要求及实施要点进行了阐述。对于三角高程测量，分别介绍了经纬仪三角高程测量和电磁波测距三角高程测量，丰富了高程控制测量方法。总之，通过本项目的学习，学生需掌握以下内容。

1）导线测量的概念与导线布设形式。

2）导线测量的外业工作。

3）闭合导线计算、附合导线计算及支导线计算。

4）前方交会法、测边交会法的外业观测方法及内业计算。

5）水准点、水准路线的选取要求。

6）三、四等水准测量的实施要点。

7）三角高程测量的实施要点和技术要求。

## 知 识 检 验

1）控制测量有何作用？控制网分为哪几种？

2）导线有哪几种布设形式？各在什么情况下采用？

3）测量工作中有哪几种方位角？各种方位角之间有什么关系？

4）在什么情况下采用三角高程测量？如何记录和计算？

# 项目6

# 地形图的测绘

## 项目简介

测量工作必须遵循“先控制后碎部”的原则，先建立控制网，进行控制测量；然后在控制点上安置仪器，测定其周围的地物和地貌点的平面位置和高程，并将地物和地貌按一定的比例尺缩绘在图纸上，该过程称为地形图测绘，也称碎部测量。

地物就是指地面上的道路、河流等自然物体或房屋、桥梁等人工建筑物（构筑物），地貌就是指地球表面的山峰、丘陵、平原、盆地、沟壑、峡谷等高低起伏的形态，地物和地貌总称为地形。地形图按比例尺不同分为大比例尺、中比例尺和小比例尺地形图，本项目介绍的是大比例尺地形图的测绘。

无论哪种比例尺的地形图，图上均包括以下内容。

1）数学要素：主要包括控制点、坐标系统、高程系统、等高距、测图比例尺、图幅编号等。

2）地理要素：地球表面上最基本的自然和人文要素，分为独立地物、居民地、交通网、水系、地貌、土质和植被、境界线等。地理要素是地图的主体。

3）整饰要素：一组为方便使用而附加的文字和工具性资料，包括外图廓、图名、图号、接图表、图例、指北针、测图时间、图式版本号、测图单位、测量员、绘图员、检查员和保密等级等。

地形图按照载体不同分为纸质地形图和数字（电子）地形图两种，相应的测绘方法分别称为白纸测图（手工测图）和数字化测图。本项目介绍白纸测图方法。

本项目由2个任务组成。其中，任务6.1“地形图的认识”的主要内容包括地形图的基本知识，地物符号，地貌符号，地形图的分幅与编号；任务6.2“地形图的测绘”的主要内容包括地形图测绘前的准备工作，碎部点的选择，经纬仪测绘法，地物的测绘，地貌的测绘，地形图的拼接、整饰、检查与验收。通过本项目的学习，学生应达到如下要求：掌握地形图的基本知识，能正确认识地形图；掌握经纬仪测绘法，能够独立完成观测过程中的记录、计算与绘图；掌握地物、地貌的表示方法，能正确测绘常见的地物和地貌。

# 任务 6.1 地形图的认识

## 6.1.1 地形图的基本知识

### 1. 地形图的概念

将地面上一定区域内的地物、地貌按照某种数学法则投影到水平面上，按照规定的符号和比例尺，经过综合取舍缩绘而成的图形称为地形图。地形图上以图式符号加注记符号表示地物，用等高线表示地貌。如果图仅反映地物的平面位置，不反映地貌形态，则称其为平面图。

### 2. 地形图图廓和图廓外注记

（1）地形图图廓

图廓是地形图的边界，矩形图幅只有内、外图廓之分。内图廓就是坐标格网线，也是图幅的边界线。在内图廓外四角处注有坐标值，并在内廓线内侧每隔 10cm 绘有 5mm 粗的短线，表示坐标格网线的位置。在图幅内绘有每隔 10cm 的坐标格网交叉点。外图廓就是最外侧的实线，以较粗的线条描绘。

在城市规划及给排水线路等设计工作中，有时需用 1∶10 000 或 1∶25 000 的地形图。这种图的图廓有内图廓、分图廓和外图廓之分。内图廓是经线和纬线，也是该图幅的边界线。内、外图廓之间为分图廓，即绘成的若干段黑白相间的线条，每段黑线或白线的长度表示实地经差或纬差 1′。分图廓与内图廓之间注记了以千米为单位的平面直角坐标值。

（2）图名和图号

图名即本幅图的名称，一般是以所在图幅内最著名的地名、厂矿企业和村庄的名称来命名的。为了区别各幅地形图所在的位置关系，每幅地形图上都编有图号。图号是根据地形图分幅和编号方法编定的，并把它标注在北图廓线上方的中央。

（3）接合图表

接合图表用于说明本图幅与相邻图幅的关系，供索取相邻图幅时用。接合图表中，通常是中间一格画有斜线的代表本图幅，四邻分别注明相应的图号（或图名），并绘注在图廓的左上方（图 6.1）。在中比例尺各种图上，除了接合图表以外，还把相邻图幅的图号分别注在东、西、南、北图廓线中间，进一步表明与四邻图幅的相互关系。

（4）图廓外文字

图廓外文字是了解图件来源和成图方法的重要资料。如图 6.1 所示，通常在图的左下角外侧注有测绘单位名称，左下角下方注有测图日期、坐标系统、高程系统、等高距、地形图版式等，右下角下方注有测量员、绘图员、检查员等。在图的右上角标注图纸的保密等级。

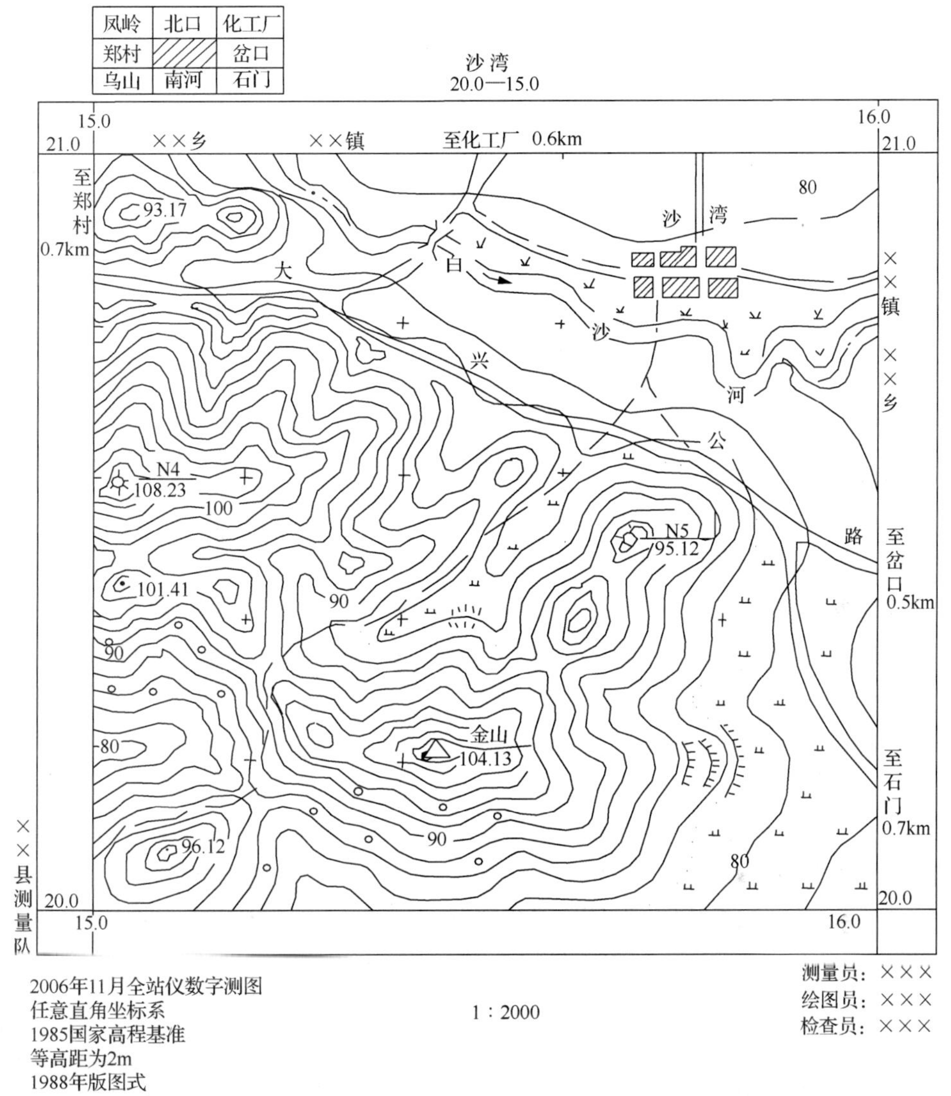


图 6.1 地形图图廓和图廓外注记

（5）地形图比例尺

绘制地形图时，实地形状必须经过缩小后才能绘到图纸上。图上某一线段的长度与地面上相应线段的水平长度之比称为地形图的比例尺。比例尺的表示方法有两种，即数字比例尺和图示比例尺。

1）数字比例尺。数字比例尺一般用分子为 1、分母为整数的分数表示。例如，图上一线段长度为 $d$，相应线段的实地水平长度为 $D$，$M$为比例尺的分母，则地形图的数字比例尺为

$$\frac{1}{M}=\frac{d}{D}=\frac{1}{\dfrac{D}{d}} \tag{6.1}$$

比例尺的分母越小，比例尺越大。地形图按比例尺的不同，可以分为大比例尺地形图、中比例尺地形图、小比例尺地形图 3 种。1∶500、1∶1000、1∶2000、1∶5000 的地形图称为大比例尺地形图，1∶10 000、1∶25 000、1∶50 000、1∶100 000 的地形图称为中比例尺地形图，1∶200 000、1∶500 000、1∶1 000 000 的地形图称为小比例尺地形图。

2）图示比例尺。为了使用方便，避免由于图纸伸缩而引起的误差，通常在地形图图幅的下方绘一图示比例尺。最常见的图示比例尺为直线比例尺。图 6.2 所示为 1∶1000 直线比例尺，在图纸上先绘两条平行的线条，将全长分为 2cm 长的基本单位，再将左边的一个基本单位进行 10 等分。直线比例尺上所注记的数字表示以米为单位的实地水平距离，由它能读到基本单位的 1/10。

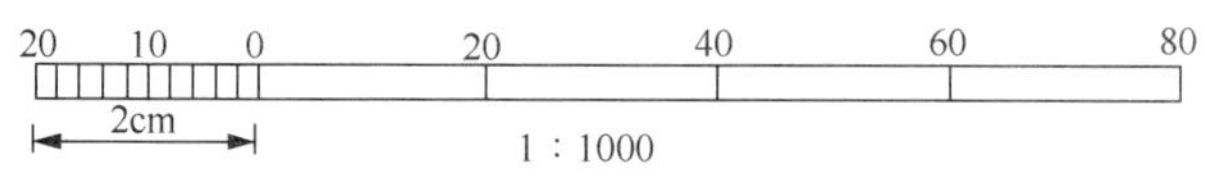


图 6.2　直线比例尺

3）比例尺精度。地形图上所表示的地物、地貌细微部分与实地有所不同，其精确与详尽程度受地形图比例尺精度的影响。一般人眼能分辨图上的最小距离为 0.1mm，因此可将地形图上 0.1mm 的实地水平距离称为比例尺精度。各种大比例尺对应的精度如表 6.1 所示。

**表 6.1　各种大比例尺对应的精度**

| 比例尺 | 1∶500 | 1∶1000 | 1∶2000 | 1∶5000 |
|---|---|---|---|---|
| 比例尺精度/m | 0.05 | 0.1 | 0.2 | 0.5 |

比例尺精度的概念对于地形图测量和应用都具有十分重要的意义。一方面，可根据地形图比例尺确定实地测量精度。例如，在比例尺为 1∶1000 的地形图上测绘地物，量距精度只需达到 ± 0.1m，因为即使测得再精确，在地形图上也不能反映出来。另一方面，可根据用图所需要表示的地物、地貌的详细程度来确定测绘地形图的比例尺。例如，在设计用图中，要求在图上能反映出地面上 ± 0.2m 的精度，则所选用的测图比例尺应为 1∶2000。

地形图比例尺越大，所表示的地物、地貌就越详细，精度也越高，但测图工作量也随之增加。所以，在测量工作中应按实际需要选择测图比例尺。同一测区的大比例尺测图要比小比例尺测图更费工时。

（6）三北方向图

在中、小比例尺地形图的南图廓线的右下方还绘有真子午线方向（真北方向）、磁子午线方向（磁北方向）和坐标纵轴方向（坐标北方向）三者之间的角度关系，称为三北方向图，如图 6.3 所示。利用该关系图，可对图上任一方向的真方位角、磁方位角和坐标方位角三者间作相互换算。此外，在南、北内图廓线上还绘有标志点 $P$ 和 $P'$，该两点的连线即为该图幅的磁子午线方向。有了磁子午线，即可利用罗盘将地形图进行实地定向。

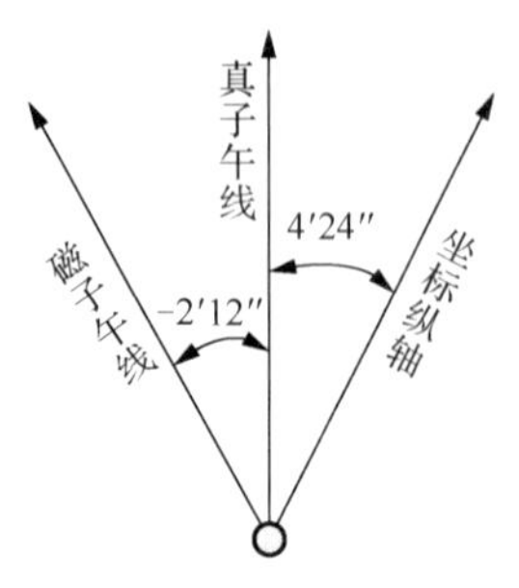


图 6.3　三北方向图

### 6.1.2 地物符号

在地形图上表示各种地物的形状、大小和它们的位置的符号称为地物符号，主要包括测量控制点、水系、居民地及设施、交通、管线、境界、植被与土质、注记等。根据地物的特性、用途、形状大小和描绘方法的不同，地物符号分为依比例尺符号、不依比例尺符号、半依比例尺符号及注记符号。

1. 依比例尺符号

地物依比例尺缩小后，其长度和宽度能依比例尺表示的地物符号称为依比例尺符号。例如，房屋、花园、草地等地物的形状和大小均按测图比例尺缩小，并用规定的符号绘在图纸上，用依比例尺符号表示，如图 6.4 所示。

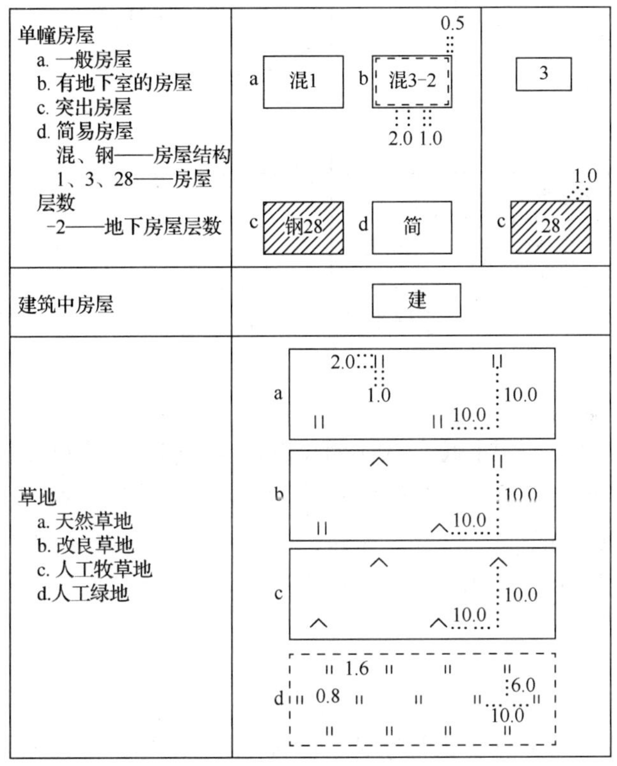

图 6.4 依比例尺符号

2. 不依比例尺符号

地物依比例尺缩小后，其长度和宽度不能依比例尺表示的地物符号称为不依比例尺符号。例如，烟囱、窨井盖、测量控制点等地物的轮廓较小，无法将其形状和大小按比例尺缩绘到图上，但地物又非常重要，因而采用不依比例尺符号表示。不依比例尺符号只表示地物的中心位置，而不能反映地物实际的大小，如图 6.5 所示。

| 导线点<br>a. 土堆上的<br>I16、I123——等级、点号<br>84.46、94.40——高程<br>2.4——比高 | 2.0 ⊙ I16/84.46<br>a 2.4 ⊙ I123/94.40 |
|---|---|
| 不埋石图根点<br>I9——点号<br>84.47——高程 | 2.0 ⊡ I9/84.47 |
| 水准点<br>II——等级<br>京石5——点名点号<br>32.805——高程 | 2.0 ⊗ II京石5/32.805 |
| 旗杆 | 1.6 4.0 1.0 1.0 |
| 路灯 | 1.4 0.3 2.8 0.8 1.0 |
| 管道检修井孔<br>a. 给水检修井孔<br>b. 排水（污水）检修井孔<br>c. 排水暗井 | a 2.0 ⊖<br>b 2.0 ⊕<br>c 2.0 Ⓐ |

图 6.5　不依比例尺符号

3. 半依比例尺符号

地物依比例尺缩小后，其长度能依比例尺而宽度不能依比例尺表示的地物符号称为半依比例尺符号。半依比例尺符号一般用来表示线状地物，因此也常被称为线性符号。例如，对一些带状狭长地物，如管线、公路、铁路、河流、围墙、通信线路等，其长度可按比例尺缩绘，而宽度按规定尺寸绘出，如图 6.6 所示。半依比例尺符号的中心线代表地物的中心位置。

4. 地物注记

地形图上用文字、数字或特定符号对地物的性质、名称、高程等加以说明，称为地物注记。地物注记包括地理名称注记、说明注记和各种数字注记等，如城镇、工厂、河流、道路的名称，桥梁的长宽及载重量，江河的流向、流速及深度，道路的去向及森林、果树的类别等，如图 6.7 所示。

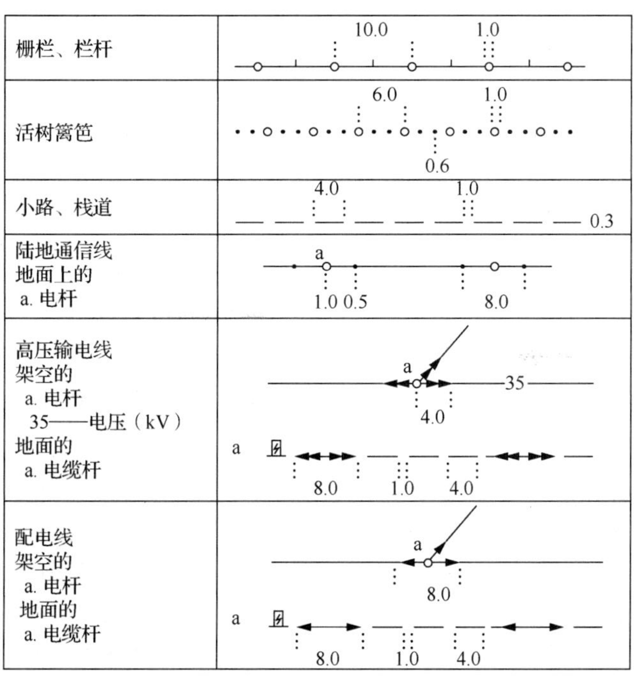


图 6.6　半依比例尺符号

| 地理名称<br>江、河、运河、渠、湖、水库等水系 | 15<br>延河　　渭河<br>左斜宋体<br>（2.5 3.0 3.5 4.5 5.0 6.0） |
|---|---|
| 各种说明注记<br>居民地名称说明注记<br>a. 政府机关<br>b. 企业、事业、工矿、农场<br>c. 高层建筑、居住小区、公共设施 | a　市民政局<br>宋体（3.5）<br>b　日光岩幼儿园　　兴隆农场<br>宋体（2.5 3.0）<br>c　二七纪念塔　　兴庆广场<br>宋体（2.5～3.0） |
| 各种数字注记<br>测量控制点点号及高程 | $\frac{I96}{96.93}$　$\frac{25}{96.93}$<br>正等线体（2.5）<br>（罗马数用中宋体） |

图 6.7　地物注记

### 6.1.3　地貌符号

地形图上表示地貌的方法有很多，普通地貌（山头、山脊、山谷、山坡、鞍部等）通常用等高线表示，特殊地貌（陡坎、斜坡、冲沟、悬崖、绝壁、梯田等）通常用特殊符号表示。用等高线表示地貌不仅能表示出地面的起伏形态，而且可以根据它求得地面的坡度和高程等，所以等高线是目前大比例尺地形图表示地貌的主要方法。

1. 等高线概述

（1）等高线

等高线就是地面上高程相等的各相邻点所连成的闭合曲线，如图 6.8 所示。设想不同高程（图 6.8 中的 100m、95m、80m 等）的平面与某山头相交，将所有交线依次投影到水平面上，得到的一组闭合曲线就是不同高程的等高线。显然每条闭合曲线上的高程相等。

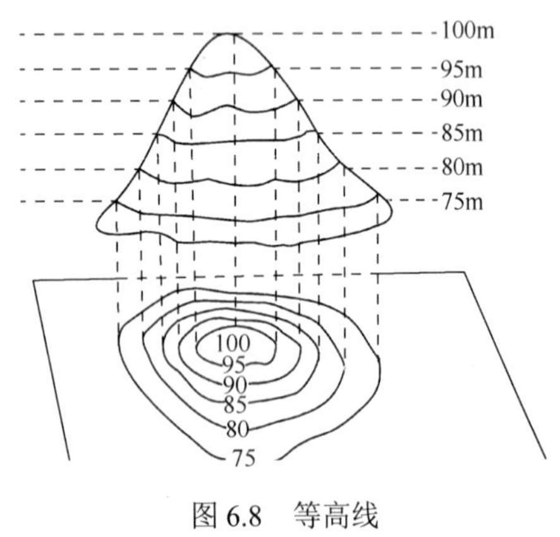


图 6.8　等高线

（2）等高距

地形图上相邻两条等高线之间的高差称为等高距，用 $h$ 表示。在同一个测区内只能采用一种等高距。等高距的大小是依据地形图的比例尺、地面起伏状况、精度要求及用图目的决定的，若选择的等高距过大，则不能精确地表示地貌的形状；若选择的等高距过小，虽能较精确地表示地貌，但这不仅会增大工作量，还会降低图的清晰度，影响地形图的使用。

表 6.2 为《工程测量标准》（GB 50026—2020）中关于等高距的规定。

**表 6.2　不同比例尺地形图所采用的基本等高距**　（单位：m）

| 地形图比例尺 | 平坦地 | 丘陵地 | 山地 | 高山地 |
|---|---|---|---|---|
| 1∶500 | 0.5 | 0.5 | 1 | 1 |
| 1∶1000 | 0.5 | 1 | 1 | 2 |
| 1∶2000 | 1 | 2 | 2 | 2 |
| 1∶5000 | 2 | 5 | 5 | 5 |

注：1　应根据地面倾角 $\alpha$ 大小确定地形类别。平坦地，$\alpha<2°$；丘陵地，$2°\leqslant\alpha<6°$；山地，$6°\leqslant\alpha<25°$；高山地，$\alpha\geqslant 25°$；

2　一个测区同一比例尺宜采用一种基本等高距；

3　水域测图的基本等深距可按水底地形倾角所比照的地形类别和测图比例尺选择。

（3）等高线平距

相邻两等高线之间的水平距离称为等高线平距，用 $d$ 表示。同一幅图中等高距相同，所以等高线平距 $d$ 的大小和地形陡缓程度有关。地面坡度越大，$d$ 越小，反之 $d$ 越大；若地面坡度均匀，则等高线平距相等。

2. 等高线的分类

为了更加清晰地表示地貌特征，同时方便用图，通常规定地形图上采用首曲线、计曲线、间曲线、助曲线 4 种等高线，如图 6.9 所示。

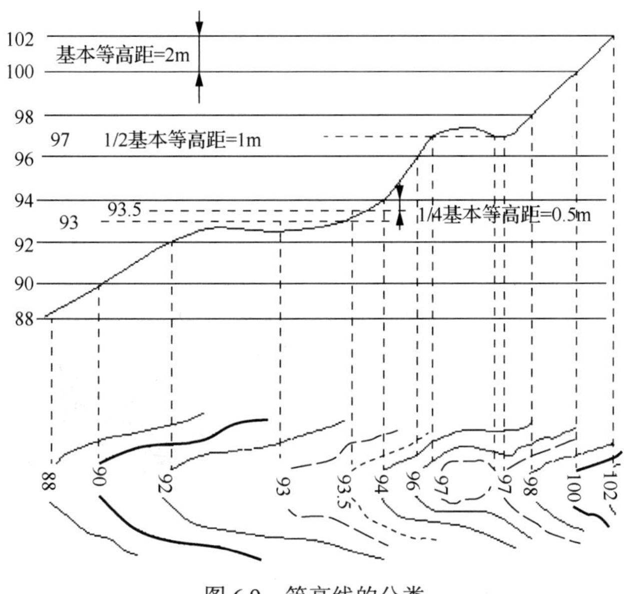


图 6.9　等高线的分类

（1）首曲线

按规定的基本等高距绘制的等高线称为首曲线，也称基本等高线。图 6.9 中高程为 88m、90m、92m、…、102m 的等高线即为首曲线，其基本等高距为 2m。

（2）计曲线

为用图方便，每隔 4 条首曲线加粗描绘的等高线称为计曲线，也称为加粗等高线。图 6.9 中高程为 90m、100m 的等高线即为计曲线。地形图上只有计曲线注记高程，首曲线上不注记高程。

（3）间曲线

当首曲线不足以显示局部地貌特征时，按 1/2 基本等高距绘制的等高线称为间曲线，也称为半距等高线，常以长虚线表示，描绘时可不闭合。图 6.9 中高程为 93m 和 97m 的等高线即为间曲线。

（4）助曲线

当首曲线和间曲线仍不足以显示局部地貌特征时，按 1/4 基本等高距绘制的等高线称为助曲线，也称为辅助等高线，常以短虚线表示，描绘时也可不闭合。图 6.9 中高程为 93.5m 的等高线即为助曲线。

### 3. 几种典型地貌的等高线

地貌按起伏状态分为平地、丘陵、山地、盆地，地貌的表现形态包括山头、山脊、山谷、山坡、鞍部、洼地、绝壁等，如图 6.10 所示。以下介绍几种典型形态的等高线。

图 6.10 地貌的基本形态

（1）山地与洼地的等高线

山地是指中间突起而高于四周的高地。高大的山地称为山岭，矮小的山地称为山丘。山地最高处称为山顶。地表中间部分的高程低于四周的低地称为洼地，大的洼地称为盆地。

山地和洼地的等高线形状相似，都是一组闭合的曲线，根据等高线上注记的高程进行区分，如果从里向外高程依次减小则为山地，反之则为洼地，如图 6.11 和图 6.12 所示。

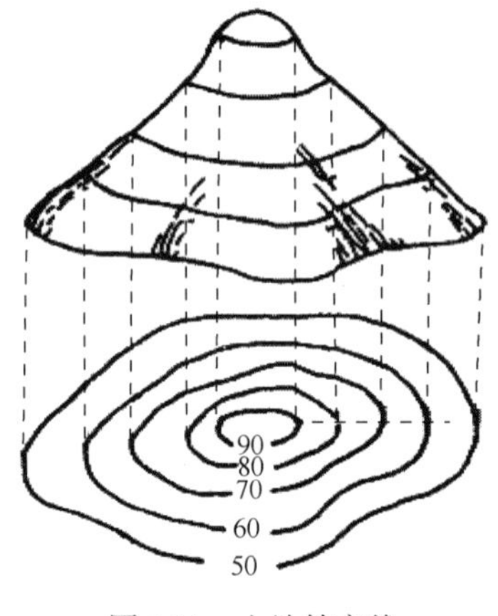


图 6.11 山地等高线

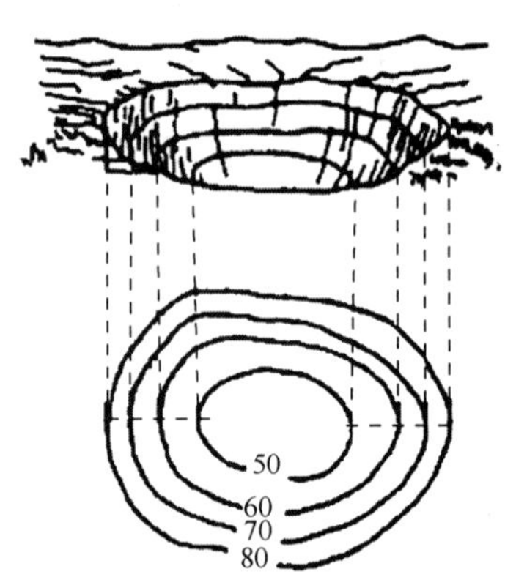


图 6.12 洼地等高线

如果等高线上无高程注记，则在等高线的斜坡下降方向绘一短线来表示坡度降低方向，这些短线称为示坡线。

（2）山脊与山谷的等高线

从山顶向山脚延伸并突起的部分称为山脊，其等高线是一组凸向低处的等高线。山脊上相邻最高点的连线称为山脊线或分水线，如图 6.13 所示。

两个山脊之间向一个方向延伸的低凹部分称为山谷，其等高线是一组凸向高处的等高线。山谷中相邻最低点的连线称为山谷线或合水线，如图 6.14 所示。

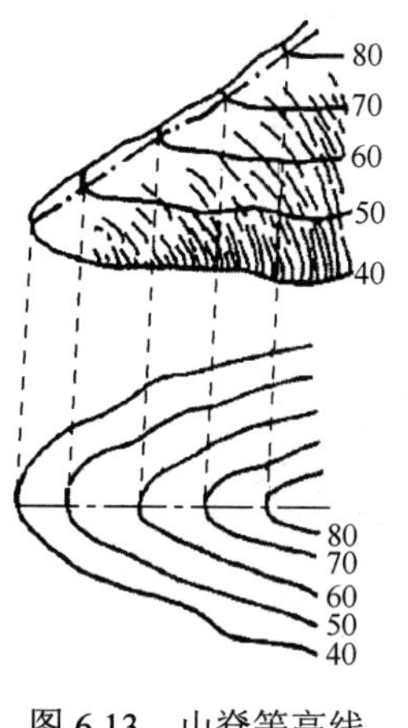


图 6.13　山脊等高线

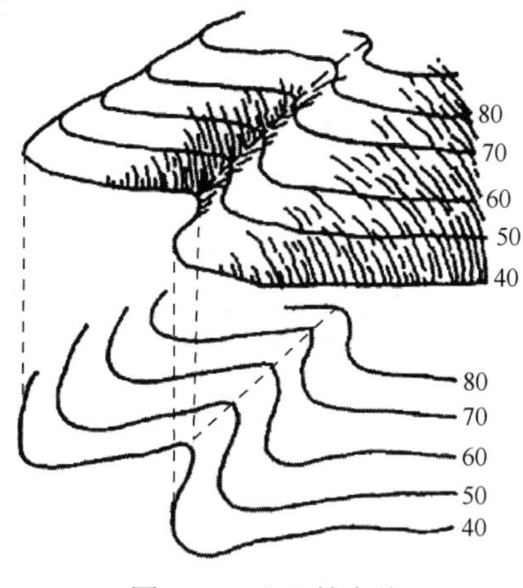


图 6.14　山谷等高线

山脊线和山谷线是表示地貌特征的线，又称为地性线。

（3）鞍部的等高线

相邻两个山头之间的低洼部分形状如同马鞍，故称其为鞍部，其等高线是两组闭合曲线的组合，鞍部两侧等高线凸凹相对，如图 6.15 所示。

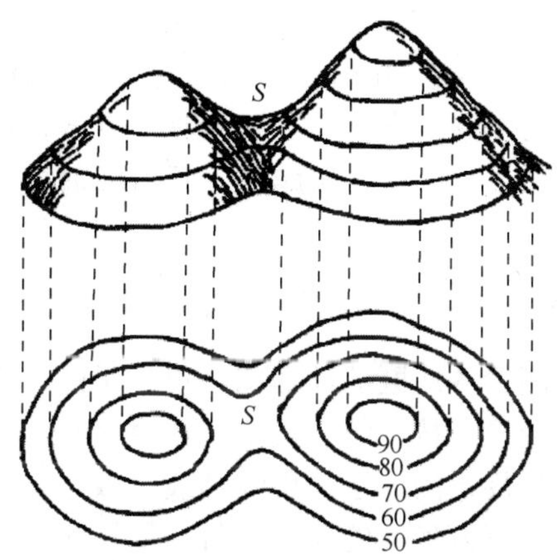


图 6.15　鞍部等高线

（4）陡坡、峭壁、悬崖的表示方法

坡度超过 70°的陡坡，如果用等高线表示，等高线分布非常密集，甚至重合，如图 6.16（a）所示。接近垂直的陡壁称为峭壁，峭壁大部分等高线重合，如图 6.16（b）所示。上部向外凸出，中间凹进的地形称为悬崖，其上部等高线与下部等高线的投影将产生相交，所以下部凹进的等高线用虚线表示，如图 6.16（c）所示。

在地形图中，常用等高线表示地貌。等高线不仅能表示出地面的起伏形态，也能反映出地面坡度和高程。对于不便用等高线表示的特殊地貌，如陡坡、峭壁、悬崖、冲沟、梯田等，可用相应的地貌符号来表示。

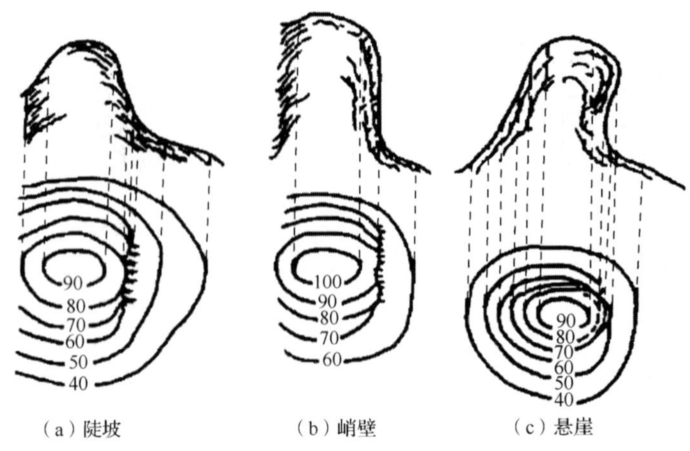


图 6.16 陡坡、峭壁、悬崖等高线

4. 等高线的特性

1）等高性：同一条等高线上各点高程相等。

2）闭合性：等高线为一条闭合曲线，不在本幅图内闭合，就在相邻的其他图幅内闭合。等高线不能在图幅内中断。

3）非交性：除悬崖、峭壁外，不同高程的等高线既不能相交，也不能重合。

4）正交性：等高线通过山脊线与山谷线时与山脊线和山谷线垂直相交。

5）密陡疏缓性：在同一图幅内，等高线分布越密集，等高线平距越小，其对应的地面坡度越陡；等高线分布越疏松，等高线平距越大，其对应的地面坡度越缓；等高线平距相等，则坡度相等。

### 6.1.4 地形图的分幅与编号

为了不遗漏、不重复地测绘各地区的地形图，也为了能科学地管理、使用各种比例尺地形图，须将不同比例尺的地形图按照统一规定进行分幅和编号。

地形图分幅和编号就是按规定的方法，用经纬线（或坐标格网线）将地球表面划分成整齐的、一系列梯形（矩形或正方形）的图块，每一图块称为一个图幅，并进行统一的编号。地形图的分幅分为两类：一类是按经纬线分幅的梯形分幅法，也称国际分幅法；另一类是按坐标格网线分幅的矩形分幅法。前者用于中、小比例尺的国家基本地形图，后者用于大比例尺地形图。

1. 梯形分幅与编号

地形图的梯形分幅由国际统一规定的经线为图的东西边界，统一规定的纬线为南北边界，由于各条经线（子午线）向南、北极收敛，因此整个图形略呈梯形，其划分方法和编号随比例尺的不同而不同。为了便于计算机检索和管理，1992 年国家标准局发布了《国家基本比例尺地形图分幅和编号》（GB/T 13989—1992）（现已被 GB/T 13989—2012 代替），自 1993 年 7 月 1 日起实施。

（1）1∶1 000 000 地形图的分幅与编号

1∶1 000 000 地形图的分幅与编号是国际统一的，是其他比例尺地形图分幅和编号的基础。如图 6.17 所示，1∶1 000 000 地形图采用正轴等角圆锥投影编绘方法成图。分幅、编号采用国际 1∶1 000 000 地图分幅标准，从赤道开始，纬度每 4°为一列，依次用拉丁字母 A、B、C、…、V 表示，列号前冠以 N 或 S，以区别北半球和南半球（我国地处北半球，图号前的 N 全部省略）；从 180°经线算起，自西向东 6°为一纵行，将全球分为 60 纵行，依次用 1、2、3、…、60 表示，每一幅图的编号由其所在的行号和列号组成。例如，沈阳某地纬度为北纬 41°50′43″，经度为东经 123°24′37″，则其所在 1∶1 000 000 比例尺地形图的图号为 K51；北京某处的地理坐标为北纬 39°56′23″，东经 116°22′53″，则其所在 1∶1 000 000 比例尺地形图的图号为 J50。

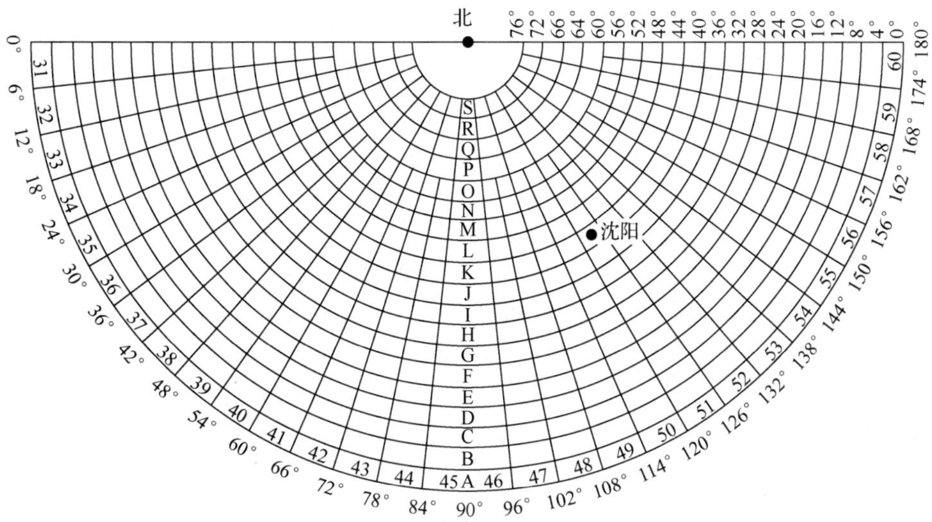

图 6.17　1∶1 000 000 地形图的分幅和编号

（2）1∶500 000～1∶5000 地形图的分幅与编号

大于 1∶1 000 000 比例尺的地形图分幅与编号都是在 1∶1 000 000 地形图图幅的基础上，分别以不同的经差和纬差将 1∶1 000 000 图幅划分为若干行和列，所得行数、列数及各个比例尺地形图的经差、纬差、比例尺代号等如表 6.3 所示。每一图幅的编号如图 6.18 所示。

**表 6.3　各种比例尺地形图梯形分幅**

| 比例尺 | 图幅大小 | | 比例尺代号 | 1∶1 000 000 图幅包含该比例尺地形图的图幅数（行数×列数） | 某地图图号 |
|---|---|---|---|---|---|
| | 经差 | 纬差 | | | |
| 1∶500 000 | 3° | 2° | B | 2×2=4（幅） | K51B002002 |
| 1∶250 000 | 1°30′ | 1° | C | 4×4=16（幅） | K51C004004 |
| 1∶100 000 | 30′ | 20′ | D | 12×12=144（幅） | K51D012010 |
| 1∶50 000 | 15′ | 10′ | E | 24×24=576（幅） | K51E020020 |
| 1∶25 000 | 7′30″ | 5′ | F | 48×48=2304（幅） | K51F047039 |
| 1∶10 000 | 3′45″ | 2′30″ | G | 96×96=9216（幅） | K51G094079 |
| 1∶5000 | 1′52.5″ | 1′15″ | H | 192×192=36 864（幅） | K51H187157 |

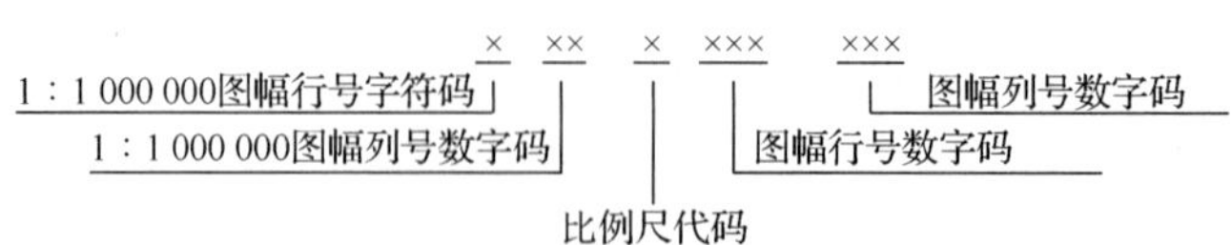


图 6.18 1∶500 000～1∶5000 比例尺地形图图号的数码构成

例如，某地经度为 123°24′，纬度为北纬 41°50′，求其所在 1∶10 000 比例尺地形图上的编号。

由图 6.17 可知，此地在 1∶1 000 000 地形图上的图号为 K51，其西侧经线经度为 120°，南侧纬线纬度为 40°。由表 6.3 可知，每幅 1∶1 000 000 地形图划分为 96 行 96 列，共 9216 幅 1∶10 000 地形图，每幅 1∶10 000 地形图的范围是经差 3′45″，纬差 2′30″。由该地距 1∶1 000 000 地形图的西、南图边线的经、纬差除以相应每列、每行的经、纬差，就可计算得到此地所在 1∶10 000 地形图的行号和列号。计算如下：

123°24′−120°=3°24′ 3°24′/3′45″=54. 4 即列号为 055

41°50′−40°=1°50′ 1°50′/2′30″=44

因为北半球纬度由南往北增加，所以求得的 44 是指倒数第 44 行，即正数行号为 053。所以，此地所在 1∶10 000 地形图的图幅编号为 K51G053055。

2. 矩形或正方形分幅与编号

为满足规划设计、工程施工等需要而测绘的大比例尺地形图大多数采用矩形或正方形分幅法，其按统一的坐标格网线整齐行列分幅，图幅大小如表 6.4 所示。

表 6.4 几种大比例尺地形图的图幅大小

| 比例尺 | 正方形分幅 | | 矩形分幅 | |
|---|---|---|---|---|
| | 图幅大小/（cm×cm） | 实地面积/km$^2$ | 图幅大小/（cm×cm） | 实地面积/km$^2$ |
| 1∶5000 | 40×40 或 50×50 | 4 或 6.25 | 50×40 | 5 |
| 1∶2000 | 50×50 | 1 | 50×40 | 0.8 |
| 1∶1000 | 50×50 | 0.25 | 50×40 | 0.2 |

常见的图幅大小为 50cm×50cm、50cm×40cm 或 40cm×40cm，每幅图以 10cm×10cm 为基本方格。一般规定，1∶5000 比例尺地形图采用纵、横各 40cm 的图幅，即实地面积为 2km×2km=4km$^2$；1∶2000、1∶1000 和 1∶500 比例尺地形图采用纵、横各 50cm 的图幅，即实地面积为 1km$^2$、0.25km$^2$、0.0625km$^2$。以上均为正方形分幅。也可采用纵距为 40cm、横距为 50cm 的分幅，称为矩形分幅。图幅编号与测区的坐标紧密联系，便于按坐标查找图幅。地形图按矩形或正方形分幅时，常用的编号方法有以下几种。

（1）图幅西南角坐标千米数编号法

采用图幅西南角坐标千米数编号时，$x$ 坐标千米数在前，$y$ 坐标千米数在后。1∶1000、1∶2000 比例尺图幅坐标取至 0.1km（如 247.0－112.5），而 1∶500 图幅则取至 0.01km（如 12.80－27.45）。图 6.19 所示为 1∶1000 比例尺地形图按图幅西南角坐标千米数编号法编号，其中绘制阴影线的两幅图的编号分别为 2.5－1.5 和 3.0－2.5。

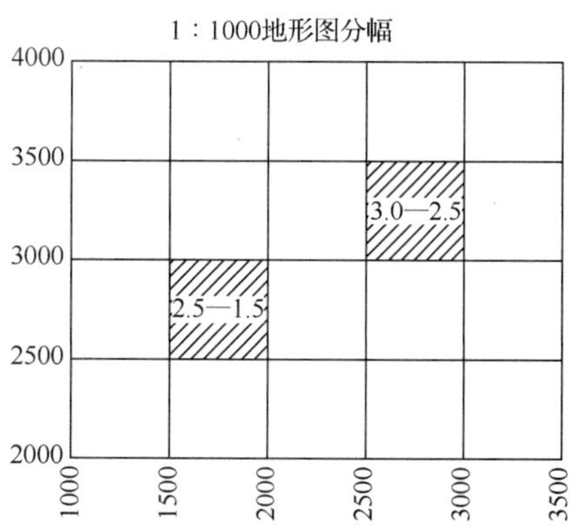


图 6.19 图幅西南角坐标千米数编号法

（2）基本图幅编号法

将坐标原点置于城市中心，用 X、Y 坐标轴将城市分成Ⅰ、Ⅱ、Ⅲ、Ⅳ 4 个象限，如图 6.20（a）所示。以城市地形图最大比例尺 1∶500 图幅为基本图幅，图幅大小为 50cm×40cm，实地范围为东西 250m、南北 200m。行号按 X 坐标的绝对值 0～200m 编号为 1，200～400m 编号为 2，依此类推；列号按 Y 坐标的绝对值 0～250m 编号为 1，250～500m 编号为 2。行、列编号中间以斜杠（/）分隔，组成图幅号。

图 6.20（b）所示为 1∶500 比例尺图幅在第一象限中的编号。每 4 幅 1∶500 比例尺地形图构成 1 幅 1∶1000 比例尺地形图，因此同一地区 1∶1000 比例尺图幅的编号如图 6.20（c）所示；每 16 幅 1∶500 比例尺地形图构成一幅 1∶2000 比例尺地形图，因此同一地区 1∶2000 比例尺图幅的编号如图 6.20（d）所示。

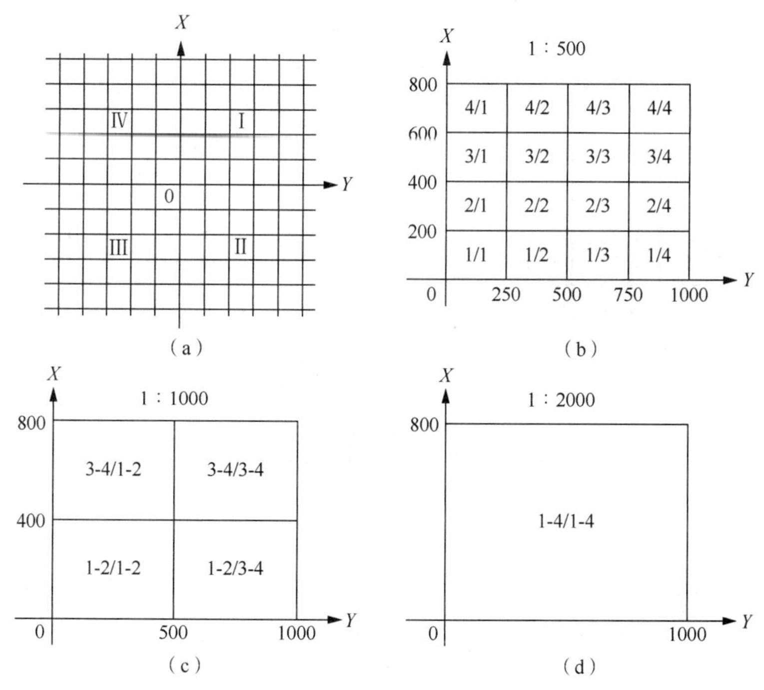


图 6.20 基本图幅编号法

这种编号方法的优点是看到编号就可知道图的比例尺，图幅的坐标值范围也很容易计算出来。例如，有一幅图编号为Ⅱ39-40/53-54，已知为一幅 1∶1000 比例尺的图，位于第二象限（城市的东南区），其坐标值的范围如下：

$$X: -200\text{m}\times 40 \sim -200\text{m}\times(39-1) = -8000\text{m} \sim -7600\text{m}$$

$$Y: 250\text{m}\times(53-1) \sim 250\text{m}\times 54 = 13\,000\text{m} \sim 13\,500\text{m}$$

另外，已知某点坐标，即可推算出其在某比例尺图幅的编号。例如，某点坐标为（7650，−4378），可知其在第四象限，则其所在的 1∶1000 比例尺地形图图幅的编号：

$$N1=\{\text{int}[\text{abs}(7650)]/400\}\times 2+1=39$$

$$M1=\{\text{int}[\text{abs}(-4378)]/500\}\times 2+1=17$$

所以，该点在 1∶1000 比例尺图上的编号为Ⅳ39-40/17-18。

例如，某测区测绘 1∶1000 地形图，测区最西边的 *Y* 坐标线为 74.8km，最南边的 *X* 坐标线为 59.5km，采用 50cm×50cm 的正方形图幅，则实地为 500m×500m，于是该测区的分幅坐标线为：由南往北是 *X* 值为 59.5km、60.0km、60.5km……的坐标线，由西往东是 *Y* 值为 77.3km、77.8km、76.3km……的坐标线。所以，正方形分幅划分图幅的坐标线须依据比例尺大小和图幅尺寸来定。

（3）其他图幅编号方法

若测区面积较大，则正方形分幅一般采用图幅西南角坐标千米数编号法，若测区面积较小则可选用流水编号法或行列编号法。

1）流水编号法：从左到右、从上到下以阿拉伯数字 1、2、3……编号，如图 6.21 中第 13 图可以编号为××-13（××为测区名称）。

2）行列编号法：一般以代号（如 A、B、C……）为行号，从上到下排列；以阿拉伯数字 1、2、3……作为列代号，从左到右排列。图幅编号为行号-列号，如图 6.22 所示的 B-5。

| | 1 | 2 | 3 | 4 | 5 |
|---|---|---|---|---|---|
| 6 | 7 | 8 | 9 | 11 | |
| 12 | 13 | 14 | 15 | 16 | 17 |

图 6.21　流水编号法

| A-1 | A-2 | A-3 | A-4 | A-5 | A-6 |
|---|---|---|---|---|---|
| | B-2 | B-3 | B-4 | B-5 | B-6 |
| C-1 | C-2 | C-3 | C-4 | C-5 | |

图 6.22　行列编号法

# 任务 6.2　地形图的测绘

## 6.2.1　地形图测绘前的准备工作

碎部测量前，除做好仪器、工具及资料的准备工作外，还应着重做好测图板的准备工作，包括图纸准备、绘制坐标格网及展绘控制点等工作。

### 1. 图纸准备

为了保证测图的质量，应选用质地较好的图纸。目前图纸大多采用聚酯薄膜，其厚度为 0.07～0.1mm，一面表面光滑，一面表面打毛。聚酯薄膜具有透明度好、伸缩性小、不怕潮湿、牢固耐用等优点。如果表面不清洁，还可用水洗涤，并可直接在底图上着墨；但聚酯薄膜有易燃、易折和老化等缺点，故在使用过程中应注意防火防折。

2. 绘制坐标格网

为了准确地将图根控制点展绘在图纸上，首先要在图纸上精确地绘制 10cm×10cm 的直角坐标格网，如图 6.23 所示。绘制坐标格网可用坐标仪或坐标格网尺等专用仪器工具。对于聚酯薄膜，坐标格网已经绘出，此步骤省略。

3. 展绘控制点

展点前按照图幅的分幅位置，将坐标格网线的坐标值注在西、南两侧格网边线的外侧，如图 6.24 所示。展点时先根据控制点的坐标确定其所在的方格及该方格西南角的坐标，计算控制点与其所在方格西南角的坐标差，根据坐标差将控制点展绘在图纸上，并在点的右侧以分数形式注明点号及高程，最后用比例尺量出各相邻控制点之间的距离，与相应的实地距离比较，其差值不应超过图上 0.3mm。

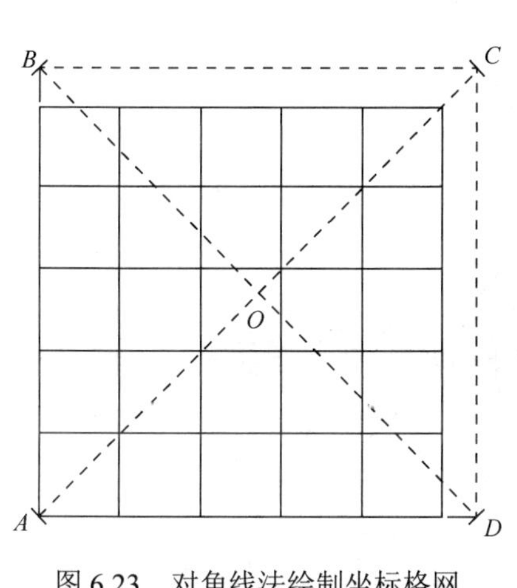

图 6.23 对角线法绘制坐标格网

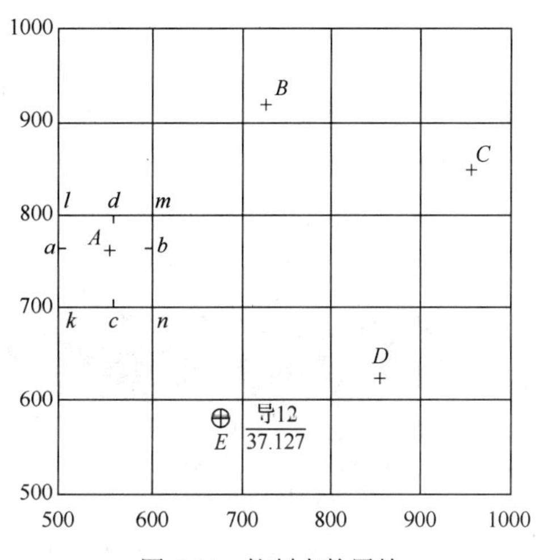

图 6.24 控制点的展绘

展绘完控制点平面位置并检查合格后，擦去图幅内的多余线划，图纸上只留下图廓线、四角坐标、图号、比例尺及方格网十字交叉点处 5mm 长的相互垂直短线。按图式要求注记控制点的点号和高程。

### 6.2.2 碎部点的选择

碎部测量就是测定碎部点的平面位置和高程并将其绘制在图纸上的过程。碎部点的正确选择是保证成图质量和提高测图效率的关键。

1. 地物特征点的选择

对于地物，只需要测定其特征点即可。地物特征点就是地物轮廓的转折点，如房屋的房角点，围墙、电力线的转折点，道路、河岸线的转弯点、交叉点，电杆、独立树的中心点等。连接这些特征点，便可得到与实地相似的地物形状。由于有些地物形状极不规则，一般规定，主要地物凹凸部分在图上大于 0.4mm 时均应表示出来；在地形图上小于 0.4mm 的，可以用直线连接。

2. 地貌特征点的选择

对于地貌，首先必须测定其特征点。地貌特征点是指山峰的最高点、山脊线或山谷线的方向变换点和坡度变换点、鞍部点、山脚线的转折点等。此外，为了能真实地表示实地情况，在地面平坦或坡度无明显变化的地区，碎部点的间距（一般要求图上 2～3cm）、碎部点的最大视距和城市建筑区的最大视距均应符合表 6.5 的规定。根据以上所有地貌点的高程勾绘等高线，即可将地貌在图上表示出来，如图 6.25 所示。

表 6.5 碎部点的最大间距和最大视距

| 测图比例尺 | 地貌点最大间距/m | 最大视距/m | | | |
|---|---|---|---|---|---|
| | | 主要地物点 | | 次要地物点和地貌点 | |
| | | 一般地区 | 城市建筑区 | 一般地区 | 城市建筑区 |
| 1∶500 | 15 | 60 | 50 | 100 | 70 |
| 1∶1000 | 30 | 100 | 80 | 150 | 120 |
| 1∶2000 | 50 | 180 | 120 | 250 | 200 |
| 1∶5000 | 100 | 300 | — | 350 | — |

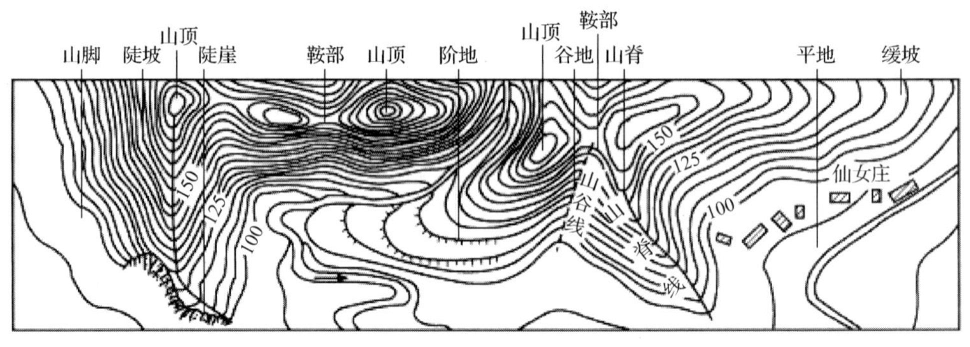


图 6.25 地貌特征点

## 6.2.3 经纬仪测绘法

依据所使用的仪器及操作方法不同，大比例尺地形图的常规测绘方法有经纬仪测绘法、大平板仪测绘法、经纬仪与小平板仪联合测绘法等。其中，经纬仪测绘法操作简单、灵活，适用于各种类型的地区。

经纬仪测绘法的原理属于极坐标法，观测时先将经纬仪安置在测站上，绘图板安置于测站旁，用经纬仪测定测站点与碎部点连线的方位角、测站点至碎部点的距离和碎部点的高程；然后根据测定数据计算碎部点的坐标和高程，并将碎部点的位置展绘在图纸上，在点的右侧注明其高程，再对照实地描绘地形。此法操作简单、灵活，适用于各类地区的地形图测绘。

1．测站上的操作步骤

1）安置仪器：在测站点 $A$ 上安置经纬仪，对中整平，量取仪器高 $i$ 并填入手簿。

2）后视定向：用经纬仪盘左照准另一个控制点 $B$（定向点）上的目标，将水平度盘读数配置为 $AB$ 方向的方位角 $\alpha_{AB}$。

3）定向检查：照准另一个控制点 $C$（检查点），此时水平度盘读数理论上应为 $\alpha_{AC}$，差值一般不大于 4′即可。

4）碎部观测：立尺员依次将水准尺立在各个碎部点上。观测开始前，立尺员应弄清楚测量范围和地物、地貌种类，选定立点，并与观测员、绘图员共同计划好跑尺路线。观测员转动照准部，照准标尺，读取上、下、中三丝读数，竖盘读数及水平度盘读数。

5）记录计算：记录员将读取的上、下、中三丝读数，竖盘读数及水平度盘读数依次填入碎部测量记录手簿（表 6.6）。对于地物、地貌的特征点，如房角、山头、鞍部等，应在备注中加以说明。计算出测站点到碎部点的坐标增量和高差，进而计算碎部点的坐标和高程。

表 6.6 碎部测量记录手簿

测站点：$A$ 测站点高程：62.52m 仪器高：1.45m 观测者：张三

定向点：$B$ 定向边方位：320°30′30″ 检查点：$C$ 记录者：李四

| 点号 | 上丝 | 下丝 | 视距读数/m | 中丝/m | 竖盘读数 | 高差/m | 水平度盘读数 | 坐标增量/m | | 坐标/m | | 高程/m | 备注 |
|---|---|---|---|---|---|---|---|---|---|---|---|---|---|
| | | | | | | | | $\Delta x$ | $\Delta y$ | $x$ | $y$ | | |
| $A$ | | | | | | | | | | 500.00 | 500.00 | | |
| 1 | 1.681 | 1.251 | 43.0 | 1.46 | 89°43′ | 0.20 | 30°35′ | 37.02 | 21.88 | 537.02 | 521.88 | 62.72 | 房角 |
| 2 | 1.692 | 1.265 | 42.7 | 1.27 | 88°40′ | 1.17 | 68°42′ | 17.51 | 39.78 | 517.51 | 539.78 | 63.69 | 墙角 |
| | | | | | | | | | | | | | |
| | | | | | | | | | | | | | |
| | | | | | | | | | | | | | |

6）展点绘图：绘图员根据计算的碎部点坐标将碎部点展绘到图纸上，如图 6.26 所示，并在点位右侧注记高程，然后按照地物形状连接各地物点并按照实际地貌勾绘等高线。

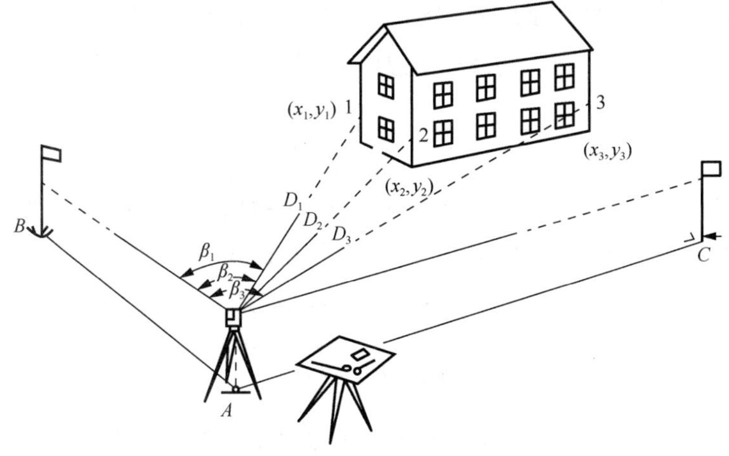


图 6.26 经纬仪测绘法

为了检查测图质量，仪器搬到下一测站时，应先观测前站所测的某些明显碎部点，以检查由两个测站测得的该点平面位置和高程是否相同，如相差较大，则应查明原因，纠正错误，再继续进行测绘。若测区面积较大，可分成若干图幅分别测绘，最后拼接成全区地形图。为了相邻图幅的拼接，每幅图应测出图廓外 5mm。

2. 碎部点坐标与高程计算

（1）碎部点坐标计算

水平距离：

$$D = Kl\sin^2 Z \tag{6.2}$$

坐标增量：

$$\Delta x = D\cos\alpha \qquad \Delta y = D\sin\alpha \tag{6.3}$$

碎部点坐标：

$$x_{碎} = x_{站} + \Delta x \qquad y_{碎} = y_{站} + \Delta y \tag{6.4}$$

式中，$Z$ 为天顶距。对于天顶距式注记经纬仪，在忽略指标差的情况下，其盘左读数即为天顶距。$\alpha$ 为测站点至碎部点方向的方位角，即水平度盘读数。

（2）碎部点高程计算

高差：

$$h = \frac{D}{\tan Z} + i - v \tag{6.5}$$

高程：

$$H_{碎} = H_{站} + h \tag{6.6}$$

式中，$i$ 为仪器高；$v$ 为中丝读数；$Z$ 为天顶距；$D$ 为水平距离。

3. 碎部测量常用的几种方法

1）任意法：望远镜十字丝纵丝照准尺面，高度使三丝均能读数即可。读取上丝读数、下丝读数、中丝读数 $v$、竖盘读数 $Z$，分别记入手簿。计算公式：

$$水平距离\ D = Kl\sin^2 Z$$

$$高差\ h = \frac{D}{\tan Z} + i - v$$

2）等仪器高法：望远镜照准尺面时，使水平中丝读数等于仪器高，即 $v=i$。读取上丝读数、下丝读数、竖盘读数 $L$，分别记入手簿。计算公式：

$$水平距离\ D = Kl\sin^2 Z$$

$$高差\ h = \frac{D}{\tan Z}$$

3）平截法：调整望远镜使竖盘读数等于 90°，固定望远镜，照准碎部点上的水准尺。读取上丝读数、下丝读数、中丝读数 $v$，分别记入手簿。计算公式：

$$水平距离\ D = Kl$$

$$高差\ h = i - v$$

4. 碎部测量注意事项

1）观测人员在读取竖盘读数时，要注意检查竖盘指标水准管气泡是否居中或竖盘补偿开关是否打开；每观测 20～30 个碎部点后，应重新瞄准起始方向，检查其变化情况。经纬仪测绘法起始方向度盘读数偏差不得超过 $4'$。

2）立尺人员应将水准尺竖直，并随时观察立尺点周围情况，弄清碎部点之间的关系，地形复杂时还需绘出草图，以方便绘图人员做好绘图工作。

3）绘图人员要注意图面正确整洁，注记清晰，并做到随测点，随展绘，随检查。

4）当每站工作结束后，应进行检查，在确认地物、地貌无测错或漏测时，方可迁站。

5. 测站点的增设

碎部测量时，应充分利用图根控制点设站测绘碎部点，若因视距限制或通视影响，在图根点上不能完全测出周围的地物和地貌时，可以采用测角前方交会、测边交会等方法增设测站点；也可以直接在现场选定需要增设的测站点位置，用经纬仪测绘法测定其平面坐标和高程，然后将仪器搬至此测站点进行观测，这种方法称为经纬仪支距法。为了保证精度，支距点的数目不能超过两个。在支距点进行观测时需要注意，配置方位角时，需要配置上一个测站所测方位角的反方位角。

### 6.2.4　地物的测绘

测绘地物就是按照规定的测图比例尺、规范和图式要求，经过综合取舍，将地面上的各种地物平面轮廓用特定的符号绘制在图纸上。

1. 地物测绘的基本方法

按照属性的不同，一般将地物分为居民地、道路、管线、水系、植被、境界、独立地物等几大部分。

（1）居民地的测绘

居民地是地形图的重要地形要素，其排列形式多种多样，有街区式（城市）、散列式（农村）和单点式（窑洞、蒙古包）等。

测绘居民地时，应根据所需的测图比例尺的不同进行综合取舍，正确表示其结构特征，反映外部轮廓。

测绘居民地，主要是要测出各建筑物轮廓线的主要转折点（房角点），并连接成图。测绘房屋时，一般只要测出房屋 3 个房角点的位置，即可确定整个房屋的位置。如图 6.27 所示，在测站 $A$ 点上安置仪器，以控制点 $B$ 为后视方向，将标尺分别立于房角点 1、2、3，用极坐标法即可测定房屋的位置。

对于整齐排列的建筑群，如图 6.28 所示，可以先测绘出几个控制性的碎部点，然后丈量出它们之间的距离，根据平行或垂直关系，将建筑物在图纸上直接画出来。

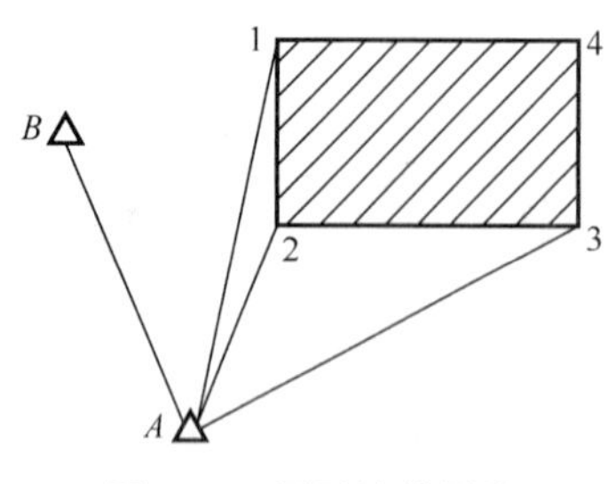


图 6.27 居民地的测绘

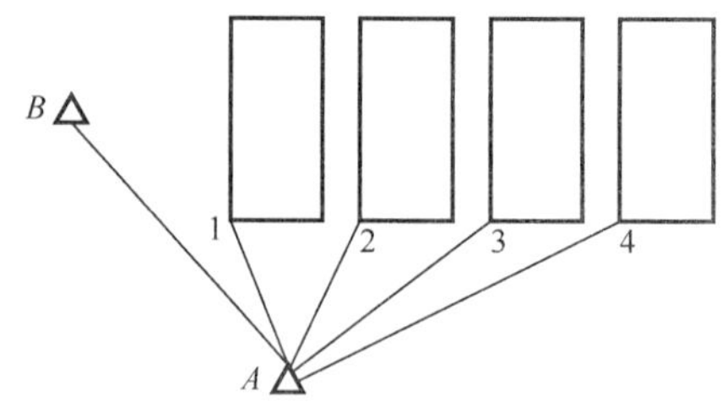


图 6.28 建筑群的测绘

对于建筑物密集或隐蔽地区，合理运用建筑物之间的相对关系十分重要，运用恰当能大大提高测图效率。在运用相对关系的同时，应注意加强检核，以免出错。另外，应控制同一相对关系的大面积或连续应用，以免影响测图精度。

居民地房屋轮廓线的转折点有很多，但每一幢房屋地基的高程一般相同，若附近若干幢房屋的地基高程不同，则需要分别注记。房屋一般还要注记类别、材料、层数等属性。

附属建筑物的台阶、门廊、室外楼梯、通道、地下室等，能按比例尺测绘的都应测绘出来，并用相应的符号表示。居民地的街道、学校、医院、机关、厂矿等均应按照现有的名称注记。

（2）道路的测绘

道路包括铁路、公路、大车路、人行小路等。道路及其附属建筑物如车站、里程碑、路灯、桥涵、收费站等都应测绘到地形图上。

道路分为双线路和单线路。双线路在不同情况下，可以依比例或半依比例缩绘在地形图上。道路一般由直线和曲线两部分组成，其特征点主要是直线的起点、终点、交叉点、分叉点，直线与曲线的连接点，曲线的变换点。

1）铁路。如图 6.29 所示，测绘铁路时，标尺应立于铁轨的中心线上，铁路符号按图式规定的符号表示。在进行 1∶500 或 1∶1000 比例尺地形图绘制时，应按照比例绘制轨道宽度，并将两侧的路肩、路堤、路沟也表示出来。

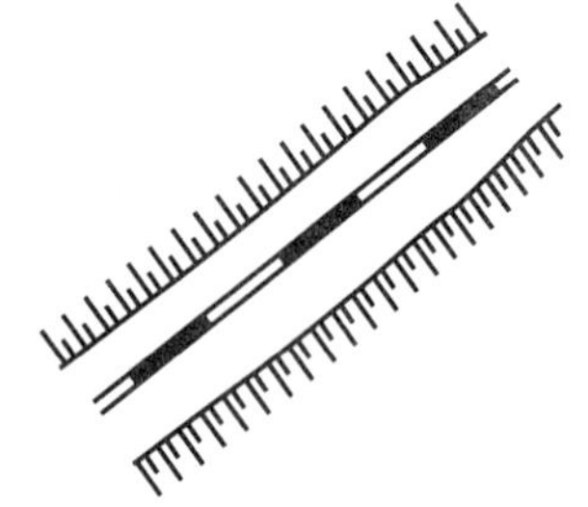

图 6.29 铁路的测绘

铁路应测轨面高程，曲线部分应测轨内高程。在地形图上，高程均注记在铁路的中心线上。铁路两旁的附属建筑物应按照其实际位置测量并绘制出来，以相应的图式符号表示。

2）公路。公路在图上一律按实际位置测绘。测量时，可将标尺立于公路路面的中心或路面的一侧，丈量路面的宽度，按比例尺绘制；也可将标尺交错立于路面的两侧，分别连接相应一侧的特征点，绘制公路在图上的位置。选用何种方法依具体情况而定。

公路在图上应用不同等级的符号分别表示，并注记路面材料。公路应测量公路中心线的高程，并将高程注记在中心线上。

公路两旁的附属建筑物按实际位置测绘，以相应的图式符号表示。路堤和路堑的测绘方法与铁路相同。

3）大车路。大车路一般指路基未经修筑或经简单修筑，能通行大车，有的还能通行汽车的道路。大车路的宽度大多不均匀，变化大，道路部分的边界线也不是很明显。在测绘时，可将标尺立于道路的中心，按照平均路宽，以地形图图式规定的符号绘制。

4）人行小路。人行小路主要是指居民地之间往来的通道或村庄间的步行道路，可通行单轮车，一般不能通行大车。田间劳动的小路一般不测绘，上山的小路应视其重要程度选择性测绘。测绘时，将标尺立于小路的中心，测定中心线，以单虚线表示。由于小路弯曲较多，因此标尺点的选择要注意取舍，不能太密，但又要能正确反映小路的位置。

有些小路与田埂重合，应绘小路而不绘田埂；有些小路虽不是直接由一个居民地通向另一个居民地，但它与大车路、公路、铁路相连，则应视测区道路网的具体情况决定取舍，各种道路均应按现有的名称注记。

（3）管线的测绘

管线包括地下、地上和空中的各种管道、电力线和通信线。管道包括上水管、下水管、暖气管、煤气管、通风管、输油管及各种工业管道等，电力线包括各种等级的输电线（高压线和低压线），通信线包括电话线、有线电视线、广播线和网络线等。

测绘管线时，应实测其起点、终点、转折点和交叉点的位置，以相应的符号表示在图上。架空管线应实测其转折处支架杆的位置，根据测图比例尺和规范要求进行实测或按挡距长度图解求出。

各种管道还应加注类别，如“水”“暖”“风”“油”等。电力线有变压器时，应实测其变压器位置，以相应图式符号表示。图面上各种管线的起止走向应明确、清楚。

（4）水系的测绘

水系包括河流、湖泊、水库、渠道、池塘、沼泽、井、小溪和泉源等。各种水系应实测其岸边边界和水涯线，并注记高程。水涯线应按要求在调查的基础上进行实测，必要时要注记测图日期。水系周围的相关设施（如码头、水坝、水闸、桥涵、输水槽和泄洪道等）也要实测并表示在图上。

对于河流，图上宽度大于0.5mm的，应在两岸分别立标尺测量，在图上按比例尺以实宽双线表示，并注明流向；图上宽度小于0.5mm的，只需测定中线位置，以单线表示。

对于沟渠，图上宽度大于1mm的，以双线按比例测绘，堤顶的宽度、斜坡、堤基底宽度均应实测并按比例表示；图上宽度小于1mm的，以单线表示。堤底要注记高程。沟渠的土堤高度大于0.5m的，要表示在图上。

泉源、井应测定其中心位置，在水网地区，当其密度大时，可视需要适当取舍。泉源应注记高程和类别，如“矿”“温”等。井台的高程需要测定，并注记在图上。

沼泽根据其范围线按比例实测，要区分是否能通行并以相应的符号表示。盐碱沼泽应加注“碱”。

各种水系有名称的应注记名称。属于养殖或种植的水域应注记类别，如“鱼”“藕”等。

（5）植被的测绘

植被是指覆盖在地球表面的所有植物的总称，包括天然的森林、草地、灌木林、竹林、芦苇地等，以及人工栽培的花圃、苗圃、经济作物林、旱地、水田、菜地等。

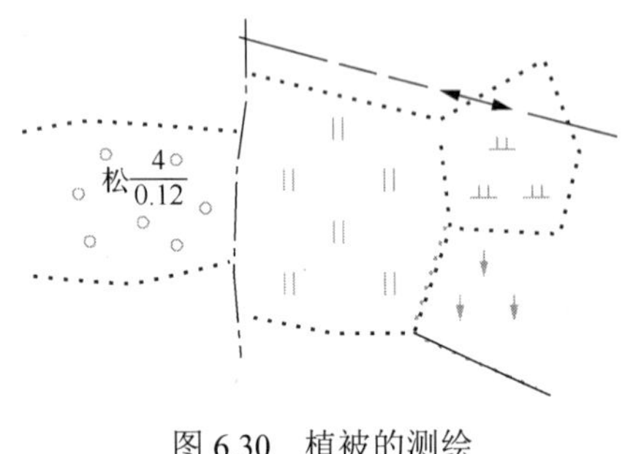

图 6.30　植被的测绘

测绘各种植被时，应测定其外轮廓线上的转折点和弯曲点，依实地形状按比例描绘出地类线，并在其范围内填充相应的地类符号，如图 6.30 所示。

森林在图上的面积大于 $25cm^2$ 时，应注记树的种类，如“松”“荔枝”等；幼苗和苗圃应注记“幼”“苗”。

同一块地生长多种植物时，植被符号可以配合使用，但最多不得超过 3 种。若植物种类超过 3 种，应按其重要性或经济价值的大小进行取舍。符号的配置应与植物的主次程度相对应。

植被的地类线与地面上有实物的线状符号（如道路、河流、垣栅等）重合时，地类线应省略不绘；若与地面上无实物的线状符号（如电力线、通信线等）重合时，则移位绘出地类线。植被符号范围内，若有等高线穿过，应加绘等高线；若地势平坦（如水田）而不能绘等高线的，应适当注记高程。

（6）境界的测绘

境界是国家间或国内行政规划区之间的界线，包括国境线、省级界线、市级界线、乡镇级界线 4 个级别。国境线的测绘非常严肃，它涉及国家领土主权的归属与完整，应根据政府文件测定。国内各级境界线应按照有关规定的规范要求精确测绘。以界桩、界碑、河流或线状地物为界的境界，应按图式规定符号绘出。不同级别的境界重合时，只绘高级别境界线，各种其他地物注记不得掩盖境界符号。

（7）独立地物的测绘

独立地物一般以非比例符号表示。非比例符号的中心位置与该地物实地中心位置的关系随地物的不同而不同，在测图时应注意下列几点。

1）规则的几何图形，如圆形、正方形、三角形等，以图形几何中心点为实地地物的中心位置。

2）底部为直角形的符号，如独立树、路标等，以符号的直角顶点为实地地物的中心位置。

3）宽底符号，如烟囱、岗亭等，以符号底部中心为实地地物的中心位置。

4）几种图形组合的符号，如路灯、消火栓等，以符号下方两端点连接的中心为实地地物的中心位置。

5）下方无底线的符号，如山洞、窑洞等，以符号下方两端点连线的中心为实地地物的中心位置。

另外，各等级的控制点（如三角点、导线点、GPS 点、水准点等）都必须精确地测定并绘制在地形图上。图上各控制点的点位就是相应控制点的几何中心，同时必须注记控制点的名称和高程。控制点的名称和高程以分数形式表示在符号的右侧。其中，分母为点名或点号；分子为高程，高程注记一般精确到0.001m，采用三角高程测定的注记到0.01m。

在地物测绘的过程中，有时会发现图上绘出的地物和实际情况不符，如本应为直角的房屋在图上不成直角、一条直线上的路灯不在一条直线上等，这时应做好外业测量的检查工作。如果属于观测错误，应立即纠正；若不是观测错误，则有可能是由于各种误差积累所引起的，或在两个测站观测了同一地物的不同部位而造成的。当这些不符现象在图上小于规范规定的误差时，可用误差分配的方法予以消除，使图上地物的形状和实地相似；若大于规范规定的误差，则需补测或部分重测。

#### 2. 地物的综合取舍原则

在进行地形图测绘时，由于地物的种类和数量繁多，不可能将所有的地物完全测绘到地形图上。因此，无论用何种比例尺测绘地物，为了既显示和保持地物分布的特征，又保证图面的清晰易读，都必须对尺寸较小、在图上难以清晰表示的地物进行综合取舍，并且不会给用图带来重大影响。地物综合取舍基本原则如下。

1）地形图上的地物位置要求准确、主次分明，符号运用得当，充分反映地物特征；图面要求清晰易读、便于利用。

2）由于测图比例尺的限制，在一处不能同时清楚地描绘出两个或两个以上地物符号时，可将主要地物精确表示，而将次要地物舍弃或综合表示。移位时应注意保持地物间相对位置的正确。综合取舍时要保持其总貌和轮廓特征，防止因综合取舍而影响地貌的性质。例如，当道路、河流图上太密时，只能取舍，不能综合。

3）对于易变化地区、临时性或对识图意义不大的地物，可以不表示。

总而言之，综合取舍的实质是在保证测图精度的前提下，按需要和可能，正确合理地处理地形图内容中的“繁与简”“主与次”的关系问题。当内容繁多，图上无法完整地描绘或影响图纸的清晰性时，应舍弃一些次要内容或将某些内容综合表示。各种要素的主次关系是相对而言的，并且随测区情况和用图目的不同而不同。某些显著、具有标志性作用或具有经济、文化和军事意义的各种地物（如独立树、独立房屋、烟囱等），虽然很小，但也要在图上表示。例如，在荒漠或半荒漠地区，水井或再小的水塘都不能舍弃；沙漠中的绿洲（树木、森林）也不能舍弃。

### 6.2.5 地貌的测绘

地貌测绘和地物测绘是同时进行的。表示地貌的方法有很多，目前最常用的是等高线法。等高线能真实准确地反映出地面的起伏形态，并且依据等高线能确定地面点的高程。测绘地貌实质上就是测定足够数量的地貌特征点及一般碎部点的平面位置和高程，并依照一定的方法勾绘出等高线。

#### 1. 等高线勾绘

表示地貌的符号是等高线，等高线的勾绘就是根据图上实测的地貌点的高程，确定高程为规定等高距的整数倍的等高线在相邻两点间通过的位置，再将高程相等的各相邻点用光滑的曲线依次相连，形成不同高程的等高线。等高线勾绘的方法有两种：解析法和目估法。

（1）解析法

由于地形测图时立尺点就是地貌特征点，即坡度变化点，因此相邻两地貌特征点之间的坡度是均匀变化的，在它们之间任取两点，其高差和距离成正比关系。如图 6.31 所示，高程分别为 72.7m、77.4m 的实地 *A*、*B* 两点在图上的位置分别为 *a*、*b*，其图上的水平距离为 23mm。若用 1m 的等高距勾绘等高线，则通过 *A*、*B* 两点间的等高线有 73m、74m、75m、76m、77m 5 条等高线。分别计算 73m 等高线与 *a* 点的平距 *d* 及 77m 等高线与 *b* 点的平距 *c*：

$$d = ab / h \times h_1 = 23\text{mm} / 4.7\text{m} \times 0.3\text{m} \approx 1.5\text{mm}$$

$$c = ab / h \times h_2 = 23\text{mm} / 4.7\text{m} \times 0.4\text{m} \approx 2\text{mm}$$

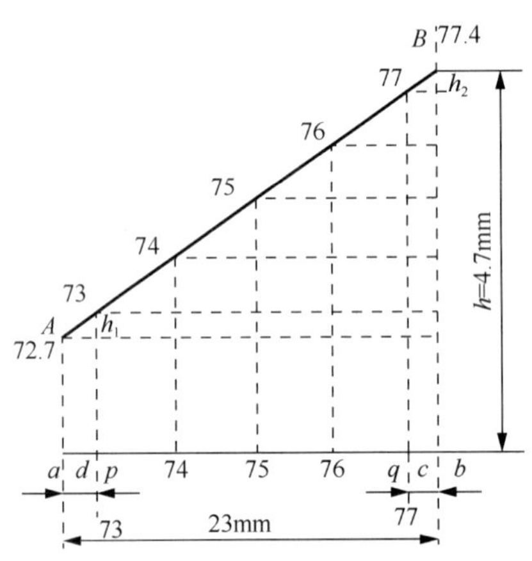


图 6.31 解析法勾绘等高线原理

自 *a* 向 *b* 量出平距 *d* 得到 *p* 点，自 *b* 向 *a* 量出平距 *c* 得到 *q* 点，*p*、*q* 点即为 73m 点、77m 点。将 *pq* 等分得到 74m 点、75m 点、76m 点。

（2）目估法

由于解析法计算烦琐，因此实际采用目估法勾绘等高线。目估法勾绘等高线的基本方法是“定两头，分中间”，即先确定碎部点两头等高线通过的位置，再等分碎部点中间等高线通过的位置。如图 6.32（a）所示，高程为 72.7m、77.4m 的图上 *A*、*B* 两点，用 1m 的等高距勾绘等高线，欲定 *A*、*B* 之间通过的 73m、74m、75m、76m、77m 5 条等高线的位置，具体方法如下。

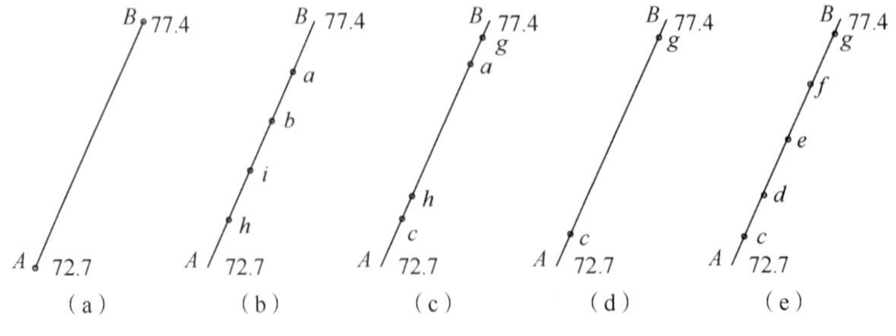


图 6.32 目估法定等高线

用铅笔轻轻画出 $A$、$B$ 连线，如图 6.32（a）所示，计算出 $B$ 点高程的整数与 $A$ 点高程的整数差为 5m。将 $AB$ 连线目估 5 等分，得 $a$、$b$、$i$、$h$ 4 点（实际上仅取首和尾的两个点，如 $a$、$h$ 点），如图 6.32（b）所示，则每相邻等分点的高差约小于 1m。自 $B$ 点沿 $BA$ 方向，取 $Ba$ 线段的 2/5 略多一些为 $g$ 点，则 $B$ 点与 $g$ 点的高差约为 0.4m，$g$ 点高程为 77m；自 $A$ 点向 $B$ 点取 $Ah$ 线段的 3/10 略多一些为 $c$ 点，则 $A$ 点与 $c$ 点的高差约为 0.3m，$c$ 点高程为 73m，如图 6.32（c）所示。擦掉 $a$、$h$ 两点，目估 4 等分 $cg$，得 $d$、$e$、$f$ 点，则 $d$ 点高程为 74m，$e$ 点高程为 75m，$f$ 点高程为 76m，如图 6.32（d）和（e）所示。如果感觉两头的线段与中间等分的线段比例不协调，可进行适当调整。

用目估法定出图 6.33（a）中各相邻点并依次相连，形成一条条的等高线，如图 6.33（b）所示。

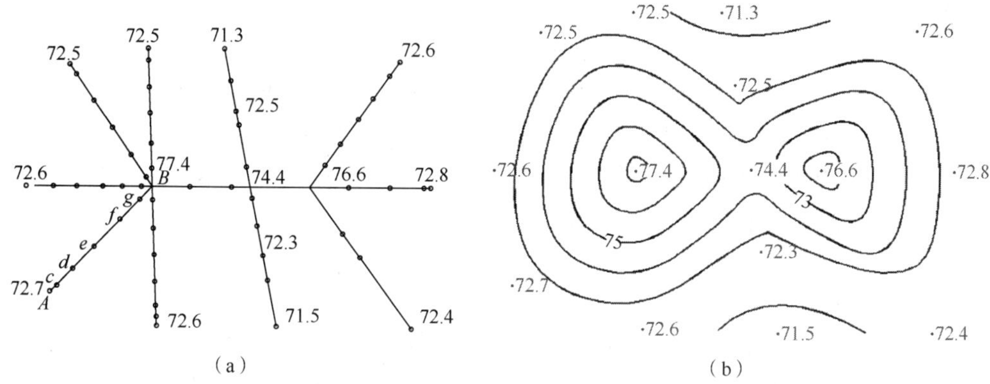


图 6.33 等高线勾绘

2. 几种地貌要素的测绘

（1）山顶

山顶是山的最高部分，按其形状可分为尖山顶、圆山顶、平山顶等。这几种不同形状的山顶用等高线表示的方法也不太一样，具体形状和表示如图 6.34 所示。

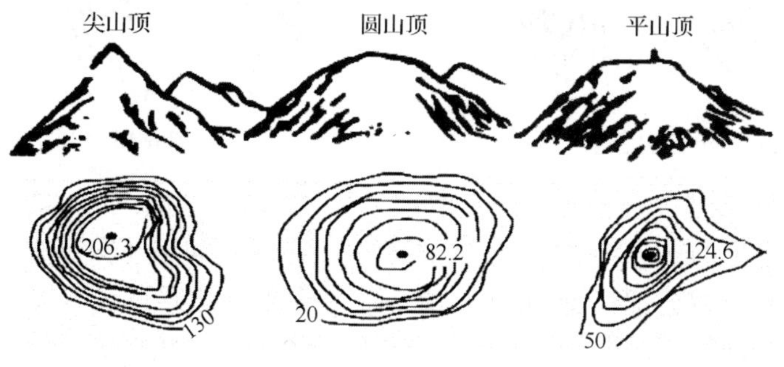


图 6.34 山顶的表示

1）尖山顶。尖山顶的顶部附近倾斜比较一致，因此等高线之间的平距大小相等，即使在顶部，等高线之间的平距也没有太大的变化。因此，测绘时除了实测山顶以外，在其周围实测一些点位即可。

2）圆山顶。圆山顶的顶部坡度比较平缓，然后逐渐变陡，等高线之间的平距在离山顶较远的山坡部分较小，随着靠近山顶，平距逐渐增大，在顶部最大。测绘时山顶最高点应立尺，在山顶附近坡度逐渐变化的地方也需要立尺。

3）平山顶。平山顶的顶部平坦，到一定范围时坡度突然变化。因此，等高线之间的平距在山坡部分较小，但不是向山顶方向逐渐变化，而是到山顶时平距突然增大。测绘时必须特别注意在山顶坡度变化处立尺，否则地貌的真实性将受到显著影响。

（2）山脊

山脊是山体延伸的最高棱线，山脊的等高线均向上坡方向凸出，两侧对称。山地地貌的显示是否逼真，主要取决于山脊与山谷的测绘。山脊、山谷的测绘应真实地表现其坡度和走向，特别是大的分水线倾斜变换点和山脊、山谷的转折点应准确表现出来。

山脊按形状可分为尖山脊、圆山脊和台阶状山脊，其形状如图 6.35 所示，它们都可通过等高线的弯曲程度表现出来。

尖山脊的山脊线比较明显，除在山脊线上立尺外，两侧山坡也能有适当的立尺点。圆山脊的脊部有一定的宽度，测绘时需要特别注意正确确定山脊线的实地位置，然后立尺。此外，也必须注意圆山脊两侧山坡的坡度变化，在合适位置选定立尺点。台阶状山脊应注意由脊部至两侧山坡坡度变化的位置，测绘时选择立尺点应恰当，这样才能控制山脊的宽度。不能把台阶状山脊地貌测绘成圆山脊或尖山脊地貌。

（3）山谷

山谷是指山中的两侧高、中间低的狭长地带，它与山脊的表示相反。山谷按其形状分为尖底谷、圆底谷和平底谷，如图 6.36 所示。尖底谷等高线通过谷底时呈尖状，圆底谷等高线通过谷底时呈圆弧状，平底谷等高线通过谷底时在其两侧近于呈直角状。

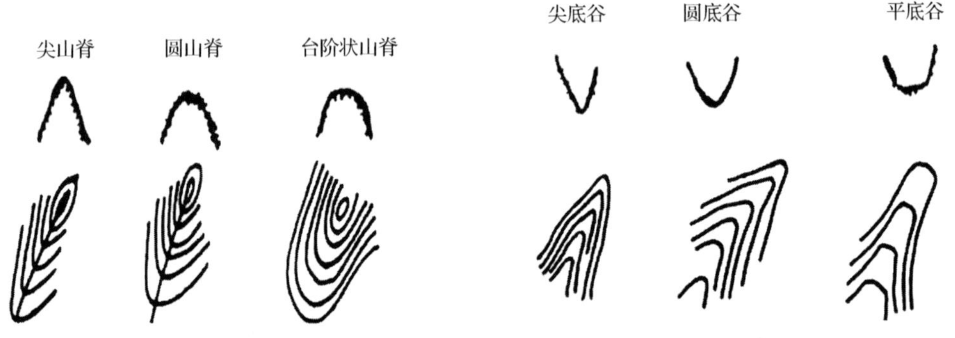


图 6.35 山脊的表示

图 6.36 山谷的表示

（4）鞍部

鞍部属于山脊上的一个特殊部位，是相邻两个山顶之间呈马鞍形的地方，可分为窄短鞍部、窄长鞍部和窄宽鞍部（图 6.37）。鞍部往往是山区道路通过的地方，有重要的方位作用。测绘时在鞍部的最低点必须立尺，以便使等高线的形状正确。鞍部附近的立尺点应视坡度变化情况选择。描绘等高线时要注意鞍部的中心位于分水线的最低位置上，并针对鞍部的特点抓住两对同高程的等高线，即一对高于鞍部的山脊等高线、一对低于鞍部的山谷等高线，这两对等高线近似对称。

（5）盆地

盆地是中间低、四周高的地形，其等高线的特点与山顶相似，但高低相反，即外圈的等高线高于内圈的等高线（图 6.38）。测绘时，除在盆地最低处立尺外，盆地四周及盆壁地形变化的地方均应适当选择立尺点，这样才能正确显示出盆地的地貌。

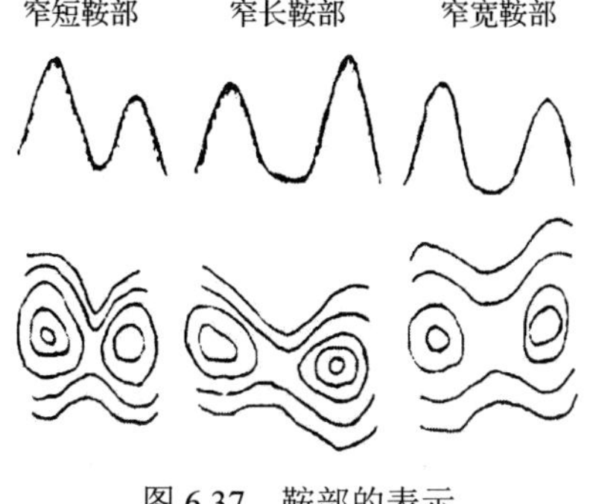


图 6.37 鞍部的表示

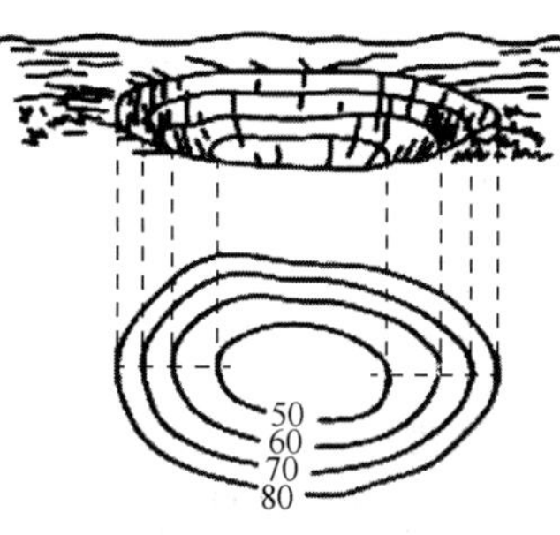


图 6.38 盆地的表示

3. 特殊地貌的测绘

由于地表面受内力或外力因素的影响，而发生变动或特殊的地貌很难用等高线表示，或用等高线表示不够理想时，必须采用符号与等高线搭配的方法才能表示其特征。这类特殊地貌有以下几种。

（1）崩崖

崩崖是指沙土质或石质的山坡长期受风吹日晒影响而风化，致使山坡崩裂的地段。崩崖上边缘明显，测绘时将其上边缘两端或中间变换点测定出来，然后绘以符号表示，如图 6.39 所示。若崩崖上缘陡峭，还应配以陡崖符号，面积较大时用等高线配合表示。

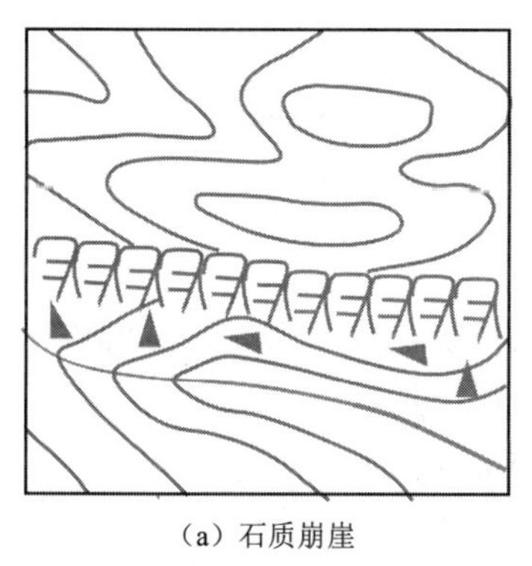

（a）石质崩崖

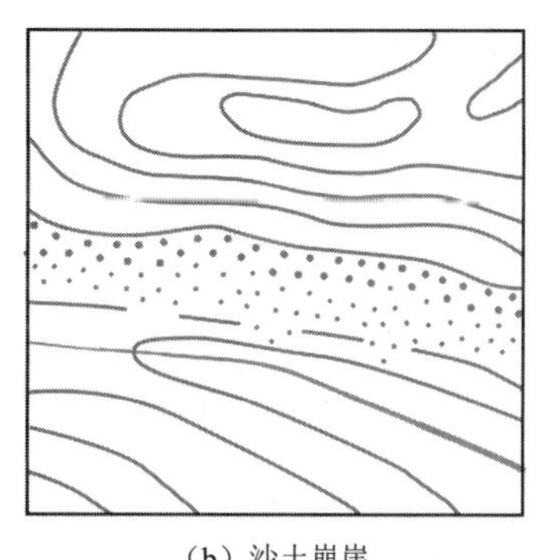

（b）沙土崩崖

图 6.39 崩崖的表示

（2）陡崖

陡崖是形态壁立难以攀登的陡峭绝壁，分为土质和石质两种，其表示方法如图 6.40 所示。

（3）露岩地、陡石山

露岩地是指岩石部分裸露出地面且比较集中的地段，其用等高线配合散列三角形块符号表示，如图 6.41 中 a 所示。陡石山是坡度陡峭而裸露的岩石，当石山坡度大于 70°时，用陡石山符号表示，如图 6.41 中 b 所示；小于 70°时则用等高线配合露岩地符号表示。

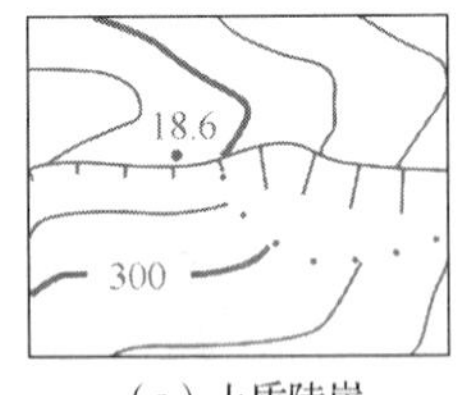


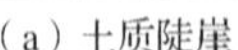
（a）土质陡崖

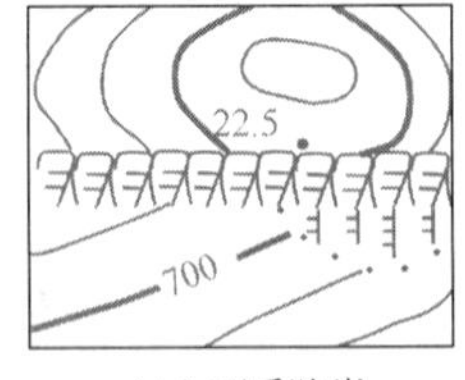

（b）石质陡崖

图 6.40 陡崖的表示

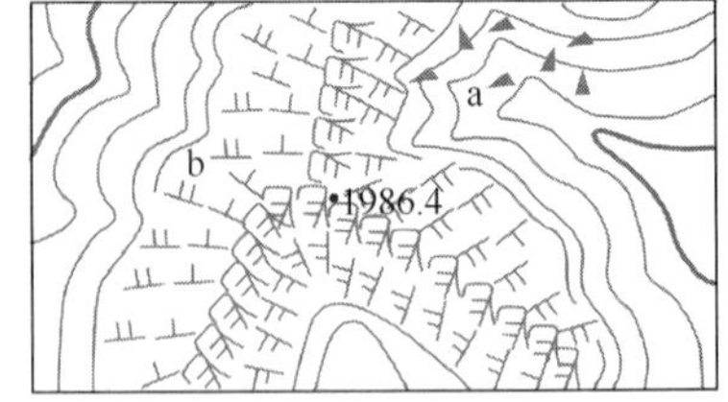


图 6.41 露岩地、陡石山的表示

（4）滑坡、冲沟和雨裂

滑坡是因地表面覆盖植物太少，失去自然凝聚力的斜坡表层，大量碎石沿着斜坡下滑的地段。其上边缘线较明显，可用仪器测定，以陡崖符号表示，其余轮廓线测定后以点表示。滑坡内的等高线以长短不一的虚线表示，但应尽量保持其倾斜或起伏的特征，如图 6.42（a）所示。

冲沟是由暂时性急流冲蚀而成的大小沟壑。在山坡上接近山麓处的沟又称雨裂。冲沟或雨裂的边缘棱线比较明显，可以用仪器测定。其图上宽度小于 0.5mm 时用单线表示，大于 0.5mm 时用双线表示，较宽的沟壑用陡崖符号表示，如图 6.42（b）所示。等高线经过冲沟或雨裂时断开，并微微转向高处，同时应注意两侧等高线的衔接和对称。冲沟底部应描绘等高线，雨裂、冲沟均应适当测注比高，如图 6.42（b）所示。

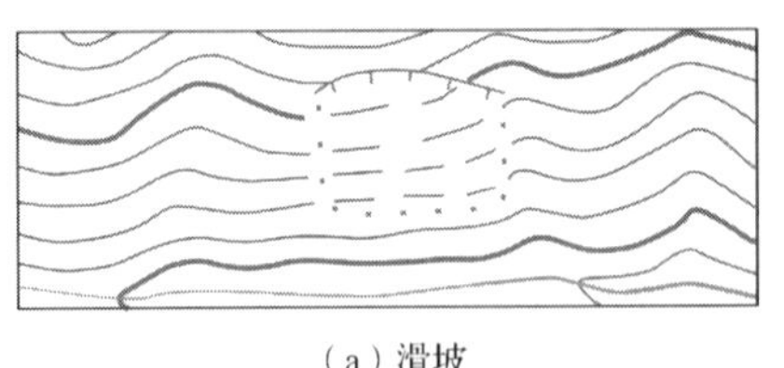
（a）滑坡

（b）冲沟和雨裂

图 6.42 滑坡、冲沟和雨裂的表示

（5）梯田地、沙地

梯田地多沿平缓山坡的自然表面按水平方向修筑，故梯田坎符号大致平行于等高线描绘，旱地有时有少许等高线。用石料修筑的梯田坎用加固符号表示，其余用一般陡坎符号表示。大比例尺测图时，应如实测绘其位置，较宽梯田内应加绘等高线或加注高程点，并量注梯田坎比高。其坡度在 70°以上时表示为陡坎，在 70°以下时表示为斜坡。梯田坎较缓，梯田接近自然山坡时也可用等高线表示，如图 6.43（a）所示。

沙地是在干燥气候区形成的风沙地貌，风沙地貌的特点是流沙覆盖着整个地表，因此地貌应表示总的起伏和走向，用等高线表示，加绘沙地符号；如果为平沙地，则只绘制沙地符号，如图 6.43（b）所示。

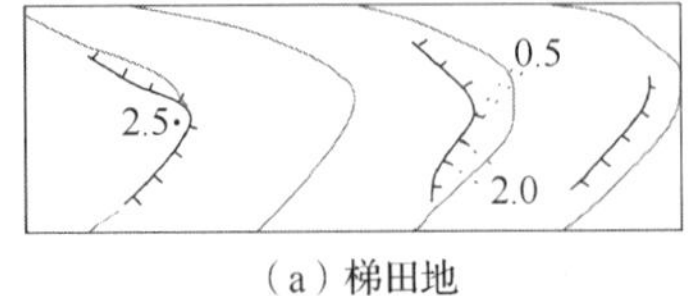

（a）梯田地

（b）平沙地

图 6.43 梯田地、平沙地的表示

### 6.2.6　地形图的拼接、整饰、检查与验收

1. 地形图的拼接

当测区较大时，地形图必须分幅测绘。由于测量和绘图误差，致使相邻图幅连接处的地物轮廓线与等高线不能完全吻合，如图 6.44 所示。

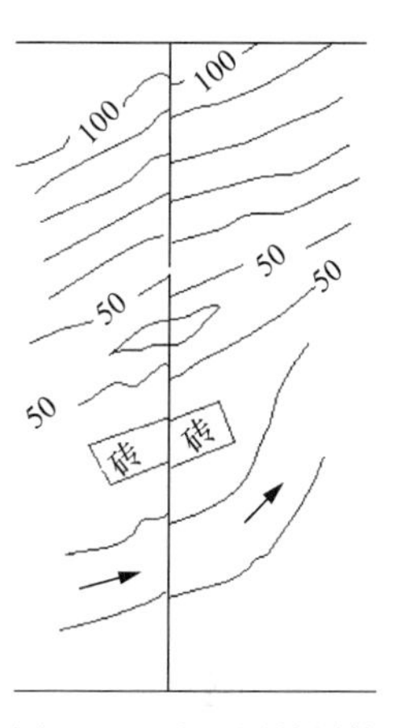

图 6.44　地形图的拼接

为了进行图幅拼接，每幅图四边均应测出图廓外 5mm。接图时，用宽 5～6cm 的透明纸蒙在本幅图的接图边上，用铅笔将图廓线、坐标格网线、地物、等高线透绘在透明纸上，然后将透明纸蒙在相邻图幅上，使图廓线和格网线拼齐后，即可检查接图处两侧的地物及等高线的偏差。若相邻两幅图的地物及等高线偏差不超过《工程测量标准》（GB 50026—2020）规定的地物点点位中误差与等高线高程中误差的 $2\sqrt{2}$ 倍，可按平均位置修正两相邻图幅接边处；若偏差超过《工程测量标准》（GB 50026—2020）规定的限差，则应分析原因，或到实地检查并改正错误。

《工程测量标准》（GB 50026—2020）中规定图上地物点相对于邻近图根点的点位中误差不应超过表 6.7 的规定，等高（深）线的插求点或数字高程模型格网点相对于邻近图根点的高程中误差不应超过表 6.8 的规定。

**表 6.7　图上地物点相对于邻近图根点的点位中误差**

| 区域类型 | 点位中误差/mm |
|---|---|
| 一般地区 | 0.8 |
| 城镇建筑区、工矿区 | 0.6 |
| 水域 | 1.5 |

注：1　施测困难的一般地区测图，点位中误差不宜超过表中限差的 1.5 倍；

2　1∶500 比例尺水域测图、其他比例尺水深超出 20m 的开阔水域测图，点位中误差不宜超过相应比例尺图上 2.0mm。

**表 6.8　等高（深）线的插求点或数字高程模型格网点相对于邻近图根点的高程中误差**

| 一般地区 | 地形类别 | 平坦地 | 丘陵地 | 山地 | 高山地 |
|---|---|---|---|---|---|
| | 高程中误差/m | $\frac{1}{3}h_d$ | $\frac{1}{2}h_d$ | $\frac{2}{3}h_d$ | $1h_d$ |
| 水域 | 水底地形倾角 $\alpha$/（°） | $\alpha<2$ | $2\leqslant\alpha<6$ | $6\leqslant\alpha<25$ | $\alpha\geqslant25$ |
| | 高程中误差/m | $\frac{1}{2}h_d$ | $\frac{2}{3}h_d$ | $1h_d$ | $\frac{3}{2}h_d$ |

注：1　$h_d$ 为地形图的基本等高距（m）；

2　施测困难的一般地区测图，高程中误差不宜超过表中相应限差的 1.5 倍；

3　当水深大于 20m 或工程精度要求不高时，水域测图的高程中误差不宜超过表中相应限差的 2 倍。

### 2. 地形图的整饰

地形原图是用铅笔绘制的，故又称铅笔底图。在地形图拼接后，还应清绘和整饰，使图面清晰美观。整饰顺序是先图内后图外，先地物后地貌，先注记后符号。整饰的内容如下：

1）擦掉多余的、不必要的点线。

2）重绘内图廓线、坐标格网线并注记坐标。

3）所有地物、地貌应按图式规定的线划、符号、注记进行清绘。

4）等高线应描绘光滑圆顺，各种文字注记位置应适当，一般要求字头朝北，字体端正。

5）按规定图式整饰图廓及图廓外的各项注记。

### 3. 地形图的检查

地形图测完后，必须对成图质量进行全面检查，包括以下几个方面。

（1）室内检查

每幅图测完后检查图面上地物、地貌是否清晰易读，各种符号注记是否按图式规定表示，等高线和地形点的高程是否有矛盾可疑之处，接图有无问题等。如发现错误或疑问，应到野外进行实地检查。

（2）野外检查

沿选定的路线将原图与实地进行对照检查，查看所绘内容与实地是否相符，是否遗漏，名称注记与实地是否一致等。将发现的问题和修改意见记录下来，以便修正或补测时参考。

根据室内检查和巡视检查发现的问题，到野外设站检查和补测。

### 4. 地形图的验收

验收是在委托人检查的基础上进行的，主要鉴定各项成果是否符合规范及有关技术指标要求（或合同要求）。对地形图进行验收时，一般先室内检查、巡视检查，并将可疑之处记录下来；再用仪器在可疑处进行实测检查、抽查。一般来说，仪器检测碎部点的数量应达到测图量的 10%，将检测结果作为评估测图质量的主要依据。对成果质量的评价一般分为优、良、合格和不合格 4 级。

## 项目小结

本项目介绍了和地形图有关的相关概念、认识地形图所需要的基本知识；介绍了用白纸测图方法当中的经纬仪测绘法进行碎部测量的具体实施过程，为了实现定向上与全站仪数字化测图的对接，只介绍了用方位角定向的方法；介绍了一些常见的地物、地貌的测绘方法。总之，通过本项目的学习，学生需要掌握以下内容。

1）地物、地貌、地形的概念。

2）碎部测量的概念，地形图、平面图的概念。

3）地形图的比例尺及其比例尺精度。
4）地物符号的概念及分类、等高线的概念及特性。
5）地形图的分幅与编号。
6）地形图测绘前的准备工作。
7）经纬仪测绘法的作业步骤、碎部点的选择及碎部测量的注意事项。
8）一些常见的地物、地貌的测绘要点。
9）地形图的拼接、整饰、检查与验收。

## 知 识 检 验

1）什么是地物？什么是地貌？
2）什么是地形图？什么是平面图？
3）什么是比例尺？国家基本比例尺地形图系列中分哪几种比例尺地形图？
4）无论哪种比例尺地形图，图上均应包括的内容有哪些？
5）什么是比例尺精度？比例尺精度有什么作用？
6）什么是地物符号？地物符号分哪几种？
7）什么是等高线、等高距、等高线平距？等高线的特性有哪些？
8）矩形或正方形分幅时常用的编号方法有哪几种？
9）简述经纬仪测绘法测站上的操作步骤。
10）什么是碎部测量？碎部测量时如何选择碎部点？

# 项目 7 地形图的识读与应用

## 项目简介

地形图是全面、客观地反映地面情况的可靠资料，各种工程建设都需要在图上进行规划和设计，所以正确、熟练地识读和应用地形图是工程技术人员必备的素质。本项目介绍的是如何识读纸质地形图，如何在纸质地形图上确定基本几何要素，以及如何在工程应用中利用纸质地形图。

本项目由 2 个任务组成。其中，任务 7.1“地形图的识读”的主要内容包括地形图识读的基本原则、地形图识读的基本内容，任务 7.2“地形图的应用”的主要内容包括地形图的基本应用、地形图在工程建设中的应用。通过本项目的学习，学生应达到如下要求：掌握地形图识读的主要内容，掌握在地形图上确定坐标、距离和方位、高程及地面坡度等的方法，了解地形图在工程建设中的应用。

## 任务 7.1 地形图的识读

### 7.1.1 地形图识读的基本原则

地形图识读的基本原则如下。

1）识读地形图要从图外到图内、从整体到局部，逐步深入要了解的内容。

2）地形图图式是地形绘图和识图的依据。

3）熟悉各种地物、地貌的表示方法。

4）熟悉各要素符号之间关系的处理原则。

5）熟悉各种注记配置及图廓的整饰要求。

### 7.1.2 地形图识读的基本内容

#### 1. 图名与图式

地形图图名通常采用本幅图内最有代表性的地名来表示，标注于图幅上方中央。地形图图式是地形图上表示各种地物和地貌要素的符号、注记和颜色的规则和标准，是测绘和出版地形图必须遵守的基本依据之一，是由国家统一颁布执行的标准。

统一标准的图式能够科学地反映实际场地的形态和特征，是人们识别和使用地形图的重要工具，是测图者和使用者沟通的语言。不同比例尺地形图所规定的图式有所不同，有些专业部门还根据具体情况补充规定了一些特殊的图式符号。使用地形图时，必须熟悉各种比例尺地形图图式。

2. 比例尺

通常在地形图的南图廓外正中位置注记地形图的数字比例尺，中、小比例尺图上还绘有一直线比例尺，以方便用图者测定图上两点间的实地距离。

3. 坐标系统和高程系统

我国大比例尺地形图一般采用国家统一规定的高斯平面直角坐标系统。城市地形测图一般采用该城市的坐标系统。工程建设也有的采用工矿企业独立坐标系统。

高程系统采用 1956 年黄海高程系或 1985 国家高程基准，使用时应注意两者之间的换算。

4. 图幅的分幅与编号

测区较大时，地形图是分幅测绘的，使用时应根据拼接示意图了解每幅图上下左右相邻图幅的编号，以便拼接使用。

5. 地物的识读

地形图上所有地物都是按照地形图图式上规定的地物符号和注记符号表示的，首先要熟悉图式上的一些常用符号，在此基础上进一步了解图上符号和注记的确切含义，根据这些来了解地物的种类、特征、分布状态等，如公路铁路等级、河流分布及流向、地面植被的分布及范围等。

6. 地貌的识读

一般地貌在图上用等高线表示，典型地貌用专用符号表示，因此在正确理解等高线特征和典型地貌符号特征的基础上，结合示坡线、高程点和等高线注记等，判读出山头、山脊、山谷、山坡、鞍部等普通地貌，以及陡坎、斜坡、冲沟、悬崖、绝壁、梯田等典型地貌；同时，根据等高距、等高线平距和坡度的关系，分析地面坡度变化及地形走势，从而了解地貌特征。

## 任务 7.2 地形图的应用

### 7.2.1 地形图的基本应用

1. 确定图上任一点的坐标

在图上求任一点的坐标可根据图上坐标格网的坐标值来进行。如图 7.1 所示，求 $A$ 点的坐标，根据坐标格网的注记，可知 $A$ 点的 $x$ 坐标在 57 100 与 57 200 之间，$y$ 坐标在 18 100

与 18 200 之间（根据格网坐标差可知该图比例尺为 1∶1000）。通过 $A$ 点作坐标格网的平行线 $fe$ 和 $gh$，用直尺量取 $eA$ 和 $gA$ 的长度（$eA$=75.2mm，$gA$=60.4mm），则

$$x_A=57\,100+0.0752\times1000=57\,175.2(\text{m})$$

$$y_B=18\,100+0.0604\times1000=18\,160.4(\text{m})$$

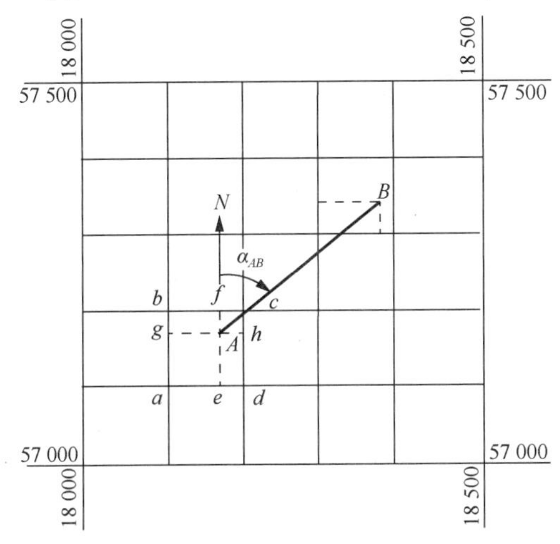


图 7.1 在图上确定坐标、距离和方位

由于图纸可能有伸缩，因此还应量出 $fe$ 和 $gh$ 的长度。如果 $fe$ 和 $gh$ 的长度等于方格网的理论长度 $ab$（一般 $ab$=100mm），则说明图纸无伸缩，反之则必须考虑图纸伸缩的影响。可按下式计算 $A$ 点的坐标：

$$x_A=57\,100+\frac{100}{ab}\times eA\times10^{-3}\times1000$$

$$y_A=18\,100+\frac{100}{ab}gA\times10^{-3}\times1000$$

2. 确定图上两点间的水平距离及方位

如图 7.1 所示，可用直尺直接量取 $AB$ 间的线段长度（图上所量的长度乘以测图比例尺分母），并用量角器量出 $AB$ 的方位角。

当精度要求较高时，需要考虑图纸伸缩的影响，可先从图 7.1 上量测出 $A$ 点和 $B$ 点的坐标（$x_A$，$y_A$）和（$x_B$，$y_B$），然后用下式计算线段的长度 $D_{AB}$：

$$D_{AB}=\sqrt{\left(x_B-x_A\right)^2+\left(y_B-y_A\right)^2} \tag{7.1}$$

直线 $AB$ 的方位角可用下式计算：

$$\tan\alpha_{AB}=\frac{y_B-y_A}{x_B-x_A} \tag{7.2}$$

3. 确定图上任一点的高程

图上任一点的高程可根据等高线确定。等高线上的点，其高程均等于该条等高线的高程。当点位于两等高线之间时，可用内插法求得。

在图 7.2 中，要求 $A$ 点的高程，可通过 $A$ 点作大约垂直 $A$ 点附近两根等高线的垂线 $cd$，量出 $cd$ 和 $Ad$ 的长度，设分别为 12mm 和 8mm。由图 7.2 可知等高线间隔为 10m，则用比例方法求出 $A$ 点相对于 260m 等高线的高差 $\Delta h$ 为

$$\Delta h = \frac{Ad}{cd} \times 10\text{m} = \frac{8}{12} \times 10\text{m} \approx 6.7\text{m}$$

因此 $A$ 点的高程为

$$H_A = 260\text{m} + 6.7\text{m} = 266.7\text{m}$$

4. 确定地面的坡度

如图 7.3 所示，已知 $A$、$B$ 两点间的高差 $h$，再量测出 $AB$ 间的水平距离 $D$，则可确定 $AB$ 连线的坡度 $i$ 或坡度角 $a$。坡度 $i$ 或坡度角 $\alpha$ 可按下式计算：

$$i = \tan\alpha = \frac{h}{D} \tag{7.3}$$

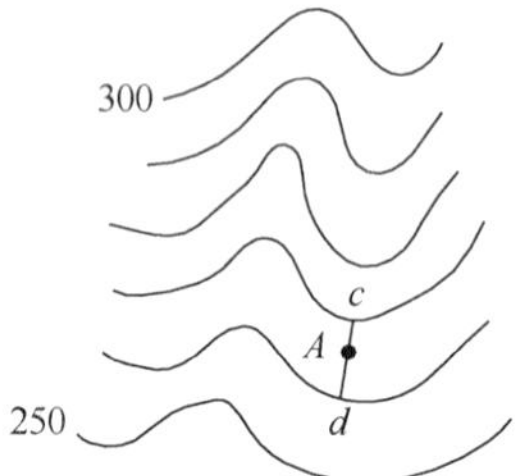


图 7.2 根据等高线确定点的高程

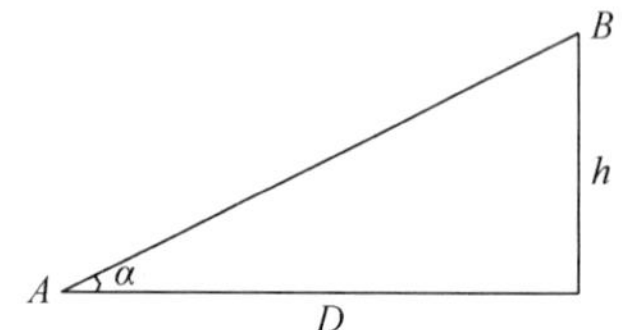


图 7.3 在地形图上确定地面的坡度

直线的坡度 $i$ 一般用%或‰表示。

### 7.2.2 地形图在工程建设中的应用

1. 根据规定坡度在地形图上设计最短路线

在铁路、公路、渠道、管线等设计中，往往需要求在不超过某一坡度 $i$ 时的平距 $D$，并按地形图的比例尺计算出图上的平距 $d$，用两脚规在地形图上求得整个路线的位置。如图 7.4 所示，要从 $A$ 点开始，向山顶选一条公路线，使坡度为 5%。从地形图上可以看出等高线间隔为 5m，由于限制坡度 $i = 5\%$，因此实地路线通过相邻等高线的最短距离应为 $D = \frac{h}{i} = \frac{5}{5\%} = 100(\text{m})$。

若图 7.4 的比例尺为 1∶5000，对于实地 $D$=100m，则图上 $d$ 应为 2cm。以 $A$ 点为圆心，以 2cm 为半径作圆弧，与 55m 等高线相交于 1 和 1′ 两点，再分别以 1 和 1′ 为圆心，仍以 2cm 为半径作弧，交 60m 等高线于 2 和 2′ 两点。依此类推，可在图上画出规定坡度的两条路线，然后进行比较，考虑整个路线不要过分弯曲及避开现有建（构）筑物等其他因素，选取较理想的最短路线。

2. 绘制某方向的断面图

为了修建道路、管线、水坝等工程，需要作出地形图上某方向的断面图，表示出特定方向的地形变化，这对工程规划设计有重要的意义。

如图 7.5 中，要求绘出 *AB* 方向的断面图。首先，通过 *AB* 两点连线，与各等高线相交于 *c* 、*d* 、*e*……；其次，在另一方格纸上，以水平距离为横坐标轴，以 *A* 作为起点，把地形图上各交点 *c* 、*d* 、*e*……之间的距离展绘在横坐标轴上，自各点作垂直于横坐标轴的垂线，并分别将各点的高程按规定的比例展绘于垂线上，则得各相应的地面点；最后，将各地面点用平滑曲线连接起来，即得 *AB* 方向的断面图。为了较明显地表示地面起伏情况，断面图上的高程比例尺往往是水平距离比例尺的 5 倍或 10 倍。

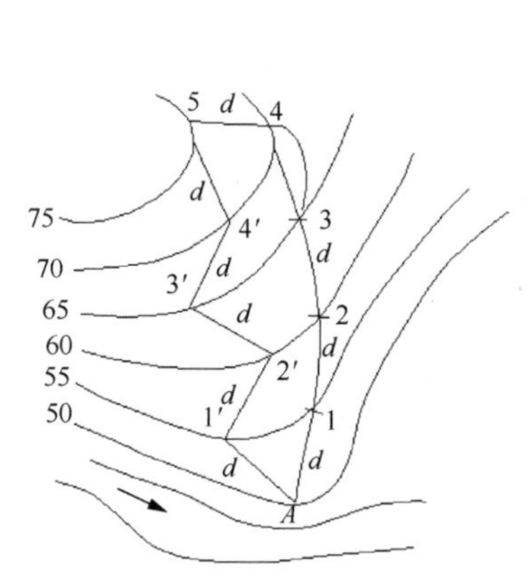


图 7.4 在地形图上设计最短路线

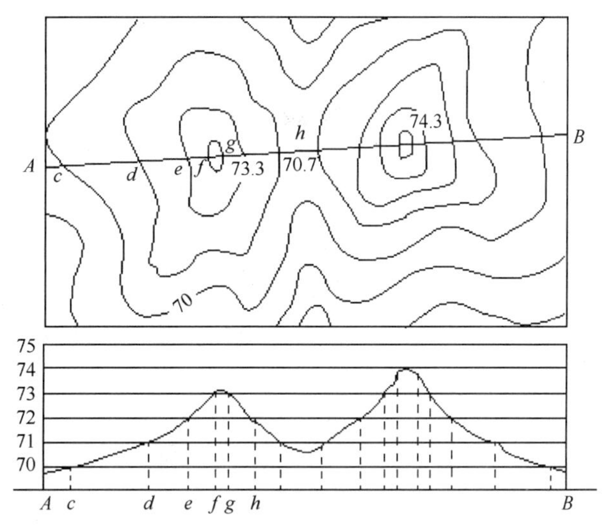


图 7.5 绘制 *AB* 方向的断面图

3. 确定填挖边界线

在工程建设中，常常需要把地面整理成水平或倾斜的平面。如图 7.6（a）所示，要把该地区整理成高程为 21.7m 的水平场地，此时可在 21m 和 22m 两条等高线之间，以 7∶3 的比例内插求出一条高程为 21.7m 的等高线［图 7.6（a）中的虚线］。此线即为填挖土的边界线，在该边界线高程之上的地段为挖土区，在该边界线高程之下的地段为填土区，如图 7.6（a）中 24m 等高线上要挖深 2.3m，20m 等高线上要填高 1.7m。

若要将地表面整理成具有一定坡度的倾斜平面，为了确定填挖的界限，必须先在地形图上作出设计面的等高线。如图 7.6（b）所示，设计的倾斜平面要通过地面上的 *a* 、*b* 、*c* 3 点，此 3 点的高程分别为 150.7m、151.8m 和 148.2m。由于设计面是倾斜的平面，因此设计面上的等高线应当是等距的平行线。绘制等高线时，首先用直线连接 *b* 、*c* 两点，并将 *bc* 延长到图的边缘；然后根据 *b* 、*c* 两点的设计高程，用内插法在 *bc* 上得到高程为 148m、149m、150m、151m 和 152m 的点位，如图中的 *h* 、*i* 、*j* 、*k* 、*l* 点。再以同样方法得到 *ac* 上内插的相应高程的点位 *h′* 、*i′* 、*j′* 、*k′* 、*l′*，连接 *hh′* 、*ii′* 、*jj′* 、*kk′* 及 *ll′*，就得到设计平面上所要画的等高线［图 7.6（b）中彼此平行的虚线］。最后需要定出设计平面上的等高线与原地上同高程等高线的交点，将这些交点用平滑的曲线连接起来，即得出填挖的边界线。图 7.6（b）中画有斜线的部分表示应填土的地方，其余部分表示应挖土的地方。对于每处需要填土的高度或挖土的深度，可根据实际地面高程与设计高程之差确定。

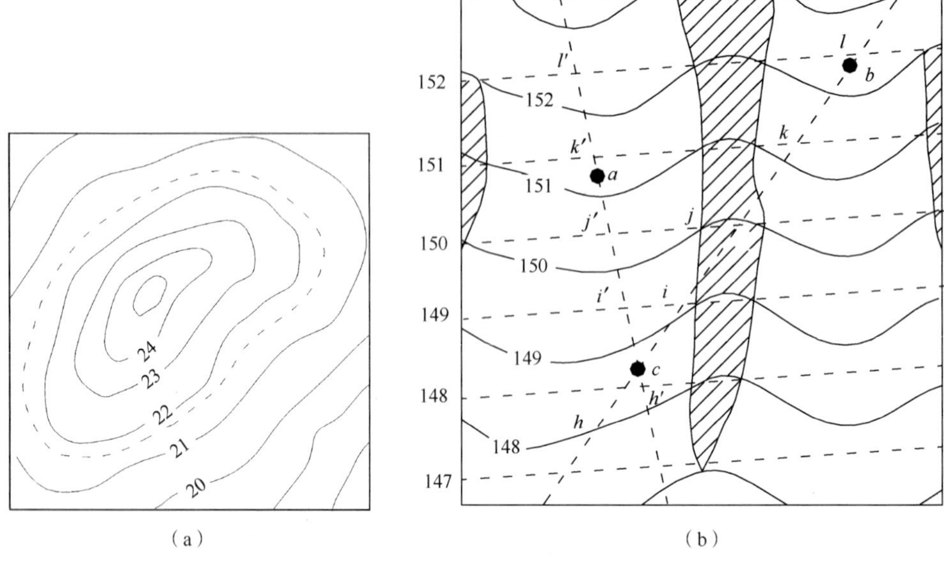


（a） （b）

图 7.6 在地形图上设计填挖边界线

## 项目小结

本项目介绍了如何识读纸质地形图，介绍了在纸质地形图上如何确定基本几何要素，介绍了地形图在工程建设中的应用。通过本项目的学习，学生需要掌握以下内容。

1）地形图识读的基本原则。

2）地形图识读的基本内容。

3）在地形图上确定坐标、距离和方位。

4）在地形图上确定高程和地面坡度。

5）了解在地形图上按规定坡度选择最短线路、绘制某方向的断面图、确定填挖边界线等的方法。

## 知识检验

1）地形图识读的内容包括哪些？

2）如何在地形图上确定坐标、距离和方位？

3）如何在地形图上确定地面坡度？

4）如何绘制某方向的断面图？

# 第 2 部分　实 训 项 目

# 项目8 单项实训

## 项目简介

理论教学、单项实训、技能训练、综合实训是“地形测量”课程4个重要的教学环节。通过理论教学，学生掌握了必备的地形测量基础知识、基本理论和基本方法，在此基础上进行单项实训，学生操作各种测量仪器，进行仪器的安置、观测，完成各项实训任务的记录、计算及实训成果的整理等，可使其巩固理论教学内容，完成每个单项实训任务理论与实践的对接，升华理论知识，培养基本操作技能，提高实际动手能力。

1. 单项实训目标

1）巩固课堂上所学的基本理论知识，加深理解，夯实记忆。

2）熟悉各种测量仪器的构造、性能和操作方法。

3）掌握利用各种不同的测量仪器进行各种不同测量工作的观测、记录和计算方法，正确进行测量数据的整理。

4）加强基本操作技能培养，提高实际动手能力，完成理论与实践的对接。

5）培养学生从事工程测量工作所需要的扎实的专业素质、严谨的科学素养、吃苦耐劳的坚韧品格、和谐向上的团队精神。

2. 单项实训一般要求

1）单项实训前，复习教材中的有关内容，预习实训任务指导，明确目的与要求，熟悉实训步骤，注意有关事项，并准备好所需文具用品，确保实训任务的顺利进行。

2）实训分小组进行，组长负责组织协调工作。实训前，组长带领组员按仪器借用规则借领仪器、工具。

3）实训在规定的时间进行，不得无故缺席或迟到早退；实训在指定的实训场地进行，不得擅自改变地点或离开现场。

4）认真听取教师的讲解，仔细观察教师的演示，服从教师的现场指导。

5）按照实训任务的操作步骤和相应的测量规范进行各项测量工作的观测、记录与计算，做到操作规范、记录规整、计算准确；同时，培养独立工作的能力和严谨的科学素养，发扬互帮互助的协作精神，营造和谐的团队氛围，保质保量完成实训任务。

6）实训过程中，遵守纪律，保护实训现场的环境，爱护周围的公共设施。

7）每项实训任务都应取得合格的实训成果，成果经指导教师审阅签字后，方可结束实训并归还测量仪器和工具。

### 3. 仪器借用规则

1）实训所需仪器应按实训指导书或指导教师的要求借领，以小组为单位到仪器室领取实验仪器和工具，听从实验室管理人员的指挥，遵守实验室规定。

2）各组组长借领仪器时，应仔细核对仪器借用明细表，清点仪器及附件数目，检视所借用的仪器，一切正常方可将仪器借出。

3）借出的仪器、工具，未经指导教师同意，不得与其他小组调换或转借。

4）实训结束后，应立即归还仪器，经实验室管理人员验收核实后方可离开。

5）仪器、工具如有遗失或损坏，应以书面报告形式说明情况，进行登记，并按有关规定赔偿。

### 4. 测量仪器使用注意事项

1）领取仪器时，必须锁好仪器箱，检查提手或背带是否牢固；搬运时，必须轻拿轻放，避免由于剧烈震动而损坏仪器。

2）开箱前应将仪器放在平稳处；开箱后，仔细观察仪器及附件在箱内的位置，便于用后将仪器及各附件准确还箱；安置好仪器后，随手关闭仪器箱盖，防止灰尘和湿气进入箱内，严禁踩坐仪器箱。

3）仪器架设时，保持一手握住仪器，一手握住架腿连接螺旋，随即旋紧连接螺旋，使仪器与三脚架连接牢固；旋松所有制动螺旋，将脚螺旋调节至中间工作状态，并使3个脚螺旋大致同高。

4）仪器安置完成后，无论是否操作，必须有专人看护，防止无关人员摆弄、行人碰动或车辆碾压损坏仪器；爱护仪器，严禁在仪器周围嬉戏打闹，避免仪器受到强烈的碰撞和挤压。

5）仪器出现故障，如发现仪器转动失灵或听到异样的声音，应立即停止工作，请示指导教师或管理人员进行处理，严禁私自拆卸。

6）转动仪器时，应先松开制动螺旋，再平稳转动；使用微动螺旋时，应先旋紧制动螺旋；制动螺旋应松紧适度，微动螺旋或脚螺旋不要旋到极端。

7）远距离搬动仪器时，必须将仪器取下，装回仪器箱中进行搬动。近距离搬动仪器时，可以松开制动螺旋，望远镜直立向上，三脚架与仪器的连接螺旋旋紧，并拢三脚架，连同三脚架一并夹于腋下，一手托住仪器，一手抱住三脚架，并使仪器在三脚架上呈倾斜状态进行搬迁，切不可将仪器扛在肩上进行搬动。

8）勿使仪器淋雨或暴晒，以避免降低仪器的精度；无论任何情况，仪器应有人看守，防止风吹、伞动等原因碰动或损坏仪器。

9）实训结束后，应清点仪器、用具，避免丢失，尤其注意清点零星物件。

10）仪器装箱前，旋松所有制动螺旋，将脚螺旋调节至中间工作状态，并使3个脚螺旋大致同高。装箱时，仪器、附件应保持原来的放置位置；旋紧所有制动螺旋，以免晃动；如果仪器箱盖不能盖严，应检查放置是否正确，不可强行关箱。

5. 测量工具使用注意事项

1）水准尺、标杆、测钎等禁止横向受力，以防弯曲变形。作业时，水准尺、标杆应由专人扶直，不准贴靠树上、墙上或电线杆上，不能磨损尺面分划和漆皮。塔尺使用过程中，还应注意接口处的正确连接，用后及时收尺。

2）测图板使用过程中，应保护板面，不得乱写乱扎，不能施以重压。

3）皮尺要严防潮湿，万一潮湿，应晾干后再收入尺盒内。

4）钢尺使用过程中，应防止扭曲、打结和折断，防止行人踩踏或车辆碾压，尽量避免尺身着水。用完钢尺后，应擦净、涂油，以防生锈。

5）小件工具如垂球、测钎、尺垫的使用，应用完即收，防止遗失。

6）全站仪使用的反光棱镜，表面若有灰尘或其他污物，应先用软毛刷轻轻拂去，再用镜头纸擦拭，严禁使用手帕、粗布或其他东西擦拭，以免损坏镜面。

6. 测量记录注意事项

1）所有观测成果均要使用硬性（2H或3H）铅笔记录。

2）记录员必须熟悉记录手簿上各项内容及记录、计算方法；记录观测数据之前，应将仪器型号、日期、天气、测站、观测者及记录者姓名等填写齐全。

3）观测员读数后，记录员应随即在记录手簿上的相应栏内填写并复述，以防听错、记错，不得另纸记录事后转抄。

4）记录时，要求字体端正清晰，字体大小一般占格宽的一半左右，留出空隙作改正错误用。

5）观测数据应体现其精度及真实性，如水准尺读数1.300m，不能记为1.3m。

6）水平角观测，秒值读记错误应重新观测，度、分读记错误可在现场更正，但同一方向盘左、盘右不得同时更改相关数字；天顶距观测，分的读数在各测回中不得连环更改。

7）距离测量和水准测量中，厘米及以下数值不得更改；米和分米的读记错误，同一距离、同一高差的往、返测或两次测量的相关数字不得连环更改。

8）更正错误，均应将错误数字、文字整齐划去，在上方另记正确数字和文字；划改的数字和超限划去的成果均应注明原因和重测结果所在页数。

9）严禁伪造观测数据，否则全部测量成果作废，并重新观测。

7. 测量计算

1）每站观测结束后，必须在现场完成规定的计算和校核，确认无误后方可进行下一站的观测。

2）测量计算时，数字进位按照“四舍六入、奇进偶舍”的原则，如数据1.3244m、

1.3236m、1.3235m、1.3245m，若取至毫米位，按四舍六入，则 1.3244m 和 1.3236m 均应记作 1.324m；按奇进偶舍，则 1.3235m 和 1.3245m 均应记作 1.324m。

3）测量计算时数字的取位规定：水准测量的观测数据取位至 1mm，前后视距取位至 0.1m，视距总和取位至 0.01km，高差中数一般取位至 0.1mm，高差总和取位至 1mm；角度测量取位至 1″。

4）观测手簿中，对于有正负意义的量，在记录、计算时一定要带上“+”“-”，即使是“+”也不能省略。

5）简单计算，如平均值、方向值、高差等，应边记录边计算，如果超限则立即重测；较为复杂的计算，可在实训结束后及时算出。

6）所有的观测与记录数据严禁转抄。

# 实训任务8.1 $DS_3$水准仪的认识及使用

## 8.1.1 工作任务单

| 实训场地 | 室外实训场，能够满足10个小组同时开展实训任务 | | |
|---|---|---|---|
| 实训任务 | $DS_3$水准仪的认识及使用 | 学时 | 2学时 |
| 任务描述 | 1. 指定位置安置仪器，正确整平水准仪。<br>2. 认识仪器组成，熟悉各部件名称，准确操作各部螺旋，完成相关工作。<br>3. 选择合适位置，采用正确方法竖立水准尺。<br>4. 对水准尺进行准确读数，并规范记录、计算 | | |
| 实训目标 | 1. 掌握$DS_3$水准仪的基本构造，仪器各部件的名称、作用和操作方法。<br>2. 掌握水准仪的基本操作方法，包括安置仪器、粗略整平、照准目标、消除视差、精确整平和正确读数，能正确使用水准仪。<br>3. 理解各种水准尺的注记形式、熟悉水准尺的刻划，能够对不同注记的水准尺进行正确读数。<br>4. 认识尺垫，能够在转点上正确使用尺垫。<br>5. 实训过程中规范使用测量仪器并时刻保证仪器安全，树立科技安全意识；小组成员分工明确，密切合作，培养团队合作意识；严禁编造数据，发扬实事求是的优良作风；严格按规范要求执行，养成依规行事的良好品德；避免影响车辆和人员通行，养成遵纪守法的社会公德；保护周边环境，培养生态环保意识 | | |
| 仪器工具 | $DS_3$水准仪，水准仪专用脚架，水准尺，自备记录板、铅笔、计算器等 | | |
| 实训要求 | 1. 实训前熟悉工作任务单和教学引导文，做好实训准备。<br>2. 熟悉水准仪各部件的名称和作用。<br>3. 实训过程中，每位学生至少操作仪器一次，掌握安置仪器、粗略整平、照准目标、消除视差、精确整平和正确读数的方法。<br>4. 掌握记录、计算方法，记录规范，计算正确。<br>5. 观测完成后，必须按要求进行各个环节的自检，合格后将成果交付教师。<br>6. 教师指定其他小组进行组间互检。<br>7. 上述所有工作完成后，得到教师允许后归还仪器，结束实训 | | |
| 参考资料 | “地形测量”课程资源库相关内容 | | |

## 8.1.2 教学引导文

| 实训任务 | | $DS_3$水准仪的认识及使用 |
|---|---|---|
| 教学阶段 | 课前 | 1. 自主学习本实训相关内容，可以登录智慧职教平台课程资源库进行学习。<br>2. 认真阅读工作任务单，参阅“任务 1.1 普通水准测量”中与本实训相关的内容，掌握本实训工作内容、实训目标和实训要求等。<br>3. 认真学习任务实施单，掌握实施步骤和检核要求等。<br>4. 小组讨论，形成实训计划 |
| | 课中 | 1. 按仪器清单领取、准备仪器工具。<br>2. 课代表组织全体人员到指定场地集合，组长站在第一排，每小组站成一列。<br>3. 教师讲解、演示，布置任务。<br>4. 学生按教师讲解现场模拟操作，提出问题。<br>5. 学生分组实操，观测数据记录在 8.1.4 节的记录表格中。<br>6. 小组自检，组间互检，检查人员签字。<br>7. 教师按各种实训综合表现进行评价，写出评语，给出实训成绩 |
| | 课后 | 1. 进行实训总结。<br>2. 完成 8.1.6 节的知识检验 |
| 注意事项 | 1. 测站点应远离交通要道、运动场地、施工场地和人员密集地区。<br>2. 在安置仪器时，三脚架应安置稳妥，连接螺旋应连接紧密，严禁无人看管仪器。<br>3. 旋转仪器前应先松开制动螺旋，切忌直接用力旋转仪器，以免损坏制动装置；制动螺旋不能拧得太紧，尽量使微动螺旋和脚螺旋处于中间工作位置，以免失灵。<br>4. 作业时，不可将仪器、水准尺靠在树上或墙上；需搬站时，距离较远或道路难行时要先将仪器装箱再搬站；距离较近或道路平坦地区可直接松开水平制动螺旋，检查仪器连接紧密后，并拢 3 个脚架，一手握住仪器基座，一手将脚架抱于腋下，在保持仪器处于倾斜向上的状态下稳步前进。<br>5. 仪器装箱前要先将 3 个脚螺旋调至大致同高的中间位置，水平微动螺旋、微倾螺旋旋至中间位置，清除仪器上的灰尘，然后一手握住仪器，一手松开连接螺旋，双手取下仪器，按正确位置放入箱内，拧紧制动螺旋后合上箱盖并锁紧；清除脚架上的泥土，并拢锁紧 | |
| 实训计划 | 实训准备 | |
| | 实训开展 | |
| | 实训检查 | |
| | 实训结束 | |

### 8.1.3 任务实施单

| 实训场地 | 室外实训场，能够满足10个小组同时开展实训任务 |
|---|---|
| 实训任务 | $DS_3$水准仪的认识及使用 |
| 仪器清单 | $DS_3$水准仪1台，水准仪专用脚架1个，水准尺1对，自备记录板、铅笔、计算器等 |
| 教学环节 | 1. 按仪器清单领取仪器设备。<br>2. 到指定场地集合。<br>3. 教师演示。<br>4. 学生模拟。<br>5. 学生分组实操，观测数据记录在附录的实训表格中。<br>6. 小组自检，组间互检。<br>7. 教师评价 |
| 实施步骤 | 1. 安置仪器<br>1）首先选一处平坦地面，将水准仪专用脚架3个固紧螺旋松开，并拢3条架腿，升高脚架，使架头与鼻梁平齐后拧紧固紧螺旋；然后把3条架腿张开，架头尽量水平立于地面，使两条架腿连线方向与后视点、前视点连线平行，以避免骑架观测；同时，使3条架腿与地面的接触点大致呈一等边三角形，且接触点之间的距离以70～90cm为宜，以保证脚架能较稳定地立于地面。<br>2）把仪器箱放于地面一干净稳妥处打开，观察并记下仪器在箱内的安放位置后，双手分别握住仪器的基座和望远镜取出仪器，并安放于架头正中央，迅速把中心连接螺旋插入仪器基座底部中央圆形旋入口内，顺时针方向拧紧，此时应注意力度合适，不能太紧也不能太松。<br>2. 认识仪器工具<br>（1）水准仪<br>将实物水准仪与图8.1对照，认识仪器各部件名称，了解其作用；操作各部螺旋，掌握其使用方法。<br>（2）水准尺<br>观察一对水准尺，如图8.2所示，了解其刻划和注记，掌握其读数方法、使用方法。<br><br><br>1——微倾螺旋；2——目镜对光螺旋；3——目镜；<br>4——分划板护罩；5——物镜对光螺旋；6——物镜；<br>7——制动螺旋；8——微动螺旋<br>图8.1 $DS_3$水准仪各部件名称<br>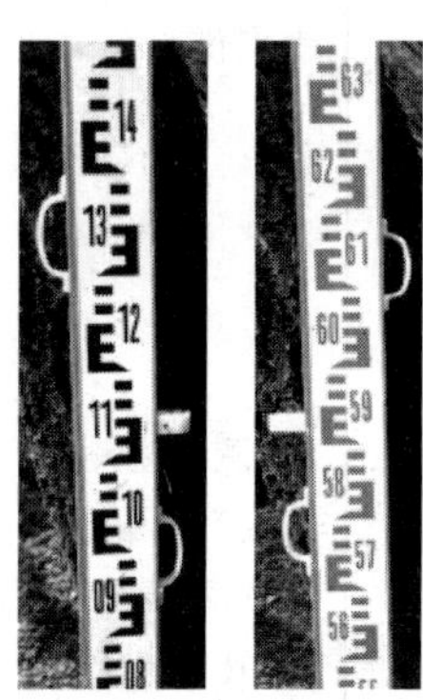<br><br>图8.2 水准尺 |

续表

| | |
|---|---|
| 实施步骤 | (3) 尺垫<br>认识尺垫，如图 8.3 所示，掌握其使用方法。<br><br>图 8.3　尺垫<br>3. 粗略整平仪器<br>首先观察圆水准器气泡所在位置，然后确定调节方案。如图 1.10（a）所示，气泡靠近脚螺旋①，说明该部位较高，可用左手握住脚螺旋①逆时针旋转，同时右手握住脚螺旋②顺时针旋转，这时气泡沿①②脚螺旋的连线方向平行移动，如气泡进入圆水准器中央圆圈内，即完成粗平；若气泡未进入圆圈内而是如图 1.10（b）所示，则用左手握住脚螺旋③顺时针旋转，使气泡进入圆圈中央。若一次不能完成，可反复进行。<br>4. 照准练习<br>首先转动望远镜，使物镜对准一明亮的背景，观察十字丝是否清晰，如不清晰，可顺时针或逆时针调节目镜使其清晰；松开制动螺旋，转动仪器，通过粗瞄器瞄准水准尺，旋紧制动螺旋；眼睛观察目镜，调节物镜对光螺旋，使水准尺成像清晰；调节水平微动螺旋，使水准尺尺像位于十字丝竖丝附近。<br>5. 消除视差<br>眼睛上下轻微移动，观察十字丝是否在水准尺上做上下移动，如有此现象，则表明有视差。消除视差的方法：先调节目镜使十字丝更清晰，此时水准尺尺像变模糊，重新调节物镜对光螺旋使水准尺清晰。反复进行，直至消除视差。<br>6. 精确整平仪器<br>通过符合水准器观察窗口观察气泡在哪个位置，转动螺旋，同时查看两豆瓣状气泡是否符合成抛物线形。<br>7. 正确读数<br>如图 8.4 所示，精平后观察中丝在水准尺上的位置，依次读出米、分米、厘米，最后估读出毫米，共 4 位数。读数及记录时可以米或毫米为单位。应当指出的是，如果使用微倾式水准仪，在读取中丝读数前应当调节符合水准器，使气泡影像重合。<br>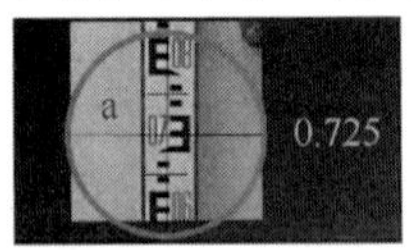<br><br>图 8.4　水准仪照准水准尺<br>8. 测站观测练习<br>在仪器两侧 20～30m 处各立一根水准尺，分别照准、读数、记录并计算，计算出两立尺点间的高差。组内成员所测高差应相等，如不等，其差值应不大于 5mm。<br>9. 仪器装箱<br>实训完成后，按正确方法把仪器放回箱内。装箱时注意按取出时的位置原样放回，如仪器放进箱内后，仪器箱盖不能闭合，切忌用力压迫箱盖，应注意检查仪器放置的位置是否不当或有其他杂物顶住箱盖，以免损坏仪器。 |

## 8.1.4 记录表格

将实训观测数据填入表 8.1 中。

表 8.1 普通水准测量记录手簿

日期________ 小组________ 仪器型号________ 天气________ 成像________

测自________至________ 观测者________ 记录者________ 检查者________

| 测站 | 点名 | 水准尺黑面中丝读数 | | 高差/m | | 高程/m | 备注 |
|---|---|---|---|---|---|---|---|
| | | 后视/m | 前视/m | + | − | | |
| | | | | | | | |
| | | | | | | | |
| | | | | | | | |
| | | | | | | | |
| | | | | | | | |
| | | | | | | | |
| | | | | | | | |
| | | | | | | | |
| | | | | | | | |
| | | | | | | | |
| | | | | | | | |
| | | | | | | | |

## 8.1.5 任务检查单

| | | | | |
|---|---|---|---|---|
| 小组自检 | 观测顺序 | | | |
| | 记录计算 | | | |
| | 限差要求 | | | |
| | 自检评价 | | 检查员签字 | |
| 组间互检 | 观测顺序 | | | |
| | 记录计算 | | | |
| | 限差要求 | | | |
| | 互检评价 | | 检查员签字 | |
| 教师评价 | 教师评语 | | | |
| | 实训成绩 | | 教师签字 | |

### 8.1.6 知识检验

| 题目 | 答案 |
| --- | --- |
| 简述本实训任务的主要步骤 | |
| 简述水准测量的原理 | |
| 水准仪由哪些主要部分构成？各起什么作用？ | |
| 简述应该如何粗略整平仪器，如何精确整平仪器 | |
| 请对本次实训任务进行总结 | |

# 实训任务8.2 普通水准测量

## 8.2.1 工作任务单

<table>
<tr><td>实训场地</td><td colspan="3">室外实训场，能够布设至少 500m 长的 2 点闭合水准路线</td></tr>
<tr><td>实训任务</td><td>普通水准测量</td><td>学时</td><td>4 学时</td></tr>
<tr><td>任务描述</td><td colspan="3">1. 布设 2 点闭合水准路线。<br>2. 在合适的位置正确安置仪器。<br>3. 逐站完成普通水准测量观测、记录、计算。<br>4. 完成路线检核和手簿所有项目计算</td></tr>
<tr><td>实训目标</td><td colspan="3">1. 掌握水准路线的布设形式，能够正确布设 2 点闭合水准路线。<br>2. 熟悉仪器的操作方法、要领，能够熟练使用水准仪，能够规范、安全地搬站。<br>3. 理解转点的含义和作用，能够正确选取转点、放置尺垫。<br>4. 掌握普通水准测量的观测、记录方法，能够熟练使用水准仪进行普通水准测量的外业工作。<br>5. 掌握闭合水准路线的计算方法，小组合作完成闭合水准路线内业工作。<br>6. 实训过程中规范使用测量仪器并时刻保证仪器安全，树立科技安全意识；小组成员分工明确，密切合作，培养团队合作意识；严禁编造数据，发扬实事求是的优良作风，严格按规范要求执行，养成依规行事的良好品德；避免影响车辆和人员通行，养成遵纪守法的社会公德；保护周边环境，培养生态环保意识</td></tr>
<tr><td>仪器工具</td><td colspan="3">$DS_3$ 水准仪，水准仪专用脚架，水准尺，自备记录板、铅笔、计算器等</td></tr>
<tr><td>实训要求</td><td colspan="3">1. 实训前熟悉工作任务单和教学引导文，做好实训准备。<br>2. 每组选择一条至少由 4 个水准点组成的闭合水准路线。<br>3. 水准路线的起点、前进方向由教师指定，其他点位自行确定，并做好点位标志。<br>4. 小组合作，按照任务实施单的要求完成全部实训内容。<br>5. 实训过程中，每位学生至少完成一个测站的观测、记录、计算。<br>6. 每个测站用变换仪器高法观测两次，计算完成并满足限差要求后才能搬站。<br>7. 观测完成后，必须按要求进行各个环节的自检，合格后将成果交付教师。<br>8. 教师指定其他小组进行组间互检。<br>9. 上述所有工作完成后，得到教师允许后归还仪器，结束实训</td></tr>
<tr><td>参考资料</td><td colspan="3">“地形测量”课程资源库相关内容</td></tr>
</table>

## 8.2.2 教学引导文

<table>
<tr><td colspan="2">实训任务</td><td>普通水准测量</td></tr>
<tr><td rowspan="3">教学阶段</td><td>课前</td><td>1. 自主学习本实训相关内容，可以登录智慧职教平台课程资源库进行学习。<br>2. 认真阅读工作任务单，参阅“任务 1.1 普通水准测量”中与本实训相关的内容，掌握本实训工作内容和实训要求等具体情况。<br>3. 完成 8.2.3 节的任务训练。<br>4. 认真学习任务实施单，掌握实施步骤和检核要求等。<br>5. 小组讨论，形成实训计划</td></tr>
<tr><td>课中</td><td>1. 按仪器清单领取、准备仪器工具。<br>2. 课代表组织全体人员到指定场地集合，组长站在第一排，每小组站成一列。<br>3. 教师讲解、演示，布置任务。<br>4. 学生按教师讲解现场模拟操作、提出问题。<br>5. 学生分组实操，观测数据记录在 8.2.5 节的记录表格中。<br>6. 小组自检，组间互检，检查人员签字。<br>7. 教师按各种实训综合表现进行评价，写出评语，给出实训成绩</td></tr>
<tr><td>课后</td><td>1. 进行实训总结。<br>2. 完成 8.2.7 节的知识检验</td></tr>
<tr><td>注意事项</td><td colspan="2">1. 读数时水准尺应竖直，每次读数前仪器应精确整平。<br>2. 读数应快速、准确、口齿清晰，避免误读误记。<br>3. 记录时养成良好习惯，做到字体端正清晰、数位对齐、数字齐全（前后视读数均为 4 位数，不足的用 0 占位）、大小合适，高度以不超过每行的 1/2 为宜，字脚靠底线书写。<br>4. 转点处必须放置尺垫，已知点和待定点处不能放置尺垫。<br>5. 普通水准测量对前后视距要求稍低，但是原则上最大视距应不超过 150m，前后视距应基本相等。<br>6. 高差闭合差 $f_h$ 应控制在限差范围内，即 $f_h \leqslant \pm 40\sqrt{L}$mm（平地）。<br>7. 组内成员轮换工作</td></tr>
<tr><td rowspan="4">实训计划</td><td>实训准备</td><td></td></tr>
<tr><td>实训开展</td><td></td></tr>
<tr><td>实训检查</td><td></td></tr>
<tr><td>实训结束</td><td></td></tr>
</table>

### 8.2.3 任务训练

将图 8.5 中数据填入表 8.2 中，并完成相应计算。

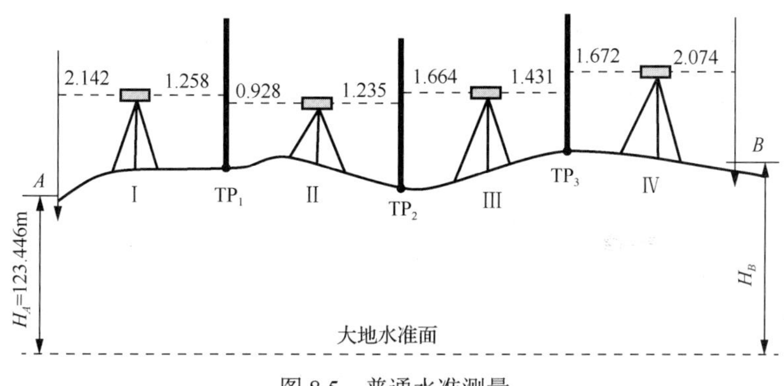


图 8.5 普通水准测量

**表 8.2 普通水准测量记录手簿**

日期________ 小组________ 仪器型号________ 天气________ 成像________

测自________至________ 观测者________ 记录者________ 检查者________

| 测站 | 点名 | 水准尺黑面中丝读数 | | 高差/m | | 高程/m | 备注 |
|---|---|---|---|---|---|---|---|
| | | 后视/m | 前视/m | + | − | | |
| | | | | | | | |
| | | | | | | | |
| | | | | | | | |
| | | | | | | | |
| | | | | | | | |
| | | | | | | | |
| | | | | | | | |
| | | | | | | | |
| | | | | | | | |
| | | | | | | | |
| | | | | | | | |
| | | | | | | | |
| 计算校核 | | $\sum a =$ | $\sum b =$ | | | | |
| | | $\sum a - \sum b =$ | | $\sum h =$ | | | |

## 8.2.4 任务实施单

| | |
|---|---|
| 实训场地 | 室外实训场，能够布设至少 500m 长的 2 点闭合水准路线 |
| 实训任务 | 普通水准测量 |
| 仪器清单 | $DS_3$ 水准仪 1 台，水准仪专用脚架 1 个，水准尺 1 对，自备记录板、铅笔、计算器等 |
| 教学环节 | 1. 按仪器清单领取仪器设备。<br>2. 到指定场地集合。<br>3. 教师演示。<br>4. 学生模拟。<br>5. 学生分组实操，观测数据记录在附录的实训表格中。<br>6. 小组自检，组间互检。<br>7. 教师评价 |
| 实施步骤 | 1. 在实训场地上布设闭合水准路线，起始点和前进方向由教师指定。<br>2. 将已知高程的起始点作为第一个测站的后视点，其上竖立水准尺，在距该点小于 100m 处安置水准仪，在路线前进方向大致等距离处放置一尺垫作为转点，记为 $TP_1$，在尺垫上竖立前视水准尺。<br>3. 观测员照准后视尺，读取后视读数 $a_1$；记录员复述数据，确认无误后记入手簿。<br>4. 观测员旋转仪器，照准前视尺，读取前视读数 $b_1$；记录员复述数据，确认无误后记入记录手簿，计算高差 $h_1$，$h_1=a_1-b_1$。<br>5. 采用变换仪器高法，即原地将仪器升高或降低，按上述方法再进行一次观测，计算出高差或前视点高程，两次较差不超过允许范围，完成一个测站观测。<br>6. 把后视尺移至待测水准点上，$TP_1$ 上的水准尺不动。在 $TP_1$ 与待测水准点之间大致等距离处安置仪器，重复上述 3～5 步，完成第二个测站观测。<br>7. 重复以上步骤，完成第二测段观测。<br>8. 计算检核：高差之和 $\sum h=$ 后视读数总和 $\sum a-$ 前视读数总和 $\sum b$ 。<br>9. 精度检核：高差闭合差 $f_h \leqslant \pm 40\sqrt{L}$mm 。<br>10. 高程计算 |

## 8.2.5 记录表格

将实训观测数据填入表 8.3 中。

表 8.3 普通水准测量记录手簿

日期________ 小组________ 仪器型号________ 天气________ 成像________

测自________至________ 观测者________ 记录者________ 检查者________

| 测站 | 点名 | 水准尺黑面中丝读数 | | 高差/m | | 高程/m | 备注 |
|---|---|---|---|---|---|---|---|
| | | 后视/m | 前视/m | + | − | | |
| | | | | | | 62.325 | 起始点 |
| | | | | | | | |
| | | | | | | | |
| | | | | | | | |
| | | | | | | | |
| | | | | | | | |
| | | | | | | | |
| | | | | | | | |
| | | | | | | | |
| | | | | | | | |
| | | | | | | | |
| | | | | | | | |
| 计算校核 | | $\sum a=$ | $\sum b=$ | | | | |
| | | $\sum a-\sum b=$ | | $\sum h=$ | | | |

## 8.2.6 任务检查单

| | | | | |
|---|---|---|---|---|
| 小组自检 | 观测顺序 | | | |
| | 记录计算 | | | |
| | 限差要求 | | | |
| | 自检评价 | | 检查员签字 | |
| 组间互检 | 观测顺序 | | | |
| | 记录计算 | | | |
| | 限差要求 | | | |
| | 互检评价 | | 检查员签字 | |
| 教师评价 | 教师评语 | | | |
| | 实训成绩 | | 教师签字 | |

### 8.2.7 知识检验

| 题目 | 答案 |
| --- | --- |
| 简述普通水准测量的主要实训步骤 | |
| 什么是水准点？什么是转点？尺垫应在什么情况下使用？ | |
| 什么是水准路线？水准路线有几种布设形式？ | |
| 请对本次实训任务进行总结 | |

# 实训任务 8.3 四等水准测量——一个测站工作

## 8.3.1 工作任务单

<table>
<tr><td>实训场地</td><td colspan="3">室外实训场，能够满足 10 个小组同时开展实训任务</td></tr>
<tr><td>实训任务</td><td>四等水准测量——一个测站工作</td><td>学时</td><td>2 学时</td></tr>
<tr><td>任务描述</td><td colspan="3">1. 在实训场地内选择距离 200m 以内的两个点位，分别作为后视点和前视点。<br>2. 在后视点和前视点中间位置安置仪器，完成整平工作。<br>3. 在后视点和前视点上分别竖立后视尺和前视尺。<br>4. 按照四等水准测量观测顺序完成一个测站的观测工作。<br>5. 完成四等水准测量一个测站的记录、计算工作</td></tr>
<tr><td>实训目标</td><td colspan="3">1. 掌握四等水准测量的观测程序、观测方法、记录顺序、记录格式。<br>2. 掌握四等水准测量的测站校核方法。<br>3. 掌握四等水准测量一个测站的记录、计算方法。<br>4. 实训过程中规范使用测量仪器并时刻保证仪器安全，树立科技安全意识；小组成员分工明确，密切合作，培养团队合作意识；严禁编造数据，发扬实事求是的优良作风；严格按规范要求执行，养成依规行事的良好品德；避免影响车辆和人员通行，养成遵纪守法的社会公德；保护周边环境，培养生态环保意识</td></tr>
<tr><td>仪器工具</td><td colspan="3">$DS_3$ 水准仪，水准仪专用脚架，水准尺，自备记录板、铅笔、计算器等</td></tr>
<tr><td>实训要求</td><td colspan="3">1. 实训前熟悉工作任务单和教学引导文，做好实训准备。<br>2. 按“后—后—前—前”的顺序观测，各项指标应满足《国家三、四等水准测量规范》（GB/T 12898—2009）的要求（表 8.4）。<br><br>表 8.4 四等水准测量主要技术要求<br>
<table>
<tr><th>等级</th><th>视线高度</th><th>前后视距/m</th><th>前后视距差/m</th><th>前后视距累积差/m</th><th>黑红面读数差/mm</th><th>黑红面高差之差/mm</th><th>高差闭合差/mm</th></tr>
<tr><td>四等</td><td>三丝能读数</td><td>≤100</td><td>≤±3</td><td>≤±</td><td>≤±3</td><td>≤±5</td><td>≤±20 $\sqrt{L}$</td></tr>
</table>
3. 小组合作，按照任务实施单的要求完成全部实训内容。<br>4. 实训过程中，每位学生至少完成一个测站的观测、记录和计算。<br>5. 测站计算不得使用计算器。<br>6. 观测完成后，必须按要求进行各个环节的自检，合格后将成果交付教师。<br>7. 教师指定其他小组进行组间互检。<br>8. 上述所有工作完成后，得到教师允许后归还仪器，结束实训</td></tr>
<tr><td>参考资料</td><td colspan="3">《国家三、四等水准测量规范》（GB/T 12898—2009）<br>“地形测量”课程资源库相关内容</td></tr>
</table>

## 8.3.2 教学引导文

<table>
<tr><td colspan="2">实训任务</td><td>四等水准测量——一个测站工作</td></tr>
<tr><td rowspan="3">教学阶段</td><td>课前</td><td>1. 自主学习本实训相关内容，可以登录智慧职教平台课程资源库进行学习。<br>2. 认真阅读工作任务单，参阅“任务 1.2 四等水准测量”中与本实训任务相关的内容，掌握本实训工作内容和实训要求等具体情况。<br>3. 完成 8.3.3 节的任务训练。<br>4. 认真学习任务实施单，掌握实施步骤和检核要求等。<br>5. 小组讨论，形成实训计划</td></tr>
<tr><td>课中</td><td>1. 按仪器清单领取、准备仪器工具。<br>2. 课代表组织全体人员到指定场地集合，组长站在第一排，每小组站成一列。<br>3. 教师讲解、演示，布置任务。<br>4. 学生按教师讲解现场模拟操作，提出问题。<br>5. 学生分组实操，观测数据记录在 8.3.5 节记录表格中。<br>6. 小组自检，组间互检，检查人员签字。<br>7. 教师按各种实训综合表现进行评价，写出评语，给出实训成绩</td></tr>
<tr><td>课后</td><td>1. 进行实训总结。<br>2. 完成 8.3.7 节的知识检验</td></tr>
<tr><td>注意事项</td><td colspan="2">1. 四等水准测量的观测顺序为后（黑面：上丝、下丝、中丝）—后（红面：中丝）—前（黑面：上丝、下丝、中丝）—前（红面：中丝），一定按顺序观测。<br>2. 前后视距差要求不超过 ± 3m，初学者往往不容易控制，应采用步量或用皮尺丈量。如果视距差超限，可以采用移动前视尺或者挪动仪器的方法调整。移动前视尺，需移动视距差距离值；挪动仪器，只需挪动视距差距离的一半，方向根据视距差正负号确定。<br>3. 在观测中为提高效率，记录员要边记录边计算，以免重复观测。但不可预先算出数值告知观测者，以免影响其读数，如不可根据黑面读数算出红面读数。<br>4. 立尺员立尺时要认真负责，观测员读数时必须保持正确站姿，以使水准尺保持竖直状态。<br>5. 记录应工整规范，严禁编造或涂改数据。<br>6. 各项指标均需满足规定的限差要求，即使只有一项超限也需重测，重测必须改变仪器高</td></tr>
<tr><td rowspan="4">实训计划</td><td>实训准备</td><td></td></tr>
<tr><td>实训开展</td><td></td></tr>
<tr><td>实训检查</td><td></td></tr>
<tr><td>实训结束</td><td></td></tr>
</table>

### 8.3.3 任务训练

完成表 8.5 剩余部分的计算。

**表 8.5 四等水准测量记录手簿**

日期________ 小组________ 仪器型号________ 天气________ 成像________

测自________至________ 观测者________ 记录者________ 检查者________

| 测站编号 | 测点 | 后尺 上丝/下丝<br>后视距<br>视距差 $d$/m | 前尺 上丝/下丝<br>前视距<br>累积差 $\sum d$ / m | 方向及尺号 | 标尺读数 黑面（中丝） | 标尺读数 红面（中丝） | $K$+黑-红/mm | 高差中数/m | 备注 |
|---|---|---|---|---|---|---|---|---|---|
| 1 | $A$ | 1.271 | 1.357 | 后 6 | 1.228 | 5.914 | +1 | −0.086 | |
| | \| | 1.183 | 1.266 | 前 7 | 1.312 | 6.103 | −2 | | |
| | $TP_1$ | 8.8 | 9.1 | 后-前 | −0.084 | −0.187 | +3 | | |
| | | −0.3 | −0.3 | | | | | | |
| 2 | $TP_1$ | 1.267 | 1.592 | 后 7 | 1.185 | 5.975 | −3 | −0.320 | |
| | \| | 1.104 | 1.420 | 前 6 | 1.506 | 6.193 | 0 | | |
| | $TP_2$ | 16.3 | 17.2 | 后-前 | −0.321 | −0.218 | −3 | | |
| | | −0.9 | −1.2 | | | | | | |
| 3 | $TP_2$ | 1.428 | 1.410 | 后 6 | 1.362 | 6.049 | 0 | +0.014 | |
| | \| | 1.298 | 1.289 | 前 7 | 1.349 | 6.133 | +3 | | |
| | $TP_3$ | 13.0 | 12.1 | 后-前 | +0.013 | −0.084 | −3 | | |
| | | 0.9 | −0.3 | | | | | | |
| 4 | $TP_3$ | 1.532 | 1.477 | 后 7 | 1.404 | 6.193 | −2 | +0.060 | |
| | \| | 1.275 | 1.212 | 前 6 | 1.344 | 6.032 | −1 | | |
| | $TP_4$ | 25.7 | 26.5 | 后-前 | +0.060 | +0.161 | −1 | | |
| | | −0.8 | −1.1 | | | | | | |
| 5 | $TP_4$ | 1.592 | 1.266 | 后 | 1.504 | 6.191 | | | |
| | \| | 1.418 | 1.104 | 前 | 1.185 | 5.974 | | | |
| | $TP_5$ | | | 后-前 | | | | | |
| | | | | | | | | | |
| 6 | $TP_5$ | 1.822 | 1.735 | 后 | 1.588 | 6.376 | | | |
| | \| | 1.354 | 1.257 | 前 | 1.496 | 6.184 | | | |
| | $B$ | | | 后-前 | | | | | |
| | | | | | | | | | |
| | | | | 后 | | | | | |
| | | | | 前 | | | | | |
| | | | | 后-前 | | | | | |
| | | | | | | | | | |

### 8.3.4 任务实施单

| | |
|---|---|
| 实训场地 | 室外实训场，能够满足 10 个小组同时开展实训任务 |
| 实训任务 | 四等水准测量——一个测站工作 |
| 仪器清单 | $DS_3$ 水准仪 1 台，水准仪专用脚架 1 个，水准尺 1 对，自备记录板、铅笔、计算器等 |
| 教学环节 | 1. 按仪器清单领取仪器设备。<br>2. 到指定场地集合。<br>3. 教师演示。<br>4. 学生模拟。<br>5. 学生分组实操，观测数据记录在附录的实训表格中。<br>6. 小组自检，组间互检。<br>7. 教师评价 |
| 实施步骤 | 1. 在实训场地内选择距离 200m 以内的两个点位，分别放置尺垫，作为后视点和前视点。<br>2. 采用步量的方法量出两点间的距离，在两点中间位置安置仪器，完成整平工作。<br>3. 在后视点和前视点上分别竖立水准尺。<br>4. 照准后视尺黑面，按上丝、下丝、中丝顺序进行读数（正像仪器），分别记录。<br>5. 照准后视尺红面，读取红面中丝读数，记录。<br>6. 照准前视尺黑面，按上丝、下丝、中丝顺序进行读数（正像仪器），分别记录。<br>7. 照准前视尺红面，读取红面中丝读数，记录。<br>8. 进行外业观测手簿所有数据的计算，判断各项指标是否满足限差要求，决定是否重测。<br>应当指出的是，如果使用微倾式水准仪，在读取中丝读数前应当调节符合水准器使气泡影像重合 |

## 8.3.5 记录表格

将实训观测数据填入表 8.6 中。

表 8.6 四等水准测量记录手簿

日期________ 小组________ 仪器型号________ 天气________ 成像________

测自________至________ 观测者________ 记录者________ 检查者________

| 测站编号 | 测点 | 后尺 上丝 | 前尺 上丝 | 方向及尺号 | 标尺读数 | | $K$+黑-红/mm | 高差中数/m | 备注 |
|---|---|---|---|---|---|---|---|---|---|
| | | 后尺 下丝 | 前尺 下丝 | | | | | | |
| | | 后视距 | 前视距 | | 黑面（中丝） | 红面（中丝） | | | |
| | | 视距差 $d$/m | 累积差 $\sum d$ / m | | | | | | |
| | | | | 后 | | | | | |
| | | | | 前 | | | | | |
| | | | | 后-前 | | | | | |
| | | | | | | | | | |
| | | | | 后 | | | | | |
| | | | | 前 | | | | | |
| | | | | 后-前 | | | | | |
| | | | | | | | | | |
| | | | | 后 | | | | | |
| | | | | 前 | | | | | |
| | | | | 后-前 | | | | | |
| | | | | | | | | | |
| | | | | 后 | | | | | |
| | | | | 前 | | | | | |
| | | | | 后-前 | | | | | |
| | | | | | | | | | |
| | | | | 后 | | | | | |
| | | | | 前 | | | | | |
| | | | | 后-前 | | | | | |
| | | | | | | | | | |
| | | | | 后 | | | | | |
| | | | | 前 | | | | | |
| | | | | 后-前 | | | | | |
| | | | | | | | | | |
| | | | | 后 | | | | | |
| | | | | 前 | | | | | |
| | | | | 后-前 | | | | | |
| | | | | | | | | | |
| | | | | 后 | | | | | |
| | | | | 前 | | | | | |
| | | | | 后-前 | | | | | |
| | | | | | | | | | |

## 8.3.6 任务检查单

<table>
<tr><td rowspan="4">小组自检</td><td>观测顺序</td><td colspan="3"></td></tr>
<tr><td>记录计算</td><td colspan="3"></td></tr>
<tr><td>限差要求</td><td colspan="3"></td></tr>
<tr><td>自检评价</td><td></td><td>检查员签字</td><td></td></tr>
<tr><td rowspan="4">组间互检</td><td>观测顺序</td><td colspan="3"></td></tr>
<tr><td>记录计算</td><td colspan="3"></td></tr>
<tr><td>限差要求</td><td colspan="3"></td></tr>
<tr><td>互检评价</td><td></td><td>检查员签字</td><td></td></tr>
<tr><td rowspan="2">教师评价</td><td>教师评语</td><td colspan="3"></td></tr>
<tr><td>实训成绩</td><td></td><td>教师签字</td><td></td></tr>
</table>

## 8.3.7 知识检验

| 题目 | 答案 |
|---|---|
| 简述四等水准测量一个测站上的观测程序 | |
| 四等水准测量测站上有哪些限差要求? | |
| 如果前后视距差超限应如何处理? | |
| 如果黑红面读数差超限应如何处理? | |
| 请对本次实训任务进行总结 | |

# 实训任务 8.4 四等水准路线测量

## 8.4.1 工作任务单

| 实训场地 | 室外实训场，能够布设至少 500m 长的 2 点闭合水准路线 | | |
|---|---|---|---|
| 实训任务 | 四等水准路线测量 | 学时 | 4 学时 |
| 任务描述 | 1. 布设 2 点闭合水准路线。<br>2. 在合适的位置正确安置仪器。<br>3. 逐站完成四等水准测量观测、记录、计算。<br>4. 小组人员按测段轮换工序，完成整个水准路线测量。<br>5. 合作完成闭合水准路线内业计算 | | |
| 实训目标 | 1. 掌握四等水准测量路线的 3 种布设形式、技术要求。<br>2. 熟悉四等水准测量测站上的观测、记录、计算方法。<br>3. 掌握四等水准测量路线高差闭合差与允许值的计算方法。<br>4. 初步掌握四等水准测量的内业计算。<br>5. 实训过程中规范使用测量仪器并时刻保证仪器安全，树立科技安全意识；小组成员分工明确，密切合作，培养团队合作意识；严禁编造数据，发扬实事求是的优良作风；严格按规范要求执行，养成依规行事的良好品德；避免影响车辆和人员通行，养成遵纪守法的社会公德；保护周边环境，培养生态环保意识 | | |
| 仪器工具 | $DS_3$ 水准仪，水准仪专用脚架，水准尺，自备记录板、铅笔、计算器等 | | |
| 实训要求 | 1. 每组选择一条至少由 2 个水准点组成的闭合水准路线。<br>2. 水准路线的起点、前进方向由教师指定，其他点位自行确定，并做好点位标志。<br>3. 实训过程中，每位学生至少完成一个测站的观测、记录、计算，测站计算不得使用计算器。<br>4. 每个测站观测完成后，即刻进行计算。只有当所有项目都满足限差要求并完成全部计算后才能搬站，但凡有一项超限，都需要重新观测。<br>5. 每个测段内的站数必须为偶数，整条路线的高差闭合差必须满足限差要求。<br>6. 观测完成后，必须按要求进行各个环节的自检，合格后将成果交付教师。<br>7. 教师指定其他小组进行组间互检。<br>8. 上述所有工作完成后，得到教师允许后归还仪器，结束实训 | | |
| 参考资料 | “地形测量”课程资源库相关内容 | | |

## 8.4.2 教学引导文

<table>
<tr><td colspan="2">实训任务</td><td colspan="2">四等水准路线测量</td></tr>
<tr><td rowspan="3">教学阶段</td><td>课前</td><td colspan="2">1. 自主学习本实训相关内容，可以登录智慧职教平台课程资源库进行学习。<br>2. 认真阅读工作任务单，参阅“任务 1.2 四等水准测量”中与本实训相关的内容，掌握本实训工作内容和实训要求等具体情况。<br>3. 认真学习任务实施单，掌握实施步骤和检核要求等。<br>4. 小组讨论，形成实训计划</td></tr>
<tr><td>课中</td><td colspan="2">1. 按仪器清单领取、准备仪器工具。<br>2. 课代表组织全体人员到指定场地集合，组长站在第一排，每小组站成一列。<br>3. 教师讲解、演示，布置任务。<br>4. 学生按教师讲解现场模拟操作，提出问题。<br>5. 学生分组实操，观测数据记录在 8.4.4 节的记录表格中。<br>6. 小组自检，组间互检，检查人员签字。<br>7. 教师按各种实训综合表现进行评价，写出评语，给出实训成绩</td></tr>
<tr><td>课后</td><td colspan="2">1. 进行实训总结。<br>2. 完成 8.4.6 节的知识检验</td></tr>
<tr><td>注意事项</td><td colspan="3">1. 观测前确认水准尺是否成对，并确定好前后视水准尺的尺常数。<br>2. 每个测站全部工作完成后（称站站清）才能搬站。<br>3. 记录员在测站校核未完成前不能下令搬动仪器，观测员更不能擅自搬动仪器。<br>4. 水准点上不能放置尺垫，转点上放置尺垫，并注意保护；作为后视的转点，其尺垫只有在读完前视读数且测站校核确认正确无误后，才能随仪器一起移动。<br>5. 搬站时应按正确步骤进行，以免损坏仪器。<br>6. 立尺员立尺时要认真负责，观测员读数时必须使水准尺保持竖直状态。<br>7. 水准尺在移动时要交替前进，不能同时向前移动，移动水准尺时切忌带动尺垫。<br>8. 观测完毕后立即计算高差闭合差，闭合差 $f_h$ 应控制在限差范围内，即 $f_h \leqslant \pm 20\sqrt{L}\text{mm}$。<br>9. 组内成员轮换工作</td></tr>
<tr><td rowspan="4">实训计划</td><td colspan="2">实训准备</td><td></td></tr>
<tr><td colspan="2">实训开展</td><td></td></tr>
<tr><td colspan="2">实训检查</td><td></td></tr>
<tr><td colspan="2">实训结束</td><td></td></tr>
</table>

## 8.4.3 任务实施单

| | |
|---|---|
| 实训场地 | 室外实训场，能够布设至少 500m 长的 2 点闭合水准路线 |
| 实训任务 | 四等水准路线测量 |
| 仪器清单 | $DS_3$ 水准仪 1 台，水准仪专用脚架 1 个，水准尺 1 对，自备记录板、铅笔、计算器等 |
| 教学环节 | 1. 按仪器清单领取仪器设备。<br>2. 到指定场地集合。<br>3. 教师演示。<br>4. 学生模拟。<br>5. 学生分组实操，观测数据记录在附录的实训表格中。<br>6. 小组自检、组间互检。<br>7. 教师评价 |
| 实施步骤 | 1. 在实训场地上布设一条 2 点闭合水准路线，起始点和前进方向由教师指定。<br>2. 从已知高程的水准点开始，将其作为后视点；在路线前进方向上选择满足视线长度要求的转点并放置尺垫，作为前视点。<br>3. 采用步量的方法量出两点间的距离，在两点中间位置安置仪器，完成整平工作。<br>4. 在后视点和前视点上分别竖立水准尺。<br>5. 按四等水准测量——一个测站上的工作顺序（后—后—前—前）和要求完成一个测站的观测、记录、计算等工作，测站上所有指标满足限差要求后才能搬站，否则重测。<br>6. 用同样方法完成其他测站工作。<br>7. 计算水准路线的高差闭合差，若超限，则需重测。<br>8. 进行四等水准路线测量内业计算 |

### 8.4.4 记录表格

将实训观测结果记入表 8.7 中。

**表 8.7 四等水准路线测量记录手簿**

日期________ 小组________ 仪器型号________ 天气________ 成像________

测自________至________ 观测者________ 记录者________ 检查者________

| 测站编号 | 测点 | 后尺 上丝<br>后尺 下丝<br>后视距<br>视距差 $d$/m | 前尺 上丝<br>前尺 下丝<br>前视距<br>累积差 $\sum d$ / m | 方向及尺号 | 标尺读数 黑面（中丝） | 标尺读数 红面（中丝） | $K$+黑−红/mm | 高差中数/m | 备注 |
|---|---|---|---|---|---|---|---|---|---|
| | | | | 后 | | | | | |
| | | | | 前 | | | | | |
| | | | | 后−前 | | | | | |
| | | | | | | | | | |
| | | | | 后 | | | | | |
| | | | | 前 | | | | | |
| | | | | 后−前 | | | | | |
| | | | | | | | | | |
| | | | | 后 | | | | | |
| | | | | 前 | | | | | |
| | | | | 后−前 | | | | | |
| | | | | | | | | | |
| | | | | 后 | | | | | |
| | | | | 前 | | | | | |
| | | | | 后−前 | | | | | |
| | | | | | | | | | |
| | | | | 后 | | | | | |
| | | | | 前 | | | | | |
| | | | | 后−前 | | | | | |
| | | | | | | | | | |
| | | | | 后 | | | | | |
| | | | | 前 | | | | | |
| | | | | 后−前 | | | | | |
| | | | | | | | | | |

### 8.4.5 任务检查单

<table>
<tr><td rowspan="4">小组自检</td><td>观测顺序</td><td colspan="3"></td></tr>
<tr><td>记录计算</td><td colspan="3"></td></tr>
<tr><td>限差要求</td><td colspan="3"></td></tr>
<tr><td>自检评价</td><td></td><td>检查员签字</td><td></td></tr>
<tr><td rowspan="4">组间互检</td><td>观测顺序</td><td colspan="3"></td></tr>
<tr><td>记录计算</td><td colspan="3"></td></tr>
<tr><td>限差要求</td><td colspan="3"></td></tr>
<tr><td>互检评价</td><td></td><td>检查员签字</td><td></td></tr>
<tr><td rowspan="2">教师评价</td><td>教师评语</td><td colspan="3"></td></tr>
<tr><td>实训成绩</td><td></td><td>教师签字</td><td></td></tr>
</table>

## 8.4.6 知识检验

| 题目 | 答案 |
| --- | --- |
| 简述四等水准路线测量的主要实训步骤 | |
| 何谓水准测量的高差闭合差？不同的水准路线高差闭合差如何计算？ | |
| 四等水准路线的高差闭合差允许值如何计算？ | |
| 为什么每个测段内的站数必须为偶数？ | |
| 请对本次实训任务进行总结 | |

# 实训任务 8.5 三等水准路线测量

## 8.5.1 工作任务单

<table>
<tr><td>实训场地</td><td colspan="3">室外实训场，能够布设至少 500m 长的 2 点闭合水准路线</td></tr>
<tr><td>实训任务</td><td>三等水准路线测量</td><td>学时</td><td>4 学时</td></tr>
<tr><td>任务描述</td><td colspan="3">1. 布设 2 点闭合水准路线。<br>2. 在合适的位置正确安置仪器。<br>3. 逐站完成三等水准测量观测、记录、计算。<br>4. 小组人员按测段轮换工序，完成整个水准路线测量。<br>5. 合作完成闭合水准路线内业计算</td></tr>
<tr><td>实训目标</td><td colspan="3">1. 掌握三等水准测量路线的 3 种布设形式、技术要求。<br>2. 熟悉三等水准测量测站上的观测、记录、计算方法。<br>3. 掌握三等水准测量路线高差闭合差与允许值的计算方法。<br>4. 初步掌握三等水准测量的内业计算。<br>5. 实训过程中规范使用测量仪器并时刻保证仪器安全，树立科技安全意识；小组成员分工明确，密切合作，培养团队合作意识；严禁编造数据，发扬实事求是的优良作风；严格按规范要求执行，养成依规行事的良好品德；避免影响车辆和人员通行，养成遵纪守法的社会公德；保护周边环境，培养生态环保意识</td></tr>
<tr><td>仪器工具</td><td colspan="3">$DS_3$ 水准仪，水准仪专用脚架，水准尺，自备记录板、铅笔、计算器等</td></tr>
<tr><td>实训要求</td><td colspan="3">1. 每组选择一条至少由 2 个水准点组成的闭合水准路线。<br>2. 水准路线的起点、前进方向由教师指定，其他点位自行确定，并做好点位标志。<br>3. 实训过程中，每位学生至少完成一个测站的观测、记录、计算，测站计算不得使用计算器。<br>4. 每个测站观测完成后，即刻进行计算，只有当所有项目都满足三等水准测量主要技术要求（表 8.8）并完成全部计算后才能搬站，但凡有一项超限，都需要重新观测。<br><br>表 8.8　三等水准测量主要技术要求<br>
<table>
<tr><td>等级</td><td>视线高度</td><td>前后视距/m</td><td>前后视距差/m</td><td>前后视距累积差/m</td><td>黑红面读数差/mm</td><td>黑红面高差之差/mm</td><td>高差闭合差/mm</td></tr>
<tr><td>三等</td><td>三丝能读数</td><td>≤75</td><td>≤±2</td><td>≤±5</td><td>≤±2</td><td>≤±3</td><td>$\leqslant \pm 12\sqrt{L}$</td></tr>
</table>
5. 每个测段内的站数必须为偶数，整条路线的高差闭合差必须满足限差要求。<br>6. 观测完成后，必须按要求进行各个环节的自检，合格后将成果交付教师。<br>7. 教师指定其他小组进行组间互检。<br>8. 上述所有工作完成后，得到教师允许后归还仪器，结束实训</td></tr>
<tr><td>参考资料</td><td colspan="3">“地形测量”课程资源库相关内容</td></tr>
</table>

## 8.5.2 教学引导文

<table>
<tr><td colspan="2">实训任务</td><td colspan="2">三等水准路线测量</td></tr>
<tr><td rowspan="3">教学阶段</td><td>课前</td><td colspan="2">1. 自主学习本实训相关内容，可以登录智慧职教平台课程资源库进行学习。<br>2. 认真阅读工作任务单，参阅“任务 1.2 四等水准测量”中与本实训相关的内容，比较三、四等水准测量的异同点，掌握本实训工作内容和实训要求等具体情况。<br>3. 认真学习任务实施单，掌握实施步骤和检核要求等。<br>4. 小组讨论，形成实训计划</td></tr>
<tr><td>课中</td><td colspan="2">1. 按仪器清单领取、准备仪器工具。<br>2. 课代表组织全体人员到指定场地集合，组长站在第一排，每小组站成一列。<br>3. 教师讲解、演示，布置任务。<br>4. 学生按教师讲解现场模拟操作，提出问题。<br>5. 学生分组实操，观测数据记录在 8.5.4 节的记录表格中。<br>6. 小组自检，组间互检，检查人员签字。<br>7. 教师按各种实训综合表现进行评价，写出评语，给出实训成绩</td></tr>
<tr><td>课后</td><td colspan="2">1. 进行实训总结。<br>2. 完成 8.5.6 节的知识检验</td></tr>
<tr><td>注意事项</td><td colspan="3">1. 观测前确认水准尺是否成对，并确定好前后视水准尺的尺常数。<br>2. 每个测站全部工作完成后（称站站清）才能搬站。<br>3. 记录员在测站校核未完成前不能下令搬动仪器，观测员更不能擅自搬动仪器。<br>4. 水准点上不能放置尺垫，转点上放置尺垫，并注意保护；作为后视的转点，其尺垫只有在读完前视读数且测站校核确认正确无误后，才能随仪器一起移动。<br>5. 搬站时应按正确步骤进行，以免损坏仪器。<br>6. 立尺员立尺时要认真负责，读数时必须使水准尺保持竖直状态。<br>7. 水准尺移动时要交替前进，不能同时向前移动，移动水准尺时切忌带动尺垫。<br>8. 观测完毕后立即计算高差闭合差，闭合差 $f_h$ 应控制在限差范围内，即 $f_h \leqslant \pm 12\sqrt{L}\text{mm}$ 。<br>9. 组内成员轮换工作</td></tr>
<tr><td rowspan="4">实训计划</td><td colspan="2">实训准备</td><td></td></tr>
<tr><td colspan="2">实训开展</td><td></td></tr>
<tr><td colspan="2">实训检查</td><td></td></tr>
<tr><td colspan="2">实训结束</td><td></td></tr>
</table>

### 8.5.3 任务实施单

| | |
|---|---|
| 实训场地 | 室外实训场，能够布设至少 500m 长的 2 点闭合水准路线 |
| 实训任务 | 三等水准路线测量 |
| 仪器清单 | $DS_3$ 水准仪 1 台，水准仪专用脚架 1 个，水准尺 1 对，自备记录板、铅笔、计算器等 |
| 教学环节 | 1. 按仪器清单领取仪器设备。<br>2. 到指定场地集合。<br>3. 教师演示。<br>4. 学生模拟。<br>5. 学生分组实操，观测数据记录在附录的实训表格中。<br>6. 小组自检，组间互检。<br>7. 教师评价 |
| 实施步骤 | 1. 在实训场地上布设一条至少由 2 个水准点组成的闭合水准路线，起始点和前进方向由教师指定。<br>2. 从已知高程的水准点开始，将其作为后视点；在路线前进方向上选择满足视线长度要求的转点并放置尺垫，作为前视点。<br>3. 采用步量的方法量出两点间的距离，在两点中间位置安置仪器。<br>4. 在后视点和前视点上分别竖立水准尺。<br>5. 按三等水准测量工作顺序：后（上、下、中）—前（中、上、下）—前（中）—后（中），完成一个测站的观测、记录、计算等工作，测站上所有数据满足限差要求后才能搬站，否则需要重测。<br>6. 用同样方法完成其他测站工作。<br>7. 计算水准路线的高差闭合差，若超限，则需重测。<br>8. 进行三等水准路线测量内业计算 |

### 8.5.4 记录表格

将实训观测结果记入表 8.9 中。

表 8.9　三等水准路线测量记录手簿

日期________　小组________　仪器型号________　天气________　成像________

测自________至________　观测者________　记录者________　检查者________

<table>
<tr><td rowspan="4">测站编号</td><td rowspan="4">测点</td><td rowspan="2">后尺</td><td>上丝</td><td rowspan="2">前尺</td><td>上丝</td><td rowspan="4">方向及尺号</td><td colspan="2" rowspan="2">标尺读数</td><td rowspan="4">K+黑−红/mm</td><td rowspan="4">高差中数/m</td><td rowspan="4">备注</td></tr>
<tr><td>下丝</td><td>下丝</td></tr>
<tr><td colspan="2">后视距</td><td colspan="2">前视距</td><td rowspan="2">黑面（中丝）</td><td rowspan="2">红面（中丝）</td></tr>
<tr><td colspan="2">视距差 $d$/m</td><td colspan="2">累积差 $\sum d$ / m</td></tr>
<tr><td rowspan="4"></td><td rowspan="4"></td><td colspan="2"></td><td colspan="2"></td><td>后</td><td></td><td></td><td></td><td rowspan="4"></td><td rowspan="4"></td></tr>
<tr><td colspan="2"></td><td colspan="2"></td><td>前</td><td></td><td></td><td></td></tr>
<tr><td colspan="2"></td><td colspan="2"></td><td>后−前</td><td></td><td></td><td></td></tr>
<tr><td colspan="2"></td><td colspan="2"></td><td colspan="4"></td></tr>
<tr><td rowspan="4"></td><td rowspan="4"></td><td colspan="2"></td><td colspan="2"></td><td>后</td><td></td><td></td><td></td><td rowspan="4"></td><td rowspan="4"></td></tr>
<tr><td colspan="2"></td><td colspan="2"></td><td>前</td><td></td><td></td><td></td></tr>
<tr><td colspan="2"></td><td colspan="2"></td><td>后−前</td><td></td><td></td><td></td></tr>
<tr><td colspan="2"></td><td colspan="2"></td><td colspan="4"></td></tr>
<tr><td rowspan="4"></td><td rowspan="4"></td><td colspan="2"></td><td colspan="2"></td><td>后</td><td></td><td></td><td></td><td rowspan="4"></td><td rowspan="4"></td></tr>
<tr><td colspan="2"></td><td colspan="2"></td><td>前</td><td></td><td></td><td></td></tr>
<tr><td colspan="2"></td><td colspan="2"></td><td>后−前</td><td></td><td></td><td></td></tr>
<tr><td colspan="2"></td><td colspan="2"></td><td colspan="4"></td></tr>
<tr><td rowspan="4"></td><td rowspan="4"></td><td colspan="2"></td><td colspan="2"></td><td>后</td><td></td><td></td><td></td><td rowspan="4"></td><td rowspan="4"></td></tr>
<tr><td colspan="2"></td><td colspan="2"></td><td>前</td><td></td><td></td><td></td></tr>
<tr><td colspan="2"></td><td colspan="2"></td><td>后−前</td><td></td><td></td><td></td></tr>
<tr><td colspan="2"></td><td colspan="2"></td><td colspan="4"></td></tr>
<tr><td rowspan="4"></td><td rowspan="4"></td><td colspan="2"></td><td colspan="2"></td><td>后</td><td></td><td></td><td></td><td rowspan="4"></td><td rowspan="4"></td></tr>
<tr><td colspan="2"></td><td colspan="2"></td><td>前</td><td></td><td></td><td></td></tr>
<tr><td colspan="2"></td><td colspan="2"></td><td>后−前</td><td></td><td></td><td></td></tr>
<tr><td colspan="2"></td><td colspan="2"></td><td colspan="4"></td></tr>
<tr><td rowspan="4"></td><td rowspan="4"></td><td colspan="2"></td><td colspan="2"></td><td>后</td><td></td><td></td><td></td><td rowspan="4"></td><td rowspan="4"></td></tr>
<tr><td colspan="2"></td><td colspan="2"></td><td>前</td><td></td><td></td><td></td></tr>
<tr><td colspan="2"></td><td colspan="2"></td><td>后−前</td><td></td><td></td><td></td></tr>
<tr><td colspan="2"></td><td colspan="2"></td><td colspan="4"></td></tr>
<tr><td rowspan="4"></td><td rowspan="4"></td><td colspan="2"></td><td colspan="2"></td><td>后</td><td></td><td></td><td></td><td rowspan="4"></td><td rowspan="4"></td></tr>
<tr><td colspan="2"></td><td colspan="2"></td><td>前</td><td></td><td></td><td></td></tr>
<tr><td colspan="2"></td><td colspan="2"></td><td>后−前</td><td></td><td></td><td></td></tr>
<tr><td colspan="2"></td><td colspan="2"></td><td colspan="4"></td></tr>
<tr><td rowspan="4"></td><td rowspan="4"></td><td colspan="2"></td><td colspan="2"></td><td>后</td><td></td><td></td><td></td><td rowspan="4"></td><td rowspan="4"></td></tr>
<tr><td colspan="2"></td><td colspan="2"></td><td>前</td><td></td><td></td><td></td></tr>
<tr><td colspan="2"></td><td colspan="2"></td><td>后−前</td><td></td><td></td><td></td></tr>
<tr><td colspan="2"></td><td colspan="2"></td><td colspan="4"></td></tr>
</table>

## 8.5.5 任务检查单

<table>
<tr><td rowspan="4">小组自检</td><td>观测顺序</td><td colspan="3"></td></tr>
<tr><td>记录计算</td><td colspan="3"></td></tr>
<tr><td>限差要求</td><td colspan="3"></td></tr>
<tr><td>自检评价</td><td></td><td>检查员签字</td><td></td></tr>
<tr><td rowspan="4">组间互检</td><td>观测顺序</td><td colspan="3"></td></tr>
<tr><td>记录计算</td><td colspan="3"></td></tr>
<tr><td>限差要求</td><td colspan="3"></td></tr>
<tr><td>互检评价</td><td></td><td>检查员签字</td><td></td></tr>
<tr><td rowspan="2">教师评价</td><td>教师评语</td><td colspan="3"></td></tr>
<tr><td>实训成绩</td><td></td><td>教师签字</td><td></td></tr>
</table>

## 8.5.6 知识检验

| 题目 | 答案 |
| --- | --- |
| 简述三等水准路线测量的主要实训步骤 | |
| 三等水准测量测站上有哪些限差要求？ | |
| 三等水准测量为什么采用后（上、下、中）—前（中、上、下）—前（中）—后（中）的观测顺序？ | |
| 请对本次实训任务进行总结 | |

# 实训任务8.6 $DJ_6$光学经纬仪的认识及使用

## 8.6.1 工作任务单

<table>
<tr><td>实训场地</td><td colspan="3">室外实训场，能够满足10个小组同时开展实训任务</td></tr>
<tr><td>实训任务</td><td>$DJ_6$光学经纬仪的认识及使用</td><td>学时</td><td>2学时</td></tr>
<tr><td>任务描述</td><td colspan="3">1. 在指定的点位上正确安置仪器。<br>2. 正确认识仪器组成，熟悉各个部件的名称及作用，操作各部螺旋完成相关工作。<br>3. 完成经纬仪的对中整平工作。<br>4. 练习经纬仪读数、置数操作。<br>5. 正确读取水平度盘读数并记录、计算</td></tr>
<tr><td>实训目标</td><td colspan="3">1. 了解$DJ_6$光学经纬仪的基本构造、各部件的名称及作用，能正确使用各部螺旋。<br>2. 掌握$DJ_6$光学经纬仪对中、整平方法，能够正确安置经纬仪。<br>3. 掌握粗略瞄准、调焦和精确照准方法，能正确照准目标。<br>4. 掌握读数和置数方法，能正确读取和配置读数。<br>5. 初步掌握测量两个方向间的水平角的方法。<br>6. 实训过程中规范使用测量仪器并时刻保证仪器安全，树立科技安全意识；小组成员分工明确，密切合作，培养团队合作意识；严禁编造数据，发扬实事求是的优良作风；严格按规范要求执行，养成依规行事的良好品德；避免影响车辆和人员通行，养成遵纪守法的社会公德；保护周边环境，培养生态环保意识</td></tr>
<tr><td>仪器工具</td><td colspan="3">$DJ_6$光学经纬仪，经纬仪专用脚架，照准标志，自备记录板、铅笔、计算器等</td></tr>
<tr><td>实训要求</td><td colspan="3">1. 在掌握了经纬仪各部件的名称和作用的基础上，才能动手操作仪器，以保证仪器安全。<br>2. 每位学生至少操作仪器一次，掌握经纬仪的对中、整平、照准、读数和置数方法。<br>3. 掌握测站记录、计算方法。<br>4. 采用直接读数和起始方向置数两种方法进行水平角观测。<br>5. 观测完成后，必须按要求进行各个环节的自检，合格后将成果交付教师。<br>6. 教师指定其他小组进行组间互检。<br>7. 上述所有工作完成后，得到教师允许后归还仪器，结束实训</td></tr>
<tr><td>参考资料</td><td colspan="3">“地形测量”课程资源库相关内容</td></tr>
</table>

## 8.6.2 教学引导文

| 实训任务 | | DJ$_6$光学经纬仪的认识及使用 |
| --- | --- | --- |
| 教学阶段 | 课前 | 1. 自主学习本实训相关内容，可以登录智慧职教平台课程资源库学习。<br>2. 认真阅读工作任务单，参阅“任务2.1水平角测量”中与本实训相关的内容，掌握本实训工作内容和实训要求等具体情况。<br>3. 完成8.6.3节的任务训练。<br>4. 认真学习任务实施单，掌握实施步骤和检核要求等。<br>5. 小组讨论，形成实训计划 |
| | 课中 | 1. 按仪器清单领取、准备仪器工具。<br>2. 课代表组织全体人员到指定场地集合，组长站在第一排，每小组站成一列。<br>3. 教师讲解、演示，布置任务。<br>4. 学生按教师讲解现场模拟操作，提出问题。<br>5. 学生分组实操，观测数据记录在8.6.5节的记录表格中。<br>6. 小组自检，组间互检，检查人员签字。<br>7. 教师按各种实训综合表现进行评价，写出评语，给出实训成绩 |
| | 课后 | 1. 进行实训总结。<br>2. 完成8.6.7节的知识检验 |
| 注意事项 | | 1. 仪器从箱中取出时，要看清并记住仪器在箱中的安放位置，避免用完后装箱困难。<br>2. 提取仪器之前，应注意先松开制动螺旋，再用双手握住支架或基座轻轻取出仪器，放在三脚架上，保持一手握住仪器，一手去拧连接螺旋，最后旋紧连接螺旋，使仪器与脚架连接牢固，以防仪器跌落。<br>3. 连接好仪器后，注意即时关闭仪器箱盖，防止灰尘和湿气进入箱内。仪器箱上严禁坐人。<br>4. 转动仪器时，应先松开制动螺旋；使用微动螺旋时，应先旋紧制动螺旋。动作要准确、轻捷，用力要均匀。<br>5. 各制动螺旋勿扭过紧，微动螺旋和脚螺旋不要旋到顶端。旋紧或松开螺旋时都应均匀用力，以免损坏螺旋。<br>6. 对仪器性能尚未了解的部件，未经指导教师许可不得擅自操作。<br>7. 仪器必须有人看护，以防跌损。<br>8. 实训结束后仪器装箱时，要旋松各制动螺旋，装箱后先试关一次，在确认安放稳妥后，再旋紧各制动螺旋，以免仪器在箱内晃动、受损，最后关箱上锁 |
| 实训计划 | 实训准备 | |
| | 实训开展 | |
| | 实训检查 | |
| | 实训结束 | |

### 8.6.3 任务训练

完成表 8.10 剩余部分的计算。

**表 8.10 水平角观测记录手簿**

日期________ 小组________ 仪器型号________ 天气________

观测者________ 记录者________ 检查者________

| 目标 | 竖盘位置 | 水平度盘读数/（° ′ ″） | 水平角值/（° ′ ″） | 备注 |
|---|---|---|---|---|
| *A* | 左 | 0 03 12 | 88 27 24 | |
| *B* | 左 | 88 30 36 | | |
| *A* | 左 | 90 12 54 | | |
| *C* | 左 | 240 16 30 | | |
| *A* | 右 | 180 45 12 | 220 09 12 | |
| *D* | 右 | 40 54 24 | | |
| *A* | 右 | 270 30 18 | | |
| *E* | 右 | 160 42 36 | | |

### 8.6.4 任务实施单

| 实训场地 | 室外实训场，能够满足 10 个小组同时开展实训任务 |
|---|---|
| 实训任务 | $DJ_6$ 光学经纬仪的认识及使用 |
| 仪器清单 | $DJ_6$ 光学经纬仪 1 台，经纬仪专用脚架 1 个，照准标志 2 个，自备记录板、铅笔、计算器等 |
| 教学环节 | 1. 按仪器清单领取仪器设备。<br>2. 到指定场地集合。<br>3. 教师演示。<br>4. 学生模拟。<br>5. 学生分组实操，观测数据记录在附录的实训表格中。<br>6. 小组自检，组间互检。<br>7. 教师评价 |

续表

<table>
<tr><td>实施步骤</td><td>1. 安置经纬仪<br>1）首先选一处平坦地面，将经纬仪专用脚架 3 个固紧螺旋松开，并拢 3 条架腿，升高脚架，使架头与下巴平齐后拧紧固紧螺旋；然后把 3 条架腿张开立于地面，此时应注意使 3 条架腿与地面的接触点大致呈一等边三角形，接触点之间的距离以 70 ~ 90cm 为宜，以保证脚架能较稳定地立于地面。完成该步骤后，架头应处于大致水平的状态。<br>2）把仪器箱放于地面一干净稳妥处打开，观察并记下仪器在箱内的安放位置后，双手分握住仪器的基座和望远镜取出仪器，并安放于架头正中央，迅速把中心连接螺旋插入仪器基座底部中央圆形旋入口内，顺时针方向拧紧，此时应注意力度合适，不能太紧也不能太松。<br>2. 认识经纬仪<br>认识 $DJ_6$ 光学经纬仪的基本构造（图 2.2），掌握各部构造、作用及操作，熟悉读数窗内度盘和分微尺的刻划及注记。<br>3. 使用经纬仪<br>（1）光学对中器对中、整平<br>1）将三脚架安置在测站上，使架头大致水平且高度适中，大致使架头中心与地面点处于同一条铅垂线上。<br>2）将仪器连接到三脚架上，如果光学对中器中心偏离地面点较远，则两手端着两个架腿移动，使光学对中器中心与地面点重合；如果光学对中器中心偏离地面点较少，则旋转脚螺旋，使光学对中器中心与地面点重合。<br>3）伸缩三脚架腿，使圆水准器气泡居中（粗平）。<br>4）使照准部与任意 2 个脚螺旋的连线垂直，旋转这 2 个脚螺旋，使水准管气泡居中，再将照准部旋转 90°，调节第 3 个脚螺旋，使水准管气泡居中（精平）。<br>5）检查对中，如果光学对中器中心偏离测站点，则稍旋松连接螺旋，两手扶住仪器基座，在架头上平移仪器，使光学对中器中心与地面点重合。<br>6）重新精平仪器，如果对中变化，再重新精确对中，反复进行，直至仪器精平后，光学对中器中心刚好与地面点重合为止。<br>（2）照准与读数<br>照准：先取下望远镜的镜盖，将望远镜对准天空（或远处明亮背景），转动望远镜的目镜调焦螺旋，使十字丝清晰；然后用望远镜上的照门和准星照准被测目标，旋紧望远镜和照准部的制动螺旋，转动对光螺旋（物镜调焦螺旋），使目标影像清晰，消除视差；再转动望远镜和照准部的微动螺旋，使目标被十字丝的纵向单丝平分，或被纵向双丝夹在中央。<br>读数：照准目标后，调节反光镜的位置，窗亮度适当，旋转显微镜的目镜调焦螺旋，使度盘及分微尺的刻划线清晰，读取落在分微尺上的度盘刻划线所示的读数，然后读出分微尺上 0 刻划线到这条度盘刻划线之间的分数，最后估读至 0.1′（如图 2.5 所示，水平度盘读数为 180°06′12″，竖直度盘读数为 75°57′06″）。<br>4. 测量两个方向间的水平角<br>1）按顺时针方向选定好 $A$、$B$ 两目标，调整望远镜为盘左位置，精确照准左边的目标 $A$，读取水平度盘读数 $a$，记入手簿。<br>2）松开制动螺旋，顺时针转动照准部，精确照准右边的目标 $B$，读取水平度盘读数 $b$，记入手簿。<br>3）计算水平角值，$\beta=b-a$，如果 $b<a$，则 $\beta=b+360°-a$。</td></tr>
</table>

### 8.6.5 记录表格

将水平角实训观测数据填入表 8.11 中。

表 8.11 水平角观测记录手簿

日期________ 小组________ 仪器型号________ 天气________

观测者________ 记录者________ 检查者________

| 目标 | 竖盘位置 | 水平度盘读数/ (° ′ ″) | 水平角值/ (° ′ ″) | 备注 |
|---|---|---|---|---|
| | | | | |
| | | | | |
| | | | | |
| | | | | |
| | | | | |
| | | | | |

### 8.6.6 任务检查单

| | | | | |
|---|---|---|---|---|
| 小组自检 | 观测顺序 | | | |
| | 记录计算 | | | |
| | 限差要求 | | | |
| | 自检评价 | | 检查员签字 | |
| 组间互检 | 观测顺序 | | | |
| | 记录计算 | | | |
| | 限差要求 | | | |
| | 互检评价 | | 检查员签字 | |
| 教师评价 | 教师评语 | | | |
| | 实训成绩 | | 教师签字 | |

### 8.6.7 知识检验

| 题目 | 答案 |
|---|---|
| 简述利用光学对中器进行对中与整平的操作步骤 | |
| 什么是水平角？简述水平角测量原理 | |
| 经纬仪上有哪些操作螺旋？各起什么作用？ | |
| 请对本次实训任务进行总结 | |

# 实训任务 8.7 测回法观测水平角

## 8.7.1 工作任务单

<table>
<tr><td>实训场地</td><td colspan="3">室外实训场，能够满足 10 个小组同时开展实训任务</td></tr>
<tr><td>实训任务</td><td>测回法观测水平角</td><td>学时</td><td>4 学时</td></tr>
<tr><td>任务描述</td><td colspan="3">1. 在指定的点位上正确安置仪器。<br>2. 在测站上进行经纬仪的对中、整平工作。<br>3. 熟悉经纬仪读数、置数操作。<br>4. 进行 2 个测回的水平角观测，并完成测站记录、计算。<br>5. 进行所观测的水平角的外角的观测、记录与计算工作</td></tr>
<tr><td>实训目标</td><td colspan="3">1. 熟练掌握经纬仪的对中、整平方法。<br>2. 熟悉 $DJ_6$ 光学经纬仪的各项操作。<br>3. 掌握测回法观测水平角的观测方法、记录与计算方法。<br>4. 掌握观测内外角的区别与联系，能够正确观测所需要的角度。<br>5. 实训过程中规范使用测量仪器并时刻保证仪器安全，树立科技安全意识；小组成员分工明确，密切合作，培养团队合作意识；严禁编造数据，发扬实事求是的优良作风；严格按规范要求执行，养成依规行事的良好品德；避免影响车辆和人员通行，养成遵纪守法的社会公德；保护周边环境，培养生态环保意识</td></tr>
<tr><td>仪器工具</td><td colspan="3">$DJ_6$ 光学经纬仪，经纬仪专用脚架，照准标志（测钎），自备记录板、铅笔、计算器等</td></tr>
<tr><td>实训要求</td><td colspan="3">1. 熟练掌握经纬仪的安置（对中、整平），对中和整平精度满足要求。<br>2. 进行两个测回的观测，第一测回置数在 0°附近，第二测回置数在 90°附近。<br>3. 各项限差符合规范要求。<br>4. 观测完成后，必须按要求进行各个环节的自检，合格后将成果交付教师。<br>5. 教师指定其他小组进行组间互检。<br>6. 上述所有工作完成后，得到教师允许后归还仪器，结束实训</td></tr>
<tr><td>参考资料</td><td colspan="3">“地形测量”课程资源库相关内容</td></tr>
</table>

### 8.7.2 教学引导文

<table>
<tr><td colspan="2">实训任务</td><td colspan="2">测回法观测水平角</td></tr>
<tr><td rowspan="3">教学阶段</td><td>课前</td><td colspan="2">1. 自主学习本实训相关内容，可以登录智慧职教平台课程资源库进行学习。<br>2. 认真阅读工作任务单，参阅“任务 2.1 水平角测量”中与本实训相关的内容，掌握本实训工作内容和实训要求等具体情况。<br>3. 完成 8.7.3 节的任务训练。<br>4. 认真学习任务实施单，掌握实施步骤和检核要求等。<br>5. 小组讨论，形成实训计划</td></tr>
<tr><td>课中</td><td colspan="2">1. 按仪器清单领取、准备仪器工具。<br>2. 课代表组织全体人员到指定场地集合，组长站在第一排，每小组站成一列。<br>3. 教师讲解、演示，布置任务。<br>4. 学生按教师讲解现场模拟操作，提出问题。<br>5. 学生分组实操，观测数据记录在 8.7.5 节的记录表格中。<br>6. 小组自检，组间互检，检查人员签字。<br>7. 教师按各种实训综合表现进行评价，写出评语，给出实训成绩</td></tr>
<tr><td>课后</td><td colspan="2">1. 进行实训总结。<br>2. 完成 8.7.7 节的知识检验</td></tr>
<tr><td>注意事项</td><td colspan="3">1. 要严格对中和整平仪器，对中误差在 3 mm以内，照准部水准管气泡偏离在 1 格内。<br>2. 照准目标时，应尽量照准目标的底部，盘左、盘右照准目标的位置（高度）要尽量相同。<br>3. 由于水平度盘的刻划注记按顺时针方向增加，因此在计算角值时，无论是盘左还是盘右，均用右边目标的读数减去左边目标的读数，如果右边目标读数不够减，则应加上 360°后再减。<br>4. 各项记录要完整、清楚、正确，不能涂改，因读错、记错需要改动时，要按照记录的有关规定进行改正。<br>5. 由于度盘变化方式的不同，置数方法也不相同。对于采用度盘变换手轮的仪器，应先照准目标；然后打开变换手轮护盖，转动变换手轮进行置数；最后关闭护盖，以免碰动度盘。<br>6. 观测过程中，若发现水准管气泡偏离超过 1 格，应重新整平仪器，本测回重测。<br>7. 半测回差、测回差超限时，不得改动数据，应重测</td></tr>
<tr><td rowspan="4">实训计划</td><td colspan="2">实训准备</td><td></td></tr>
<tr><td colspan="2">实训开展</td><td></td></tr>
<tr><td colspan="2">实训检查</td><td></td></tr>
<tr><td colspan="2">实训结束</td><td></td></tr>
</table>

### 8.7.3 任务训练

按表 8.12 补充第 3 测回观测数据，并完成全部计算。

**表 8.12 水平角观测记录手簿**

日期________ 小组________ 仪器型号________ 天气________

观测者________ 记录者________ 检查者________

<table>
<tr><th>测站<br>（测回）</th><th>目标</th><th>竖盘位置</th><th>水平度盘读数/<br>（° ′ ″）</th><th>半测回角值/<br>（° ′ ″）</th><th>一测回角值/<br>（° ′ ″）</th><th>各测回平均角值/<br>（° ′ ″）</th><th>备注</th></tr>
<tr><td rowspan="4">O<br>（1）</td><td>A</td><td rowspan="2">左</td><td>0 02 30</td><td rowspan="2">95 18 18</td><td rowspan="4">95 18 24</td><td rowspan="8">95 18 20</td><td rowspan="4"></td></tr>
<tr><td>B</td><td>95 20 48</td></tr>
<tr><td>B</td><td rowspan="2">右</td><td>275 21 12</td><td rowspan="2">95 18 30</td></tr>
<tr><td>A</td><td>180 02 42</td></tr>
<tr><td rowspan="4">O<br>（2）</td><td>A</td><td rowspan="2">左</td><td>90 03 06</td><td rowspan="2">95 18 30</td><td rowspan="4">95 18 15</td><td rowspan="4"></td></tr>
<tr><td>B</td><td>185 21 36</td></tr>
<tr><td>B</td><td rowspan="2">右</td><td>5 21 54</td><td rowspan="2">95 18 00</td></tr>
<tr><td>A</td><td>270 03 54</td></tr>
<tr><td rowspan="4">O<br>（1）</td><td>A</td><td rowspan="2">左</td><td>0 03 12</td><td rowspan="2"></td><td rowspan="4"></td><td rowspan="4"></td><td rowspan="4"></td></tr>
<tr><td>B</td><td>40 33 24</td></tr>
<tr><td>B</td><td rowspan="2">右</td><td>220 33 18</td><td rowspan="2"></td></tr>
<tr><td>A</td><td>180 03 00</td></tr>
<tr><td rowspan="4">O<br>（2）</td><td>A</td><td rowspan="2">左</td><td>60 02 06</td><td rowspan="2"></td><td rowspan="4"></td><td rowspan="8"></td><td rowspan="4"></td></tr>
<tr><td>B</td><td>100 32 12</td></tr>
<tr><td>B</td><td rowspan="2">右</td><td>280 32 24</td><td rowspan="2"></td></tr>
<tr><td>A</td><td>240 02 00</td></tr>
<tr><td rowspan="4">O<br>（3）</td><td>A</td><td rowspan="2">左</td><td></td><td rowspan="2"></td><td rowspan="4"></td><td rowspan="4"></td></tr>
<tr><td>B</td><td></td></tr>
<tr><td>B</td><td rowspan="2">右</td><td></td><td rowspan="2"></td></tr>
<tr><td>A</td><td></td></tr>
</table>

## 8.7.4 任务实施单

| | |
|---|---|
| 实训场地 | 室外实训场，能够满足10个小组同时开展实训任务 |
| 实训任务 | 测回法观测水平角 |
| 仪器清单 | $DJ_6$光学经纬仪1台，经纬仪专用脚架1个，照准标志2个，自备记录板、铅笔、计算器等 |
| 教学环节 | 1. 按仪器清单领取仪器设备。<br>2. 到指定场地集合。<br>3. 教师演示。<br>4. 学生模拟。<br>5. 学生分组实操，观测数据记录在附录的实训表格中。<br>6. 小组自检，组间互检<br>7. 教师评价 |
| 实施步骤 | 1. 使仪器竖盘处于望远镜左边（称盘左或正镜），如图2.14所示，照准目标*A*，配盘，使水平度盘读数略大于0°（一般为0°05′左右），将读数$a_{左}$记入观测手簿。<br>2. 松开水平制动螺旋，顺时针方向转动照准部，照准目标*B*，读取水平度盘读数为$b_{左}$，将读数记入观测手簿。<br>以上两步骤称为上半测回（或盘左半测回），测得角值为$\beta_{左}=b_{左}-a_{左}$。<br>3. 盘右照准目标*B*，读取水平度盘读数为$b_{右}$，将读数记入手簿。<br>4. 逆时针转动照准部，照准目标*A*，读取水平度盘读数为$a_{右}$，将读数记入手簿。<br>以上两步骤称为下半测回（或盘右半测回），测得角值为$\beta_{右}=b_{右}-a_{右}$。上、下两个半测回合称为一测回，一测回的观测程序概括为上—左—顺、下—右—逆。<br>5. 计算一测回角。<br>6. 将仪器恢复成盘左，照准目标*A*，配盘，使水平度盘读数略大于90°（一般为90°05′左右），将读数$a_{左}$记入观测手簿。<br>7. 重复上述步骤，进行第二测回观测、记录、计算，并计算出各测回平均角值 |

### 8.7.5 记录表格

将实训数据记录在表8.13中。

**表8.13 水平角观测记录手簿**

日期________ 小组________ 仪器型号________ 天气________

观测者________ 记录者________ 检查者________

<table>
<tr><th>测站<br>(测回)</th><th>目标</th><th>竖盘<br>位置</th><th>水平度盘读数/<br>(° ′ ″)</th><th>半测回角值/<br>(° ′ ″)</th><th>一测回角值/<br>(° ′ ″)</th><th>各测回平均角值/<br>(° ′ ″)</th><th>备注</th></tr>
<tr><td rowspan="4"></td><td></td><td rowspan="2">左</td><td></td><td rowspan="2"></td><td rowspan="4"></td><td rowspan="8"></td><td rowspan="4"></td></tr>
<tr><td></td><td></td></tr>
<tr><td></td><td rowspan="2">右</td><td></td><td rowspan="2"></td></tr>
<tr><td></td><td></td></tr>
<tr><td rowspan="4"></td><td></td><td rowspan="2">左</td><td></td><td rowspan="2"></td><td rowspan="4"></td><td rowspan="4"></td></tr>
<tr><td></td><td></td></tr>
<tr><td></td><td rowspan="2">右</td><td></td><td rowspan="2"></td></tr>
<tr><td></td><td></td></tr>
<tr><td rowspan="4"></td><td></td><td rowspan="2">左</td><td></td><td rowspan="2"></td><td rowspan="4"></td><td rowspan="8"></td><td rowspan="4"></td></tr>
<tr><td></td><td></td></tr>
<tr><td></td><td rowspan="2">右</td><td></td><td rowspan="2"></td></tr>
<tr><td></td><td></td></tr>
<tr><td rowspan="4"></td><td></td><td rowspan="2">左</td><td></td><td rowspan="2"></td><td rowspan="4"></td><td rowspan="4"></td></tr>
<tr><td></td><td></td></tr>
<tr><td></td><td rowspan="2">右</td><td></td><td rowspan="2"></td></tr>
<tr><td></td><td></td></tr>
</table>

### 8.7.6 任务检查单

<table>
<tr><td rowspan="4">小组自检</td><td>观测顺序</td><td colspan="3"></td></tr>
<tr><td>记录计算</td><td colspan="3"></td></tr>
<tr><td>限差要求</td><td colspan="3"></td></tr>
<tr><td>自检评价</td><td></td><td>检查员签字</td><td></td></tr>
<tr><td rowspan="4">组间互检</td><td>观测顺序</td><td colspan="3"></td></tr>
<tr><td>记录计算</td><td colspan="3"></td></tr>
<tr><td>限差要求</td><td colspan="3"></td></tr>
<tr><td>互检评价</td><td></td><td>检查员签字</td><td></td></tr>
<tr><td rowspan="2">教师评价</td><td>教师评语</td><td colspan="3"></td></tr>
<tr><td>实训成绩</td><td></td><td>教师签字</td><td></td></tr>
</table>

### 8.7.7 知识检验

| 题目 | 答案 |
| --- | --- |
| 简述测回法观测水平角的实训步骤 | |
| 对水平角进行多测回的观测，测回间配置的起始目标读数如何变化？为什么？ | |
| 进行两个测回的水平角观测，测回间是否可以重新整平仪器？ | |
| 半测回角如何计算？如果右目标读数小于左目标读数，半测回角应如何计算？ | |
| 请对本次实训任务进行总结 | |

# 实训任务 8.8 天顶距观测

## 8.8.1 工作任务单

| 实训场地 | 室外实训场，能够满足10个小组同时开展实训任务 | | |
|---|---|---|---|
| 实训任务 | 天顶距观测 | 学时 | 2 学时 |
| 任务描述 | 1. 在指定的点位上正确安置仪器。<br>2. 在测站上进行经纬仪的对中、整平工作。<br>3. 选择 2 个高目标、2 个低目标作为照准目标。<br>4. 对 4 个目标进行 2 个测回的天顶距观测，并完成测站记录、计算 | | |
| 实训目标 | 1. 掌握竖直度盘与望远镜的转动关系及竖盘指标补偿器的使用方法。<br>2. 掌握天顶距的观测方法、记录方法。<br>3. 掌握指标差和天顶距的计算方法。<br>4. 掌握天顶距观测的各项限差要求。<br>5. 实训过程中规范使用测量仪器并时刻保证仪器安全，树立科技安全意识；小组成员分工明确，密切合作，培养团队合作意识；严禁编造数据，发扬实事求是的优良作风；严格按规范要求执行，养成依规行事的良好品德；避免影响车辆和人员通行，养成遵纪守法的社会公德；保护周边环境，培养生态环保意识 | | |
| 仪器工具 | $DJ_6$ 光学经纬仪，经纬仪专用脚架，照准标志（测钎），自备记录板、铅笔、计算器等 | | |
| 实训要求 | 1. 熟练掌握经纬仪的安置（对中、整平），对中和整平符合要求。<br>2. 选定 2 个高目标和 2 个低目标进行观测，比较天顶距的大小与视线高低的关系。<br>3. 进行 2 个测回的观测，每个测回由 2 个人合作完成，每人观测一个测回，换人可以不重新安置仪器。<br>4. 各项限差符合规范要求。<br>5. 观测完成后，必须按要求进行各个环节的自检，合格后将成果交付教师。<br>6. 教师指定其他小组进行组间互检。<br>7. 上述所有工作完成后，得到教师允许后归还仪器，结束实训 | | |
| 参考资料 | “地形测量”课程资源库相关内容 | | |

## 8.8.2 教学引导文

<table>
<tr><td colspan="2">实训任务</td><td colspan="2">天顶距观测</td></tr>
<tr><td rowspan="3">教学阶段</td><td>课前</td><td colspan="2">1. 自主学习本实训相关内容，可以登录智慧职教平台课程资源库进行学习<br>2. 认真阅读工作任务单，参阅“任务 2.2 天顶距测量”中与本实训相关的内容，掌握本实训工作内容和实训要求等具体情况。<br>3. 完成 8.8.3 节的任务训练。<br>4. 认真学习任务实施单，掌握实施步骤和检核要求等。<br>5. 小组讨论，形成实训计划</td></tr>
<tr><td>课中</td><td colspan="2">1. 按仪器清单领取、准备仪器工具。<br>2. 课代表组织全体人员到指定场地集合，组长站在第一排，每小组站成一列。<br>3. 教师讲解、演示，布置任务。<br>4. 学生按教师讲解现场模拟操作，提出问题。<br>5. 学生分组实操，观测数据记录在 8.8.5 节的记录表格中。<br>6. 小组自检，组间互检，检查人员签字。<br>7. 教师按各种实训综合表现进行评价，写出评语，给出实训成绩</td></tr>
<tr><td>课后</td><td colspan="2">1. 进行实训总结。<br>2. 完成 8.8.7 节的知识检验</td></tr>
<tr><td>注意事项</td><td colspan="3">1. 要严格对中和整平仪器，对中误差在 3 mm以内，照准部水准管气泡偏离在 1 格内。<br>2. 读数前必须打开竖盘指标补偿器开关，仪器装箱前将其关闭。<br>3. 照准目标顶部，盘左、盘右照准同一目标的同一位置。<br>4. 两测回观测过程中不得重新整平仪器。<br>5. 指标差的变动范围不得超过 24″，各测回同一目标天顶距较差不得超过 24″</td></tr>
<tr><td rowspan="4">实训计划</td><td colspan="2">实训准备</td><td></td></tr>
<tr><td colspan="2">实训开展</td><td></td></tr>
<tr><td colspan="2">实训检查</td><td></td></tr>
<tr><td colspan="2">实训结束</td><td></td></tr>
</table>

### 8.8.3 任务训练

完成表 8.14 剩余部分的计算。

表 8.14 天顶距观测记录手簿

日期________ 小组________ 仪器型号________ 天气________

观测者________ 记录者________ 检查者________

| 测站 | 测回 | 目标 | 竖盘读数 | | 指标差 | 一测回天顶距 | 各测回平均天顶距 |
|---|---|---|---|---|---|---|---|
| | | | 盘左 | 盘右 | | | |
| | | | ° ′ ″ | ° ′ ″ | ″ | ° ′ ″ | ° ′ ″ |
| O | 1 | *A* | 84 33 24 | 275 26 18 | −9 | 84 33 33 | |
| | | *B* | 91 34 00 | 268 25 48 | −6 | 91 34 06 | |
| | | *C* | 78 18 18 | 281 41 42 | 0 | 78 18 18 | |
| | | *D* | 93 32 48 | 266 27 18 | +3 | 93 32 45 | |
| | 2 | *A* | 84 33 18 | 275 26 30 | | | |
| | | *B* | 91 33 54 | 268 26 06 | | | |
| | | *C* | 78 18 24 | 281 41 42 | | | |
| | | *D* | 93 32 42 | 266 27 12 | | | |

## 8.8.4 任务实施单

| | |
|---|---|
| 实训场地 | 室外实训场，能够满足10个小组同时开展实训任务 |
| 实训任务 | 天顶距观测 |
| 仪器清单 | $DJ_6$光学经纬仪1台，经纬仪专用脚架1个，照准标志2个（测钎），自备记录板、铅笔、计算器等 |
| 教学环节 | 1. 按仪器清单领取仪器设备。<br>2. 到指定场地集合。<br>3. 教师演示。<br>4. 学生模拟。<br>5. 学生分组实操，观测数据记录在附录的实训表格中。<br>6. 小组自检，组间互检。<br>7. 教师评价 |
| 实施步骤 | 1. 安置仪器于测站点，对中、整平。<br>2. 盘左中丝照准目标顶部或某一固定位置，调节指标水准管微动螺旋使气泡居中（或打开自动补偿开关），读数、记录。<br>3. 依次照准其他各个目标，分别读数、记录。<br>4. 盘右中丝照准目标，调节指标水准管微动螺旋使气泡居中（或打开自动补偿开关），读数、记录。<br>5. 依次照准其他各个目标，分别读数、记录。<br>6. 按公式 $x=(L+R-360°)/2$ 计算指标差 $x$，再按公式 $Z=L-x$ 计算天顶距。<br>7. 按同样方法进行第二测回观测、记录、计算。<br>8. 计算两个测回各目标的平均天顶距 |

### 8.8.5 记录表格

将实训数据记录在表 8.15 中。

**表 8.15 天顶距观测记录手簿**

日期________ 小组________ 仪器型号________ 天气________

观测者________ 记录者________ 检查者________

| 测站 | 测回 | 目标 | 竖盘读数 | | 指标差 | 一测回天顶距 | 各测回平均天顶距 |
|---|---|---|---|---|---|---|---|
| | | | 盘左 | 盘右 | | | |
| | | | ° ′ ″ | ° ′ ″ | ″ | ° ′ ″ | ° ′ ″ |
| | | | | | | | |
| | | | | | | | |
| | | | | | | | |
| | | | | | | | |
| | | | | | | | |
| | | | | | | | |
| | | | | | | | |
| | | | | | | | |
| | | | | | | | |
| | | | | | | | |
| | | | | | | | |
| | | | | | | | |
| | | | | | | | |
| | | | | | | | |
| | | | | | | | |
| | | | | | | | |

## 8.8.6 任务检查单

<table>
<tr><td rowspan="4">小组自检</td><td>观测顺序</td><td colspan="3"></td></tr>
<tr><td>记录计算</td><td colspan="3"></td></tr>
<tr><td>限差要求</td><td colspan="3"></td></tr>
<tr><td>自检评价</td><td></td><td>检查员签字</td><td></td></tr>
<tr><td rowspan="4">组间互检</td><td>观测顺序</td><td colspan="3"></td></tr>
<tr><td>记录计算</td><td colspan="3"></td></tr>
<tr><td>限差要求</td><td colspan="3"></td></tr>
<tr><td>互检评价</td><td></td><td>检查员签字</td><td></td></tr>
<tr><td rowspan="2">教师评价</td><td>教师评语</td><td colspan="3"></td></tr>
<tr><td>实训成绩</td><td></td><td>教师签字</td><td></td></tr>
</table>

## 8.8.7 知识检验

| 题目 | 答案 |
|---|---|
| 简述天顶距观测的实训步骤 | |
| 什么是竖盘指标差？如何计算竖盘指标差？观测中如何消除指标差的影响？ | |
| 进行两个测回的天顶距观测，测回间是否可以重新整平仪器？为什么？ | |
| 天顶距观测有哪些限差要求？ | |
| 请对本次实训任务进行总结 | |

# 实训任务 8.9 经纬仪视距测量

## 8.9.1 工作任务单

<table>
<tr><td>实训场地</td><td colspan="3">室外实训场，能够满足 10 个小组同时开展实训任务</td></tr>
<tr><td>实训任务</td><td>经纬仪视距测量</td><td>学时</td><td>2 学时</td></tr>
<tr><td>任务描述</td><td colspan="3">1. 在指定的点位上正确安置仪器。<br>2. 在测站上进行经纬仪的对中、整平工作。<br>3. 在地面某一固定点位上竖立水准尺。<br>4. 分别采用 2 种以上的方法进行经纬仪视距测量，分别进行观测、记录。<br>5. 完成观测手簿计算</td></tr>
<tr><td>实训目标</td><td colspan="3">1. 掌握经纬仪视距测量的观测、记录和计算方法。<br>2. 掌握视距测量不同操作方法的观测要点及主要区别。<br>3. 熟悉视距测量的计算器操作方法，比较不同操作方法观测结果之间的差异。<br>4. 实训过程中规范使用测量仪器并时刻保证仪器安全，树立科技安全意识；小组成员分工明确，密切合作，培养团队合作意识；严禁编造数据，发扬实事求是的优良作风；严格按规范要求执行，养成依规行事的良好品德；避免影响车辆和人员通行，养成遵纪守法的社会公德；保护周边环境，培养生态环保意识</td></tr>
<tr><td>仪器工具</td><td colspan="3">$DJ_6$ 光学经纬仪，专用脚架，视距尺（水准尺），小钢卷尺，自备记录板、铅笔、计算器等</td></tr>
<tr><td>实训要求</td><td colspan="3">1. 同一个点位用 4 种不同的操作方法进行观测，分别进行计算，并比较不同方法观测结果之间的差异。<br>2. 水平距离取位至 0.1m，高差取位至 0.1m（平地取位至 0.01m）。不同方法水平距离差异不超过 0.1m，高差差异不超过 0.1m。<br>3. 观测完成后，必须按要求进行各个环节的自检，合格后将成果交付教师。<br>4. 教师指定其他小组进行组间互检。<br>5. 上述所有工作完成后，得到教师允许后归还仪器，结束实训</td></tr>
<tr><td>参考资料</td><td colspan="3">“地形测量”课程资源库相关内容</td></tr>
</table>

## 8.9.2 教学引导文

<table>
<tr><td colspan="2">实训任务</td><td colspan="2">经纬仪视距测量</td></tr>
<tr><td rowspan="3">教学阶段</td><td>课前</td><td colspan="2">1. 自主学习本实训相关内容，可以登录智慧职教平台课程资源库进行学习。<br>2. 认真阅读工作任务单，参阅“任务 3.1 经纬仪视距测量”中与本实训相关的内容，掌握本实训工作内容和实训要求等具体情况<br>3. 完成 8.9.3 节的任务训练。<br>4. 认真学习任务实施单，掌握实施步骤和检核要求等。<br>5. 小组讨论，形成实训计划</td></tr>
<tr><td>课中</td><td colspan="2">1. 按仪器清单领取、准备仪器工具。<br>2. 课代表组织全体人员到指定场地集合，组长站在第一排，每小组站成一列。<br>3. 教师讲解、演示，布置任务。<br>4. 学生按教师讲解现场模拟操作，提出问题。<br>5. 学生分组实操，观测数据记录在 8.9.5 节的记录表格中。<br>6. 小组自检，组间互检，检查人员签字。<br>7. 教师按各种实训综合表现进行评价，写出评语，给出实训成绩</td></tr>
<tr><td>课后</td><td colspan="2">1. 进行实训总结。<br>2. 完成 8.9.7 节的知识检验</td></tr>
<tr><td>注意事项</td><td colspan="3">1. 视距测量只用盘左观测半个测回，所以实训所用经纬仪事先应进行检验校正，使竖盘指标差不超过 1′。<br>2. 视距尺应竖直。<br>3. 用 4 种不同的方法观测时，立尺点位不要改变。<br>4. 对于有竖盘指标补偿器的仪器，装箱前应关闭其开关</td></tr>
<tr><td rowspan="4">实训计划</td><td colspan="2">实训准备</td><td></td></tr>
<tr><td colspan="2">实训开展</td><td></td></tr>
<tr><td colspan="2">实训检查</td><td></td></tr>
<tr><td colspan="2">实训结束</td><td></td></tr>
</table>

## 8.9.3 任务训练

完成表 8.16 剩余部分的计算。

表 8.16 经纬仪视距测量记录手簿

| 测点 | 读数 | | 视距 $Kl$/m | 中丝 | 竖盘读数/(° ′ ″) | 水平距离/m | 高差/m | 高程/m |
|---|---|---|---|---|---|---|---|---|
| | 上丝 | 下丝 | | | | | | |
| 1 | 1.523 | 1.244 | 27.9 | 1.384 | 90 30 00 | 27.9 | −0.13 | 79.87 |
| 2 | 1.865 | 1.175 | | 1.520 | 87 35 24 | | | |
| 3 | 2.485 | 1.678 | | 2.082 | 92 45 36 | | | |
| 4 | 1.678 | 0.834 | | 1.256 | 90 12 30 | | | |

## 8.9.4 任务实施单

| | |
|---|---|
| 实训场地 | 室外实训场，能够满足 10 个小组同时开展实训任务 |
| 实训任务 | 经纬仪视距测量 |
| 仪器清单 | $DJ_6$ 经纬仪 1 台，经纬仪专用脚架 1 个，视距尺（水准尺）1 根，小钢卷尺 1 把，自备记录板、铅笔、计算器等 |
| 教学环节 | 1. 按仪器清单领取仪器设备。<br>2. 到指定场地集合。<br>3. 教师演示。<br>4. 学生模拟。<br>5. 学生分组实操，观测数据记录在附录的实训表格中。<br>6. 小组自检，组间互检。<br>7. 教师评价 |
| 实施步骤 | 1. 在测站点上安置仪器，对中整平，量取仪器高 $i$（精确至厘米），假定测站点高程为 $H_0$。<br>2. 选择立尺点，竖立视距尺。<br>3. 以经纬仪的盘左位置照准视距尺，采用不同的操作方法对同一根视距尺进行观测。对于天顶距式注记的经纬仪，在忽略指标差的情况下，盘左竖盘读数即天顶距。根据不同的仪器，竖盘读数前，或者打开竖盘指标补偿器开关，或者使竖盘指标水准管气泡居中。<br>1）任意法：望远镜十字丝照准尺面，高度使三丝均能读数即可。读取上丝读数、下丝读数、中丝读数 $v$、竖盘读数 $L$，分别记入手簿。<br>计算：水平距离 $D=Kl\sin^2 Z$，高差 $h=D/\tan Z+i-v$，高程 $H=H_0+h$。<br>2）等仪器高法：望远镜照准视距尺，使中丝读数等于仪器高，即 $i=v$。读取上丝读数、下丝读数、竖盘读数 $L$，分别记入手簿。<br>计算：水平距离 $D=Kl\sin^2 Z$，高差 $h=D/\tan Z$，高程 $H=H_0+h$。<br>3）直读视距法：望远镜照准视距尺，调节望远镜高度，使下丝对准视距尺上的整米读数且三丝均能读数。读取视距 $Kl$、中丝读数 $v$、竖盘读数 $L$，分别记入手簿。<br>计算：水平距离 $D=Kl\sin^2 Z$，高差 $h=D/\tan Z+i-v$，高程 $H=H_0+h$。<br>4）平截法（经纬仪水准法）：望远镜照准视距尺，调节望远镜高度，使竖盘读数 $L=90°$。读取上丝读数、下丝读数、中丝读数 $v$，分别记入手簿。<br>计算：水平距离 $D=Kl$，高差 $h=i-v$，高程 $H=H_0+h$ |

### 8.9.5 记录表格

将实训数据记录在表 8.17 中。

**表 8.17 经纬仪视距测量记录手簿**

日期________ 小组________ 仪器型号________ 天气________

观测者________ 记录者________ 检查者________

| 测号 | 读数 | | 视距 $Kl$/m | 中丝 | 竖盘读数/(° ′ ″) | 水平距离/m | 高差/m | 高程/m |
|---|---|---|---|---|---|---|---|---|
| | 上丝 | 下丝 | | | | | | |
| | | | | | | | | |
| | | | | | | | | |
| | | | | | | | | |
| | | | | | | | | |
| | | | | | | | | |
| | | | | | | | | |
| | | | | | | | | |

### 8.9.6 任务检查单

| | | | | |
|---|---|---|---|---|
| 小组自检 | 观测顺序 | | | |
| | 记录计算 | | | |
| | 限差要求 | | | |
| | 自检评价 | | 检查员签字 | |
| 组间互检 | 观测顺序 | | | |
| | 记录计算 | | | |
| | 限差要求 | | | |
| | 互检评价 | | 检查员签字 | |
| 教师评价 | 教师评语 | | | |
| | 实训成绩 | | 教师签字 | |

### 8.9.7 知识检验

| 题目 | 答案 |
| --- | --- |
| 视距测量有几种不同的观测方法？各种不同观测方法的实施要点是什么？ | |
| 采用平截法进行视距测量，如果事先测定出经纬仪的竖盘指标差为-36″，请问盘左竖盘读数为多少时，经纬仪提供的视线是水平的？ | |
| 请对本次实训任务进行总结 | |

# 实训任务 8.10 全站仪三要素测量

## 8.10.1 工作任务单

| 实训场地 | 室外实训场，能够满足10个小组同时开展实训任务 | | |
|---|---|---|---|
| 实训任务 | 全站仪三要素测量 | 学时 | 2学时 |
| 任务描述 | 1. 在指定的点位上正确安置仪器。<br>2. 在测站上进行全站仪的对中、整平工作，量取仪器高。<br>3. 认识全站仪的组成、外部构造及各部操作螺旋。<br>4. 进行全站仪的按键操作、参数设置、测量模式选择等。<br>5. 在2个待测点位上安置棱镜，进行对中、整平，量取棱镜高。<br>6. 进行角度测量、距离测量和高差测量 | | |
| 实训目标 | 1. 认识全站仪的构造，掌握全站仪各部操作螺旋的使用方法。<br>2. 掌握全站仪的对中、整平方法。<br>3. 掌握仪器高、棱镜高的量取方法与注意事项。<br>4. 掌握全站仪的按键操作、参数设置、测量模式选择等。<br>5. 掌握全站仪的基本操作，能够进行角度、距离和高差三要素的测量。<br>6. 实训过程中规范使用测量仪器并时刻保证仪器安全，树立科技安全意识；小组成员分工明确，密切合作，培养团队合作意识；严禁编造数据，发扬实事求是的优良作风；严格按规范要求执行，养成依规行事的良好品德；避免影响车辆和人员通行，养成遵纪守法的社会公德；保护周边环境，培养生态环保意识 | | |
| 仪器工具 | 全站仪、全站仪专用架腿，反射棱镜，棱镜用架腿，小钢卷尺，自备铅笔、计算器等 | | |
| 实训要求 | 1. 各小组将全站仪分别安置在不同的点位上，所有小组共用两个棱镜。<br>2. 每个人独立完成全站仪的对中、整平工作，此过程中全站仪不要开机。<br>3. 掌握全站仪的基本操作后才能开机进行观测。<br>4. 仪器高取位至0.001m，角度取位至1″，水平距离取位至0.001m，高差取位至0.001m。<br>5. 观测完成后，必须按要求进行各个环节的自检，合格后将成果交付教师。<br>6. 教师指定其他小组进行组间互检。<br>7. 上述所有工作完成后，得到教师允许后归还仪器，结束实训 | | |
| 参考资料 | “地形测量”课程资源库相关内容 | | |

## 8.10.2 教学引导文

<table>
<tr><td colspan="2">实训任务</td><td colspan="2">全站仪三要素测量</td></tr>
<tr><td rowspan="3">教学阶段</td><td>课前</td><td colspan="2">1. 自主学习本实训相关内容，可以登录智慧职教平台课程资源库进行学习。<br>2. 认真阅读工作任务单，参阅“任务 3.2 电磁波测距”中与本实训相关的内容，掌握本实训工作内容和实训要求等具体情况。<br>3. 完成 8.10.3 节的任务训练。<br>4. 认真学习任务实施单，掌握实施步骤和检核要求等。<br>5. 小组讨论，形成实训计划</td></tr>
<tr><td>课中</td><td colspan="2">1. 按仪器清单领取、准备仪器工具。<br>2. 课代表组织全体人员到指定场地集合，组长站在第一排，每小组站成一列。<br>3. 教师讲解、演示，布置任务。<br>4. 学生按教师讲解现场模拟操作，提出问题。<br>5. 学生分组实操，观测数据记录在 8.10.5 节的记录表格中。<br>6. 小组自检，组间互检，检查人员签字。<br>7. 教师按各种实训综合表现进行评价，写出评语，给出实训成绩</td></tr>
<tr><td>课后</td><td colspan="2">1. 进行实训总结。<br>2. 完成 8.10.7 节的知识检验</td></tr>
<tr><td>注意事项</td><td colspan="3">1. 全站仪价格昂贵，一定要按规程操作，保证仪器安全。<br>2. 仪器未整平不得开机，以免损坏全站仪补偿装置。<br>3. 开机观测以前，首先设置棱镜常数，设置为使用的棱镜的常数；再输入温度、气压，以进行气象改正；距离测量选择精测测量模式。<br>4. 实训以外的功能不要操作，尤其是不要改变全站仪的设置。<br>5. 量取仪器高和棱镜高时，直接从地面点斜量至相应的中心位置。<br>6. 每次照准都要照准棱镜中心。<br>7. 测量工作完成后，全站仪必须关机后再装箱</td></tr>
<tr><td rowspan="4">实训计划</td><td colspan="2">实训准备</td><td></td></tr>
<tr><td colspan="2">实训开展</td><td></td></tr>
<tr><td colspan="2">实训检查</td><td></td></tr>
<tr><td colspan="2">实训结束</td><td></td></tr>
</table>

## 8.10.3 任务训练

完成表 8.18 剩余部分的计算。

**表 8.18 全站仪三要素测量记录手簿**

日期________ 小组________ 仪器型号________ 天气________

观测者________ 记录者________ 检查者________

<table>
<tr><th rowspan="2">测站<br>——<br>仪器高/m</th><th rowspan="2">测点</th><th colspan="2">度盘读数/<br>(° ′ ″)</th><th rowspan="2">半测回角/<br>(° ′ ″)</th><th rowspan="2">一测回角/<br>(° ′ ″)</th><th rowspan="2">棱镜高/<br>m</th><th rowspan="2">水平<br>距离/m</th><th rowspan="2">平均<br>距离/m</th><th rowspan="2">高差/m</th><th rowspan="2">地面<br>高差/m</th><th rowspan="2">平均<br>高差/m</th></tr>
<tr><th>左</th><th>右</th></tr>
<tr><td rowspan="4">O<br>—<br>1.450</td><td rowspan="2">A</td><td rowspan="2">0 00 00</td><td rowspan="2">180 00 01</td><td rowspan="2">90 00 01</td><td rowspan="4">90 00 00</td><td rowspan="2">1.625</td><td>99.343</td><td rowspan="2">99.345</td><td>+1.002</td><td>+0.827</td><td rowspan="2">+0.828</td></tr>
<tr><td>99.347</td><td>+1.005</td><td>+0.830</td></tr>
<tr><td rowspan="2">B</td><td rowspan="2">90 00 01</td><td rowspan="2">270 00 00</td><td rowspan="2">89 59 59</td><td rowspan="2">1.585</td><td>50.534</td><td rowspan="2">50.534</td><td>−2.001</td><td>−2.136</td><td rowspan="2">−2.137</td></tr>
<tr><td>50.533</td><td>−2.003</td><td>−2.138</td></tr>
<tr><td rowspan="4">O<br>—<br>1.623</td><td rowspan="2">E</td><td rowspan="2">0 00 00</td><td rowspan="2">180 00 01</td><td rowspan="2"></td><td rowspan="4"></td><td rowspan="2">1.602</td><td>66.456</td><td rowspan="2"></td><td>+1.467</td><td></td><td rowspan="2"></td></tr>
<tr><td>66.455</td><td>+1.465</td><td></td></tr>
<tr><td rowspan="2">F</td><td rowspan="2">155 34 55</td><td rowspan="2">335 34 57</td><td rowspan="2"></td><td rowspan="2">1.534</td><td>87.654</td><td rowspan="2"></td><td>+1.593</td><td></td><td rowspan="2"></td></tr>
<tr><td>87.654</td><td>+1.590</td><td></td></tr>
<tr><td rowspan="4">O<br>—<br>1.548</td><td rowspan="2">G</td><td rowspan="2">0 00 00</td><td rowspan="2">180 00 00</td><td rowspan="2"></td><td rowspan="4"></td><td rowspan="2">1.476</td><td>44.655</td><td rowspan="2"></td><td>−0.342</td><td></td><td rowspan="2"></td></tr>
<tr><td>44.653</td><td>−0.343</td><td></td></tr>
<tr><td rowspan="2">H</td><td rowspan="2">45 56 41</td><td rowspan="2">225 56 38</td><td rowspan="2"></td><td rowspan="2">1.634</td><td>60.01</td><td rowspan="2"></td><td>+1.234</td><td></td><td rowspan="2"></td></tr>
<tr><td>60.00</td><td>+1.235</td><td></td></tr>
</table>

## 8.10.4 任务实施单

| | |
|---|---|
| 实训场地 | 室外实训场，能够满足10个小组同时开展实训任务 |
| 实训任务 | 全站仪三要素测量 |
| 仪器清单 | 全站仪1台（套）、全站仪专用架腿1个，反射棱镜2台（套），棱镜用架腿2个，小钢卷尺1把，自备铅笔、计算器等 |
| 教学环节 | 1. 按仪器清单领取仪器设备。<br>2. 到指定场地集合。<br>3. 教师演示。<br>4. 学生模拟。<br>5. 学生分组实操，观测数据记录在附录的实训表格中。<br>6. 小组自检，组间互检。<br>7. 教师评价 |
| 实施步骤 | 1. 在测站点上安置仪器，对中、整平，量取仪器高 $i$（精确至毫米）。<br>2. 在待测点上安置反射棱镜，棱镜朝向全站仪，量取棱镜高（精确至毫米）。<br>3. 认识全站仪操作面板，学会全站仪各部操作螺旋的使用方法。<br>4. 全站仪开机（视不同型号的全站仪决定是否在水平和竖直方向转动），进入开机界面（一般设置为角度测量模式）。<br>5. 全站仪盘左照准左侧棱镜中心，在角度测量模式下置零，进入距离测量模式测距，记录水平距离和高差，回到测角模式。<br>6. 全站仪盘左照准右侧棱镜中心，记录水平度盘读数；进入距离测量模式测距，记录水平距离和高差，回到测角模式。<br>7. 全站仪盘右照准右侧棱镜中心，记录水平度盘读数。<br>8. 全站仪盘左照准左侧棱镜中心，记录水平度盘读数。<br>9. 计算水平角和地面高差 |

## 8.10.5 记录表格

将实训数据记录在表 8.19 中。

**表 8.19 全站仪三要素测量记录手簿**

日期________ 小组________ 仪器型号________ 天气________

观测者________ 记录者________ 检查者________

| 测站——仪器高/m | 测点 | 度盘读数/(° ′ ″) | | 半测回角/(° ′ ″) | 一测回角/(° ′ ″) | 棱镜高/m | 水平距离/m | 平均距离/m | 高差/m | 地面高差/m | 平均高差/m |
|---|---|---|---|---|---|---|---|---|---|---|---|
| | | 左 | 右 | | | | | | | | |
| — | | | | | | | | | | | |
| | | | | | | | | | | | |
| | | | | | | | | | | | |
| | | | | | | | | | | | |
| — | | | | | | | | | | | |
| | | | | | | | | | | | |
| | | | | | | | | | | | |
| | | | | | | | | | | | |
| — | | | | | | | | | | | |
| | | | | | | | | | | | |
| | | | | | | | | | | | |
| | | | | | | | | | | | |
| — | | | | | | | | | | | |
| | | | | | | | | | | | |
| | | | | | | | | | | | |
| | | | | | | | | | | | |

### 8.10.6 任务检查单

| 小组自检 | 观测顺序 | | | |
| --- | --- | --- | --- | --- |
| | 记录计算 | | | |
| | 限差要求 | | | |
| | 自检评价 | | 检查员签字 | |
| 组间互检 | 观测顺序 | | | |
| | 记录计算 | | | |
| | 限差要求 | | | |
| | 互检评价 | | 检查员签字 | |
| 教师评价 | 教师评语 | | | |
| | 实训成绩 | | 教师签字 | |

### 8.10.7 知识检验

| 题目 | 答案 |
| --- | --- |
| 简述全站仪三要素测量的实训步骤 | |
| 简述全站仪测距的基本原理 | |
| 简述全站仪的结构组成 | |
| 请对本次实训任务进行总结 | |

# 实训任务8.11 导线测量

## 8.11.1 工作任务单

| 实训场地 | 室外实训场，能够布设多条闭合或附合导线，能够满足10个小组同时开展实训任务 | | |
|---|---|---|---|
| 实训任务 | 导线测量 | 学时 | 4学时 |
| 任务描述 | 1. 布设一条4点闭合导线。<br>2. 分别在各个导线点安置仪器，前后相邻的导线点上安置棱镜。<br>3. 在每个导线点上进行1个测回的角度测量、1个测回的距离测量，分别记录。<br>4. 进行闭合导线的内业计算 | | |
| 实训目标 | 1. 掌握导线的布设形式、布设方法，能够正确布设闭合导线。<br>2. 熟悉全站仪导线测量的工作流程，能够正确开展导线测量工作。<br>3. 掌握全站仪导线测量的测站观测、记录与计算方法。<br>4. 掌握全站仪导线的主要技术指标，掌握测站及路线的检核方法，能够判断导线测量是否满足精度要求。<br>5. 实训过程中规范使用测量仪器并时刻保证仪器安全，树立科技安全意识；小组成员分工明确，密切合作，培养团队合作意识；严禁编造数据，发扬实事求是的优良作风；严格按规范要求执行，养成依规行事的良好品德；避免影响车辆和人员通行，养成遵纪守法的社会公德；保护周边环境，培养生态环保意识 | | |
| 仪器工具 | 全站仪，全站仪专用架腿，反射棱镜，棱镜用架腿，小钢卷尺，自备铅笔、计算器等 | | |
| 实训要求 | 1. 布设由4个点组成的闭合导线。<br>2. 测角：采用测回法观测1个测回，半测回角限差不超过36″。<br>3. 测边：采用对向观测，单向观测1个测回（记录至毫米），相对误差不大于1/5000。<br>4. 角度闭合差允许值：$f_{\beta允} \leqslant \pm 40''\sqrt{n}$。<br>5. 导线全长相对闭合差：$K \leqslant 1/5000$。<br>6. 角度取位至秒，坐标取位至毫米。<br>7. 观测完成后，必须按要求进行各个环节的自检，合格后将成果交付教师。<br>8. 教师指定其他小组进行组间互检。<br>9. 上述所有工作完成后，得到教师允许后归还仪器，结束实训 | | |
| 参考资料 | “地形测量”课程资源库相关内容 | | |

## 8.11.2 教学引导文

<table>
<tr><td colspan="2">实训任务</td><td colspan="2">导线测量</td></tr>
<tr><td rowspan="3">教学阶段</td><td>课前</td><td colspan="2">1. 自主学习本实训相关内容，可以登录智慧职教平台课程资源库进行学习。<br>2. 认真阅读工作任务单，参阅“任务 5.1 平面控制测量”中与本实训相关的内容，掌握本实训工作内容和实训要求等具体情况。<br>3. 认真学习任务实施单，掌握实施步骤和检核要求等。<br>4. 小组讨论，形成实训计划</td></tr>
<tr><td>课中</td><td colspan="2">1. 按仪器清单领取、准备仪器工具。<br>2. 课代表组织全体人员到指定场地集合，组长站在第一排，每小组站成一列。<br>3. 教师讲解、演示，布置任务。<br>4. 学生按教师讲解现场模拟操作，提出问题。<br>5. 学生分组实操，观测数据记录在 8.11.4 节的记录表格中。<br>6. 小组自检，组间互检，检查人员签字。<br>7. 教师按各种实训综合表现进行评价，写出评语，给出实训成绩</td></tr>
<tr><td>课后</td><td colspan="2">1. 进行实训总结。<br>2. 完成 8.11.6 节的知识检验</td></tr>
<tr><td>注意事项</td><td colspan="3">1. 全站仪价格昂贵，一定要按规程操作，保证仪器安全。<br>2. 仪器未整平不得开机，以免损坏全站仪补偿装置。<br>3. 观测以前，首先设置棱镜常数，设置为使用的棱镜的常数；再输入温度、气压，以进行气象改正；距离测量选择精测测量模式。<br>4. 实训以外的功能不要操作，尤其是不要改变全站仪的设置。<br>5. 每次照准都要照准棱镜中心。<br>6. 每测站需要一名组员进行观测，一名组员进行记录，两名成员架设棱镜，每位小组成员都需要进行观测、记录、立棱镜实操练习。<br>7. 搬站时，仪器必须装箱，棱镜可以不装箱。<br>8. 测量工作完成后，全站仪必须关机后再装箱</td></tr>
<tr><td rowspan="4">实训计划</td><td colspan="2">实训准备</td><td></td></tr>
<tr><td colspan="2">实训开展</td><td></td></tr>
<tr><td colspan="2">实训检查</td><td></td></tr>
<tr><td colspan="2">实训结束</td><td></td></tr>
</table>

### 8.11.3 任务实施单

| 实训场地 | 室外实训场，能够布设多条闭合或附合导线，能够满足10个小组同时开展实训任务 |
|---|---|
| 实训任务 | 导线测量 |
| 仪器清单 | 全站仪1台（套）、全站仪专用架腿1个，反射棱镜2台（套），棱镜用架腿2个，小钢卷尺1把，自备铅笔、计算器等 |
| 教学环节 | 1. 按仪器清单领取仪器设备。<br>2. 到指定场地集合。<br>3. 教师演示。<br>4. 学生模拟。<br>5. 学生分组实操，观测数据记录在附录的实训表格中。<br>6. 小组自检，组间互检。<br>7. 教师评价 |
| 实施步骤 | 图8.6所示为4点闭合导线，已知1点的平面坐标（$x_1,y_1$）和直线12的坐标方位角，测算2、3、4点的平面坐标。<br>1　4<br>2　3<br>图8.6　4点闭合导线<br>1. 在1点上安置全站仪，对中、整平。<br>2. 在待测点4、2点上安置反射棱镜，对中、整平后棱镜朝向全站仪。<br>3. 全站仪开机，进入测角模式，盘左照准左侧棱镜中心，置零、记录读数；进入距离测量模式，测量距离2～4次，分别记录水平距离读数。<br>4. 顺时针方向旋转照准部，照准右侧棱镜中心，进入测角模式，记录水平度盘读数；进入距离测量模式，测量距离2～4次，分别记录水平距离读数。<br>5. 盘右照准右侧棱镜中心，进入测角模式，读取水平度盘读数。<br>6. 逆时针方向旋转照准部，读取水平度盘读数。<br>7. 采用逐点观测的方法搬站，即将仪器搬至2点、4点，棱镜搬至1点、2点，棱镜搬至3点。<br>8. 按上述同样方法进行角度测量和距离测量，分别进行记录计算，直至测完所有导线点 |

### 8.11.4 记录表格

将观测数据填入表 8.20 中。

**表 8.20 导线测量记录手簿**

日期________ 小组________ 仪器型号________ 天气________

观测者________ 记录者________ 检查者________

<table>
<tr><th rowspan="2">测站</th><th rowspan="2">测点</th><th colspan="2">度盘读数/ (° ′ ″)</th><th rowspan="2">半测回角/<br>(° ′ ″)</th><th rowspan="2">一测回角/<br>(° ′ ″)</th><th rowspan="2">水平<br>距离/m</th><th rowspan="2">平均<br>距离/m</th></tr>
<tr><th>左</th><th>右</th></tr>
<tr><td rowspan="4"></td><td rowspan="2"></td><td rowspan="2"></td><td rowspan="2"></td><td rowspan="2"></td><td rowspan="4"></td><td></td><td rowspan="2"></td></tr>
<tr><td></td></tr>
<tr><td rowspan="2"></td><td rowspan="2"></td><td rowspan="2"></td><td rowspan="2"></td><td></td><td rowspan="2"></td></tr>
<tr><td></td></tr>
<tr><td rowspan="4"></td><td rowspan="2"></td><td rowspan="2"></td><td rowspan="2"></td><td rowspan="2"></td><td rowspan="4"></td><td></td><td rowspan="2"></td></tr>
<tr><td></td></tr>
<tr><td rowspan="2"></td><td rowspan="2"></td><td rowspan="2"></td><td rowspan="2"></td><td></td><td rowspan="2"></td></tr>
<tr><td></td></tr>
<tr><td rowspan="4"></td><td rowspan="2"></td><td rowspan="2"></td><td rowspan="2"></td><td rowspan="2"></td><td rowspan="4"></td><td></td><td rowspan="2"></td></tr>
<tr><td></td></tr>
<tr><td rowspan="2"></td><td rowspan="2"></td><td rowspan="2"></td><td rowspan="2"></td><td></td><td rowspan="2"></td></tr>
<tr><td></td></tr>
<tr><td rowspan="4"></td><td rowspan="2"></td><td rowspan="2"></td><td rowspan="2"></td><td rowspan="2"></td><td rowspan="4"></td><td></td><td rowspan="2"></td></tr>
<tr><td></td></tr>
<tr><td rowspan="2"></td><td rowspan="2"></td><td rowspan="2"></td><td rowspan="2"></td><td></td><td rowspan="2"></td></tr>
<tr><td></td></tr>
</table>

### 8.11.5 任务检查单

<table>
<tr><td rowspan="4">小组自检</td><td>观测顺序</td><td colspan="3"></td></tr>
<tr><td>记录计算</td><td colspan="3"></td></tr>
<tr><td>限差要求</td><td colspan="3"></td></tr>
<tr><td>自检评价</td><td></td><td>检查员签字</td><td></td></tr>
<tr><td rowspan="4">组间互检</td><td>观测顺序</td><td colspan="3"></td></tr>
<tr><td>记录计算</td><td colspan="3"></td></tr>
<tr><td>限差要求</td><td colspan="3"></td></tr>
<tr><td>互检评价</td><td></td><td>检查员签字</td><td></td></tr>
<tr><td rowspan="2">教师评价</td><td>教师评语</td><td colspan="3"></td></tr>
<tr><td>实训成绩</td><td></td><td>教师签字</td><td></td></tr>
</table>

## 8.11.6 知识检验

| 题目 | 答案 |
| --- | --- |
| 简述导线测量的实训步骤 | |
| 导线有哪几种布设形式？各适用于什么情况？ | |
| 请对本次实训任务进行总结 | |

# 实训任务 8.12 经纬仪测绘法

## 8.12.1 工作任务单

<table>
<tr><td>实训场地</td><td colspan="3">室外实训场，能够满足10个小组同时开展实训任务</td></tr>
<tr><td>实训任务</td><td>经纬仪测绘法</td><td>学时</td><td>4学时</td></tr>
<tr><td>任务描述</td><td colspan="3">1. 在已知点位上安置经纬仪，对中、整平，量取仪器高（精确至0.01m）。<br>2. 在待测的地物点上竖立水准尺。<br>3. 采用经纬仪视距测量方法对水准尺进行观测、记录、计算。<br>4. 根据起算数据计算所测地物点的三维坐标。<br>5. 依据地物点坐标，利用坐标展点器在聚酯薄膜上展点。<br>6. 绘制地物符号</td></tr>
<tr><td>实训目标</td><td colspan="3">1. 掌握经纬仪测绘法测图的方法和步骤，熟练完成经纬仪测绘法的观测工作。<br>2. 掌握碎部点选取的方法，能够正确选取碎部点。<br>3. 掌握经纬仪测绘法测图的记录与计算方法，熟练使用计算器进行各种计算。<br>4. 掌握经纬仪测绘法测图展点与绘图方法，能够完成展点和绘图工作。<br>5. 实训过程中规范使用测量仪器并时刻保证仪器安全，树立科技安全意识；小组成员分工明确，密切合作，培养团队合作意识；严禁编造数据，发扬实事求是的优良作风；严格按规范要求执行，养成依规行事的良好品德；避免影响车辆和人员通行，养成遵纪守法的社会公德；保护周边环境，养成生态环保意识</td></tr>
<tr><td>仪器工具</td><td colspan="3">$DJ_6$光学经纬仪，经纬仪专用架腿，图板，坐标展点器，视距尺（水准尺），小钢卷尺，自备记录板、铅笔、计算器等</td></tr>
<tr><td>实训要求</td><td colspan="3">1. 地面上若无已知控制点，则采用假定的三维坐标。<br>2. 每观测完一点即刻进行计算并展点，边测边展边绘。<br>3. 水平距离、坐标增量、坐标取位至0.1m，高差、高程取位至0.1m（平地取位至0.01m）。<br>4. 观测完成后，必须按要求进行各个环节的自检，合格后将成果交付教师。<br>5. 教师指定其他小组进行组间互检。<br>6. 上述所有工作完成后，得到教师允许后归还仪器，结束实训</td></tr>
<tr><td>参考资料</td><td colspan="3">“地形测量”课程资源库相关内容</td></tr>
</table>

## 8.12.2 教学引导文

<table>
<tr><td colspan="2">实训任务</td><td>经纬仪测绘法</td></tr>
<tr><td rowspan="3">教学阶段</td><td>课前</td><td>1. 自主学习本实训相关内容，可以登录智慧职教平台课程资源库进行学习。<br>2. 认真阅读工作任务单，参阅“任务 6.2 地形图的测绘”中与本实训相关的内容，掌握本实训工作内容和实训要求等具体情况。<br>3. 完成 8.12.3 节的任务训练。<br>4. 认真学习任务实施单，掌握实施步骤和检核要求等。<br>5. 小组讨论，形成实训计划</td></tr>
<tr><td>课中</td><td>1. 按仪器清单领取、准备仪器工具。<br>2. 课代表组织全体人员到指定场地集合，组长站在第一排，每小组站成一列。<br>3. 教师讲解、演示，布置任务。<br>4. 学生按教师讲解现场模拟操作，提出问题。<br>5. 学生分组实操，观测数据记录在 8.12.5 节的记录表格中。<br>6. 小组自检，组间互检，检查人员签字。<br>7. 教师按各种实训综合表现进行评价，写出评语，给出实训成绩</td></tr>
<tr><td>课后</td><td>1. 进行实训总结。<br>2. 完成 8.12.7 节的知识检验</td></tr>
<tr><td>注意事项</td><td colspan="2">1. 经纬仪测绘法只用盘左观测，所以实训所用经纬仪应事先进行检验校正，使竖盘指标差不超过 1′。<br>2. 根据展点方法的不同选择定向方法。<br>3. 根据地形情况选择不同的观测方法，针对不同的观测方法确定计算方法。<br>4. 边测边算边绘。<br>5. 每观测若干点后进行定向检查，定向误差不超过 4′</td></tr>
<tr><td rowspan="4">实训计划</td><td>实训准备</td><td></td></tr>
<tr><td>实训开展</td><td></td></tr>
<tr><td>实训检查</td><td></td></tr>
<tr><td>实训结束</td><td></td></tr>
</table>

### 8.12.3 任务训练

完成表 8.21 剩余部分的计算。

表 8.21 经纬仪测绘法记录手簿

日期______ 小组______ 仪器型号______ 测站点 A 后视点 B

后视方位角 0°30′30″ 仪器高 1.45m 测站点纵坐标 500.00m

测站点横坐标 500.00m 测站点高程 62.50m

观测者______ 记录者______ 检查者______

| 测点 | 上丝 | 下丝 | 视距 | 中丝 | 水平度盘读数/(° ′ ″) | 竖盘读数/(° ′ ″) | 水平距离/m | 高差/m | 坐标增量/m | | 坐标/m | | 高程/m |
|---|---|---|---|---|---|---|---|---|---|---|---|---|---|
| | | | | | | | | | Δx | Δy | x | y | |
| 1 | 1.681 | 1.251 | 43.0 | 1.466 | 30 35 00 | 89 43 00 | 43.0 | 0.19 | 37.0 | 21.9 | 537.0 | 521.9 | 62.69 |
| 2 | 1.692 | 1.262 | | 1.477 | 108 42 30 | 88 40 30 | | | | | | | |
| 3 | 1.543 | 0.853 | 69.0 | 1.198 | 235 24 30 | 91 20 30 | 69.0 | −1.36 | −39.2 | −56.8 | 460.8 | 443.2 | 61.14 |
| 4 | 1.854 | 1.024 | | 1.439 | 328 26 00 | 92 12 00 | | | | | | | |
| | | | | | | | | | | | | | |
| | | | | | | | | | | | | | |

### 8.12.4 任务实施单

| | |
|---|---|
| 实训场地 | 室外实训场，能够满足 10 个小组同时开展实训任务 |
| 实训任务 | 经纬仪测绘法 |
| 仪器清单 | $DJ_6$ 经纬仪 1 台，经纬仪专用架腿 1 个，视距尺（水准尺）1 根，小钢卷尺 1 把，自备记录板、铅笔、计算器等 |
| 教学环节 | 1. 按仪器清单领取仪器设备。<br>2. 到指定场地集合。<br>3. 教师演示。<br>4. 学生模拟。<br>5. 学生分组实操，观测数据记录在附录的实训表格中。<br>6. 小组自检，组间互检。<br>7. 教师评价 |

续表

| | |
|---|---|
| 实施步骤 | 1. 安置仪器：在测站点上安置仪器，对中、整平，量取仪器高 $i$（精确至厘米），假定测站点三维坐标；在定向点竖立觇标。<br>2. 安置图板：图板安置在测站点附近，根据图廓西南角坐标确定每条格网线坐标。<br>3. 经纬仪定向：经纬仪盘左照准觇标底部，配盘，使水平度盘读数为后视方向的方位角。<br>4. 观测：在待测地形点上竖立视距尺，经纬仪照准视距尺，采用视距测量的任意一种方法进行观测，并读取水平度盘读数。4 种观测方法为：①任意法；②等仪器高法；③直读视距法；④平截法（经纬仪水准法）。<br>5. 计算：根据不同的观测方法，按视距测量计算水平距离和高差，再计算坐标增量、坐标和高程。水平度盘读数就是照准方向的方位角。<br>$\Delta x=D\cos\alpha$，$\Delta y=D\sin\alpha$<br>$x_{碎}=x_{站}+\Delta x$，$y_{碎}=y_{站}+\Delta y$，$H_{碎}=H_{站}+h$<br>6. 展点：首先确定碎部点所在方格西南角坐标，然后计算碎部点与其所在方格西南角坐标差，根据坐标差将碎部点展绘在图纸上，并在点位右侧注记高程。<br>7. 勾绘等高线：将地物点按地物形状连接起来，根据地貌点勾绘等高线 |

## 8.12.5 记录表格

将实训数据填入表 8.22 中。

表 8.22 经纬仪测绘法记录手簿

日期________ 小组________ 仪器型号________ 测站点________

后视点________ 后视方位角________ 仪器高________

测站点纵坐标________ 测站点横坐标________ 测站点高程________

观测者________ 记录者________ 检查者________

| 测点 | 上丝 | 下丝 | 视距 | 中丝 | 水平度盘读数/(° ′ ″) | 竖盘读数/(° ′ ″) | 水平距离/m | 高差/m | 坐标增量/m | | 坐标/m | | 高程/m |
|---|---|---|---|---|---|---|---|---|---|---|---|---|---|
| | | | | | | | | | $\Delta x$ | $\Delta y$ | $x$ | $y$ | |
| | | | | | | | | | | | | | |
| | | | | | | | | | | | | | |
| | | | | | | | | | | | | | |
| | | | | | | | | | | | | | |
| | | | | | | | | | | | | | |
| | | | | | | | | | | | | | |
| | | | | | | | | | | | | | |
| | | | | | | | | | | | | | |
| | | | | | | | | | | | | | |

## 8.12.6 任务检查单

<table>
<tr><td rowspan="4">小组自检</td><td>观测顺序</td><td colspan="3"></td></tr>
<tr><td>记录计算</td><td colspan="3"></td></tr>
<tr><td>限差要求</td><td colspan="3"></td></tr>
<tr><td>自检评价</td><td></td><td>检查员签字</td><td></td></tr>
<tr><td rowspan="4">组间互检</td><td>观测顺序</td><td colspan="3"></td></tr>
<tr><td>记录计算</td><td colspan="3"></td></tr>
<tr><td>限差要求</td><td colspan="3"></td></tr>
<tr><td>互检评价</td><td></td><td>检查员签字</td><td></td></tr>
<tr><td rowspan="2">教师评价</td><td>教师评语</td><td colspan="3"></td></tr>
<tr><td>实训成绩</td><td></td><td>教师签字</td><td></td></tr>
</table>

## 8.12.7 知识检验

| 题目 | 答案 |
| --- | --- |
| 简述经纬仪测绘法测站上的操作步骤 | |
| 什么是地物符号？地物符号分哪几种？ | |
| 什么是等高线？等高线分哪几种？ | |
| 等高线有哪些特性？ | |
| 简述如何进行碎部点的选择 | |
| 请对本次实训任务进行总结 | |

# 项目 9 技能训练

## 项目简介

理论教学、单项实训、技能训练、综合实训是“地形测量”课程 4 个重要的教学环节。在完成理论教学的基础上，通过技能训练，检验学生所学的理论知识，提升测量数据处理能力。

## 训练任务 9.1 水准测量

1．设 $A$ 点为后视点，$B$ 点为前视点。$A$ 点的高程为 80.332m，当后视读数为 1.765m，前视读数为 1.532m 时，高差是多少？$B$ 点比 $A$ 点高还是低？视线高程是多少？$B$ 点高程是多少？（注：$B$ 点高程采用两种不同的方法计算，试绘图说明。）

2．如图 9.1 所示，在水准点 $BM_1$ 至 $BM_2$ 间进行普通水准测量，试在水准测量观测手簿（表 9.1）中进行记录与计算，并完成计算校核（已知 $H_{BM_1}$=138.952m，$H_{BM_2}$=142.110m）。

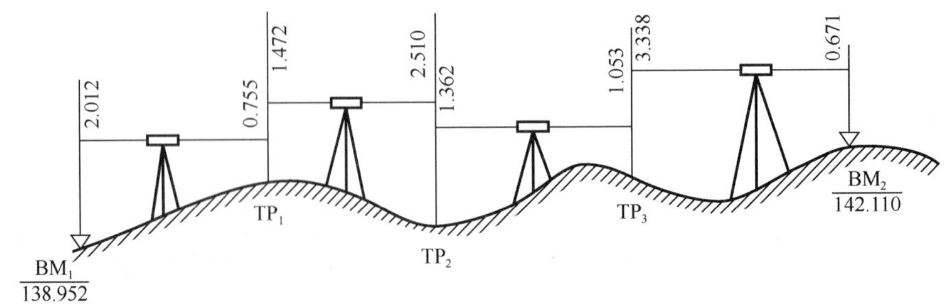


图 9.1 普通水准测量

**表 9.1 普通水准测量观测手簿**

| 测站 | 测点 | 水准尺读数/m | | 高差/m | | 高程/m | 备注 |
|---|---|---|---|---|---|---|---|
| | | 后视读数 | 前视读数 | + | − | | |
| | | | | | | | |
| | | | | | | | |
| | | | | | | | |
| | | | | | | | |
| | | | | | | | |
| | | | | | | | |
| | | | | | | | |
| | | | | | | | |
| | | | | | | | |
| | | | | | | | |
| | $\sum$ | | | | | | |
| | $\sum a-\sum b=$ | | | $\sum h=$ | | $h_{AB}=H_B-H_A=$ | |

3．完成四等水准测量外业观测手簿计算，并完成填空（图 9.2 和表 9.2）。

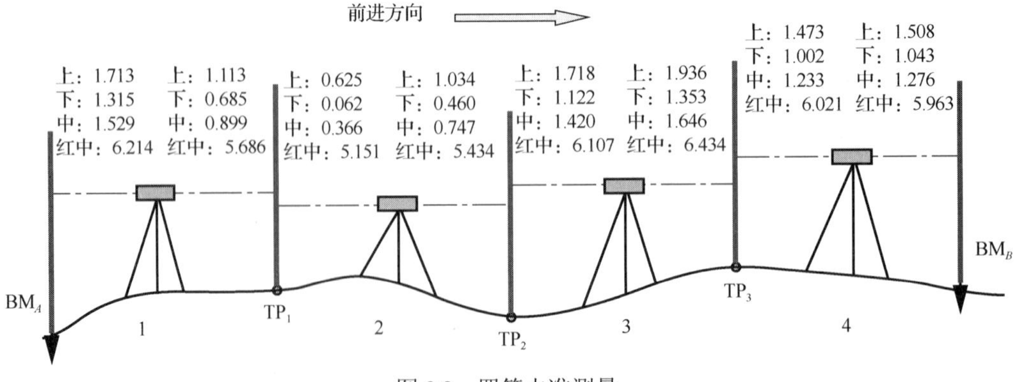


图 9.2 四等水准测量

表 9.2 四等水准测量观测手簿

<table>
<tr><td rowspan="4">测站编号</td><td rowspan="4">测点</td><td rowspan="2">后尺</td><td>上丝</td><td rowspan="2">前尺</td><td>上丝</td><td rowspan="4">方向及尺号</td><td colspan="2" rowspan="2">标尺读数</td><td rowspan="4">$K$+黑-红/mm</td><td rowspan="4">高差中数/m</td><td rowspan="4">备注</td></tr>
<tr><td>下丝</td><td>下丝</td></tr>
<tr><td colspan="2">后视距</td><td colspan="2">前视距</td><td rowspan="2">黑面（中丝）</td><td rowspan="2">红面（中丝）</td></tr>
<tr><td colspan="2">视距差 $d$/m</td><td colspan="2">累积差 $\sum d$ / m</td></tr>
<tr><td rowspan="4"></td><td rowspan="4"></td><td colspan="2"></td><td colspan="2"></td><td>后</td><td></td><td></td><td></td><td rowspan="4"></td><td rowspan="4"></td></tr>
<tr><td colspan="2"></td><td colspan="2"></td><td>前</td><td></td><td></td><td></td></tr>
<tr><td colspan="2"></td><td colspan="2"></td><td>后-前</td><td></td><td></td><td></td></tr>
<tr><td colspan="2"></td><td colspan="2"></td><td colspan="4"></td></tr>
<tr><td rowspan="4"></td><td rowspan="4"></td><td colspan="2"></td><td colspan="2"></td><td>后</td><td></td><td></td><td></td><td rowspan="4"></td><td rowspan="4"></td></tr>
<tr><td colspan="2"></td><td colspan="2"></td><td>前</td><td></td><td></td><td></td></tr>
<tr><td colspan="2"></td><td colspan="2"></td><td>后-前</td><td></td><td></td><td></td></tr>
<tr><td colspan="2"></td><td colspan="2"></td><td colspan="4"></td></tr>
<tr><td rowspan="4"></td><td rowspan="4"></td><td colspan="2"></td><td colspan="2"></td><td>后</td><td></td><td></td><td></td><td rowspan="4"></td><td rowspan="4"></td></tr>
<tr><td colspan="2"></td><td colspan="2"></td><td>前</td><td></td><td></td><td></td></tr>
<tr><td colspan="2"></td><td colspan="2"></td><td>后-前</td><td></td><td></td><td></td></tr>
<tr><td colspan="2"></td><td colspan="2"></td><td colspan="4"></td></tr>
<tr><td rowspan="4"></td><td rowspan="4"></td><td colspan="2"></td><td colspan="2"></td><td>后</td><td></td><td></td><td></td><td rowspan="4"></td><td rowspan="4"></td></tr>
<tr><td colspan="2"></td><td colspan="2"></td><td>前</td><td></td><td></td><td></td></tr>
<tr><td colspan="2"></td><td colspan="2"></td><td>后-前</td><td></td><td></td><td></td></tr>
<tr><td colspan="2"></td><td colspan="2"></td><td colspan="4"></td></tr>
</table>

四等水准测量测站上的观测顺序为（　　　　　　　　），各项限差为：视距差≤（　　　　），视距累积差≤（　　　　），黑红面读数差≤（　　　　），黑红面高差之差≤（　　　　）。

4．图 9.3 所示为四等闭合水准路线，已知水准点 $BM_A$ 的高程为（180+××）.325m，1、2、3、4 点为待定高程点，水准测量观测的各段高差及路线长度填写在表 9.3 中，其中 $h_5$=（4.5××）m，完成水准路线计算。（注：××为学号最后两位。）

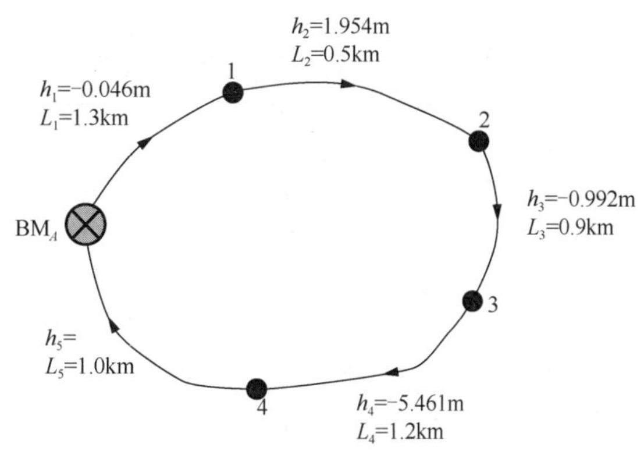


图 9.3 四等闭合水准路线

表 9.3 闭合水准路线计算表

| 点号 | 路线长 $L$/km | 实测高差 $h_i$ /m | 高差改正数 $v_{h_i}$ /m | 改正后高差 $\hat{h}_i$ /m | 高程 $H$/m | 备注 |
|---|---|---|---|---|---|---|
| | | | | | | |
| | | | | | | |
| | | | | | | |
| | | | | | | |
| | | | | | | |
| | | | | | | |
| | | | | | | |
| | | | | | | |
| $\sum$ | | | | | | |
| 辅助计算 | $f_h=\sum h_{测}=$ | | | $f_{h容}=\pm 20\sqrt{L}=$ | | |

5．完成四等水准测量附合路线成果计算（表 9.4）。

表 9.4 附合水准路线计算表

| 点号 | 路线长 $L$/km | 实测高差 $h_i$/m | 高差改正数 $v_{h_i}$ /m | 改正后高差 $\hat{h}_i$ /m | 高程 $H$/m | 备注 |
|---|---|---|---|---|---|---|
| $BM_A$ | | | | | 67.937 | 已知 |
| | 1.5 | +4.362 | | | | |
| 1 | | | | | | |
| | 0.6 | +2.413 | | | | |
| 2 | | | | | | |
| | 0.8 | −3.121 | | | | |
| 3 | | | | | | |
| | 1.0 | +1.263 | | | | |
| 4 | | | | | | |
| | 1.2 | +2.716 | | | | |
| 5 | | | | | | |
| | 1.6 | −3.715 | | | | |
| $BM_B$ | | | | | 71.819 | 已知 |
| $\sum$ | | | | | | |
| 辅助计算 | $f_h=\sum h_{测}-(H_B-H_A)=$ | | | $f_{h容}=\pm 20\sqrt{L}=$ | | |

6. *A* 点到 *B* 点为一条四等支水准路线，已知水准点 *A* 点的高程为 62.305m，由 *A* 点往测到 *B* 点的高差为−1.456m，由 *B* 点返测到 *A* 点的高差为+1.478m，*A*、*B* 两点的水准路线长度为 1.6km，计算高差闭合差、高差闭合差允许值及 *B* 点高程。

## 训练任务 9.2 角度测量

1. 根据图 9.4 完成表 9.5 测回法观测手簿计算，并完成填空。

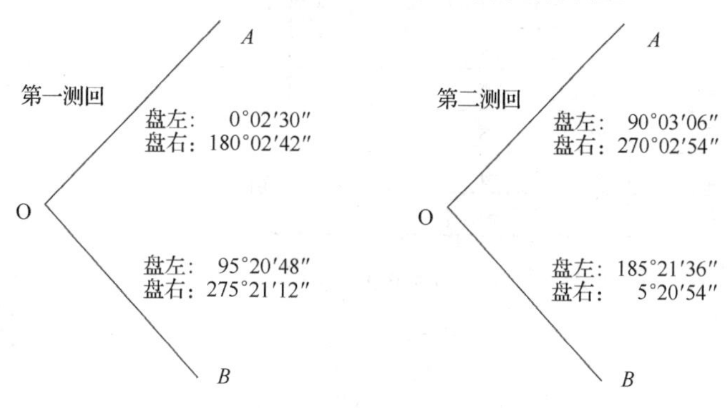


图 9.4 测回法观测

**表 9.5 测回法观测手簿**

| 测站（测回） | 目标 | 竖盘位置 | 水平度盘读数/（° ′ ″） | 半测回角值/（° ′ ″） | 一测回角值/（° ′ ″） | 各测回平均角值/（° ′ ″） | 备注 |
|---|---|---|---|---|---|---|---|
| | *A* | 左 | | | | | |
| | *B* | | | | | | |
| | *B* | 右 | | | | | |
| | *A* | | | | | | |
| | *A* | 左 | | | | | |
| | *B* | | | | | | |
| | *B* | 右 | | | | | |
| | *A* | | | | | | |

测回法一测回的观测顺序为（ ）；各项限差为：半测回差≤（ ），测回差≤（ ）。

2．完成表 9.6 天顶距观测手簿计算。

表 9.6　天顶距观测手簿

| 测站<br>测回 | 目标 | 竖盘<br>位置 | 竖盘读数/<br>(° ′ ″) | 指标差/(″) | 天顶距/(° ′ ″) | 各测回平均天顶距/<br>(° ′ ″) |
|---|---|---|---|---|---|---|
| O<br>1 | A | 左 | 79　20　24 | | | |
| | | 右 | 280　40　00 | | | |
| | B | 左 | 98　32　18 | | | |
| | | 右 | 261　27　54 | | | |
| | C | 左 | 90　32　42 | | | |
| | | 右 | 269　27　00 | | | |
| | D | 左 | 84　56　24 | | | |
| | | 右 | 275　03　30 | | | |
| O<br>2 | A | 左 | 79　20　18 | | | |
| | | 右 | 280　40　06 | | | |
| | B | 左 | 98　32　22 | | | |
| | | 右 | 261　27　48 | | | |
| | C | 左 | 90　32　30 | | | |
| | | 右 | 269　27　06 | | | |
| | D | 左 | 84　56　30 | | | |
| | | 右 | 275　03　30 | | | |

天顶距观测的各项限差为：对于 $DJ_6$ 经纬仪，指标差的变动范围应不超过（　　　　）；各个测回同一方向的天顶距较差不应超过（　　　　）。

# 训练任务 9.3　距 离 测 量

完成表 9.7 视距测量观测手簿计算。

表 9.7　视距测量观测手簿

测站名称＿O＿　测站高程＿62.562m＿　仪器高＿1.52m＿

| 测点 | 读数 | | 视距<br>Kl/m | 中丝 | 竖盘读数/<br>(° ′ ″) | 水平距离/<br>m | 高差/m | 高程/m | 备注 |
|---|---|---|---|---|---|---|---|---|---|
| | 上丝 | 下丝 | | | | | | | |
| 1 | 1.865 | 1.175 | | 1.520 | 87 35 24 | | | | 等仪器高法 |
| 2 | 1.753 | 1.287 | | 1.520 | 93 35 30 | | | | 等仪器高法 |
| 3 | 2.485 | 1.678 | | 2.082 | 92 45 36 | | | | 任意法 |
| 4 | 1.564 | 1.173 | | 1.368 | 88 26 06 | | | | 任意法 |
| 5 | 1.678 | 0.834 | | 1.256 | 90 00 00 | | | | 平截法 |
| 6 | 1.497 | 0.933 | | 1.215 | 90 00 00 | | | | 平截法 |
| 7 | 1.632 | 1.000 | | 1.316 | 94 12 12 | | | | 直读视距法 |
| 8 | 2.458 | 2.000 | | 2.229 | 82 42 24 | | | | 直读视距法 |

## 训练任务 9.4 测量数据简易处理

1．为检定两台经纬仪甲、乙的测角精度，对已知精确测定的水平角$\beta$=58°02′00.0″（无误差）分别进行 5 组观测，其结果如下。

甲：58°02′03″、58°02′05″、58°01′58″、58°01′57″、58°02′04″

乙：58°01′59″、58°02′01″、58°02′00″、58°02′02″、58°02′01″

试计算两台经纬仪测角的中误差，并分析两台经纬仪的精度。

2．有两段距离 $S_1$、$S_2$，经多次观测得观测值及其中误差分别为 300.00m ± 2cm 和 600.00m ± 2cm，试求这两个观测值的相对误差，并分析哪段距离观测精度更高。

## 训练任务 9.5 控 制 测 量

1．已知直线 *AB* 的方位角为 160°12′45″，按图 9.5 中所标注的数据（所有角皆为左角观测角）分别计算直线 *BC*、*CD*、*DE*、*EF* 的方位角，并换算成象限角。

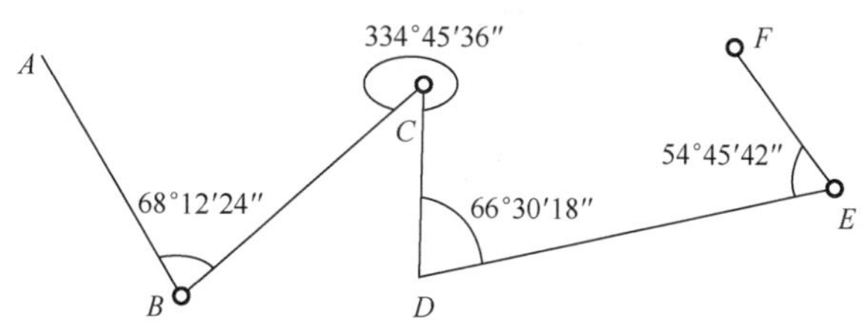


图 9.5 方位角推算

2．如图 9.6 所示，已知 12 边的坐标方位角为 65°，2 点的右角观测角为 150°，3 点的左角观测角为 165°，计算 23 边的正方位角及 34 边的反方位角。

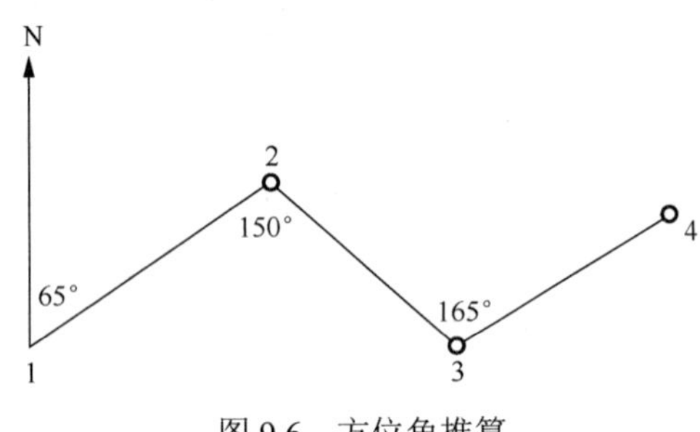


图 9.6　方位角推算

3．坐标正算。已知 $A$ 点坐标为 $x_A = 623.45$m，$y_A = 468.68$m，$A$、$B$ 两点间的水平距离为 $D_{AB} = 230.63$m，直线 $AB$ 的方位角分别为 48°12′40″、148°12′40″、248°12′40″、348°12′40″，分别计算 $B$ 点坐标。

4．坐标反算。已知 $A$ 点坐标为 $x_A = 2445.321$m，$y_A = 2086.467$m，$B$ 点坐标为 $x_B = 2779.654$m，$y_B = 1738.742$m，计算直线 $AB$ 和直线 $BA$ 的水平距离和方位角（距离取位至毫米，方位角取位至秒）。

5．附合导线计算。表 9.8 中为图根附合导线数据，计算角度闭合差、改正数、改正后角值，推算各边方位角。

表 9.8 附合导线计算表

| 点号 | 改正数/（″）<br>左角观测角/<br>（° ′ ″） | 坐标 | | 改正后角值/<br>（° ′ ″） | 坐标方位角/<br>（° ′ ″） |
|---|---|---|---|---|---|
| | | $x$ | $y$ | | |
| *A* | | 2005.10 | 7701.45 | | |
| *B* | 323 30 40 | 2100.74 | 7575.30 | | |
| 1 | 197 56 36 | | | | |
| 2 | 139 21 00 | | | | |
| *C* | 35 57 16 | 2102.94 | 8087.99 | | |
| *D* | | 2153.44 | 7884.63 | | |
| $\sum$ | | | | | |
| 辅助计算 | | | | | |

6．闭合导线计算。图 9.7 为图根闭合导线，已知 *AB* 边方位角 $\alpha_{AD}$=（3××）°00′00″，*A* 点坐标为（$x_1$=666.60m，$y_1$=1888.80m），外业观测边长和角度如图 9.7 所示，其中 $\beta_E$=100°39′××″，计算闭合导线各点的坐标（表 9.9）。（注：××为学号最后两位。）

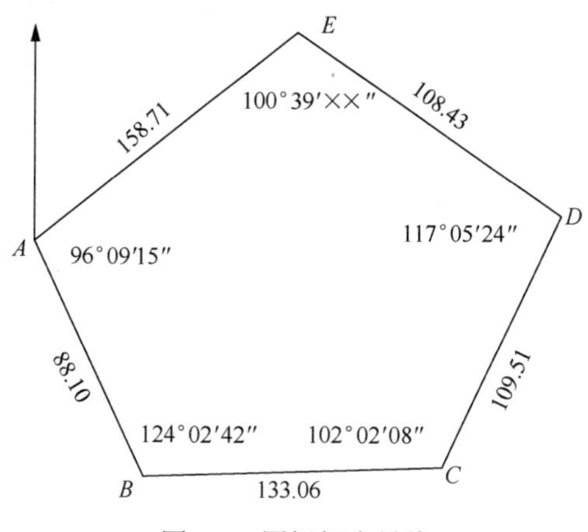


图 9.7 图根闭合导线

表 9.9 闭合导线计算表

| 点名 | 改正数/(″) 观测角值/(° ′ ″) | 改正后角值/(° ′ ″) | 方位角/(° ′ ″) | 边长/m | 改正数/m 增量计算值/m | | 改正后的坐标增量值/m | | 坐标/m | |
|---|---|---|---|---|---|---|---|---|---|---|
| | | | | | $\Delta x_i$ | $\Delta y_i$ | $\Delta x_{i改}$ | $\Delta y_{i改}$ | $x$ | $y$ |
| | | | | | | | | | | |
| | | | | | | | | | | |
| | | | | | | | | | | |
| | | | | | | | | | | |
| | | | | | | | | | | |
| | | | | | | | | | | |
| | | | | | | | | | | |
| | | | | | | | | | | |
| Σ | | | | | | | | | | |
| 辅助计算 | | | | | | | | | | |

7. 附合导线坐标计算。图 9.8 所示为图根附合导线，已知起始边的方位角$\alpha_{AB}$=52°10′02″，终边的方位角$\alpha_{CD}$=291°01′33″，$B$、$C$ 两点的坐标分别为（$x_B$=864.22m，$y_B$=413.35m）（$x_C$=898.21m，$y_C$=995.22m）。$D_{B1}$=297.26m，$D_{12}$=187.81m，$D_{23}$=93.40m，$D_{3C}$=150.64m。外业观测的边长和角度数据如图 9.8 所示，计算附合导线 1、2、3 点的坐标（表 9.10）。

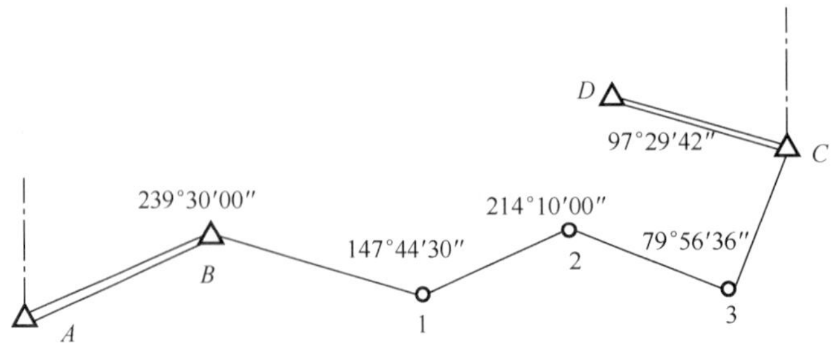


图 9.8 图根附合导线

表 9.10 附合导线计算表

| 点名 | 改正数/(″)<br>观测角值/<br>(° ′ ″) | 改正后<br>角值/<br>(° ′ ″) | 方位角/<br>(° ′ ″) | 边长/m | 改正数/m<br>增量计算值/m | | 改正后的<br>坐标增量值/m | | 坐标/m | |
|---|---|---|---|---|---|---|---|---|---|---|
| | | | | | $\Delta x_i$ | $\Delta y_i$ | $\Delta x_{i改}$ | $\Delta y_{i改}$ | $x$ | $y$ |
| | | | | | | | | | | |
| | | | | | | | | | | |
| | | | | | | | | | | |
| | | | | | | | | | | |
| | | | | | | | | | | |
| | | | | | | | | | | |
| | | | | | | | | | | |
| | | | | | | | | | | |
| $\sum$ | | | | | | | | | | |
| 辅助计算 | | | | | | | | | | |

8．支导线计算（表 9.11）。

**表 9.11　支导线计算表**

| 点名 | 左角观测角/(° ′ ″) | 方位角/(° ′ ″) | 边长/m | 坐标增量/m | | 坐标/m | |
|---|---|---|---|---|---|---|---|
| | | | | $\Delta x$ | $\Delta y$ | $x$ | $y$ |
| $A$ | | | | | | 643.580 | 870.042 |
| | | | | | | | |
| $B$ | 63 30 12 | | | | | 482.256 | 1044.321 |
| | | | 87.328 | | | | |
| $T_1$ | 137 20 42 | | | | | | |
| | | | 76.399 | | | | |
| $T_2$ | 220 40 06 | | | | | | |
| | | | 80.325 | | | | |
| $T_3$ | | | | | | | |
| 辅助计算 | | | | | | | |

9．前方交会计算。根据前方交会示意图（图 9.9）和表 9.12 中的已知数据，计算交会点 $P$ 点的坐标（比例尺为 1∶1000）。

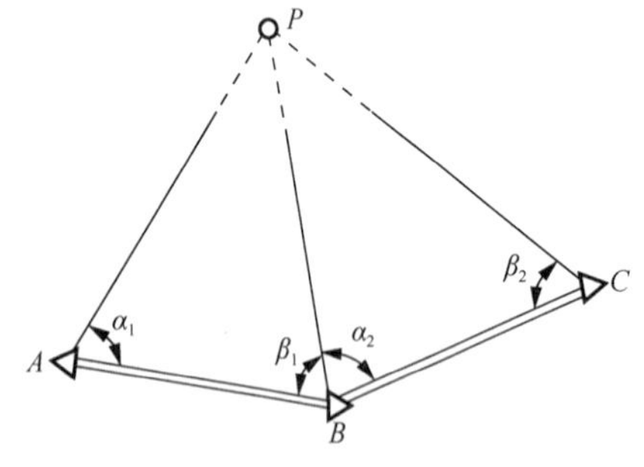

图 9.9　前方交会法示意图

**表 9.12　前方交会法已知数据**

| 点名 | $x$/m | $y$/m |
|---|---|---|
| $A$ | 1659.232 | 2355.537 |
| $B$ | 1406.593 | 2654.051 |
| $C$ | 1589.736 | 2987.304 |
| 观测角 | $\alpha$ | $\beta$ |
| 1 | 69°11′04″ | 59°42′39″ |
| 2 | 51°15′22″ | 76°44′30″ |

# 训练任务9.6 地形图的测绘

1．完成经纬仪测绘法的计算（表9.13）。

表9.13 经纬仪测绘法记录手簿

日期________ 小组________ 仪器型号________

测站点___A___ 后视点___B___ 后视方位角___60°30′30″___ 仪器高___1.48m___

测站点纵坐标___600.00m___ 测站点横坐标___800.00m___ 测站点高程___62.28m___

观测者________ 记录者________ 检查者________

| 测点 | 上丝 | 下丝 | 视距 | 中丝 | 水平度盘读数/(° ′ ″) | 竖盘读数/(° ′ ″) | 水平距离/m | 高差/m | 坐标增量/m | | 坐标/m | | 高程/m |
|---|---|---|---|---|---|---|---|---|---|---|---|---|---|
| | | | | | | | | | $\Delta x$ | $\Delta y$ | $x$ | $y$ | |
| 1 | 1.383 | 1.021 | | 1.201 | 30 25 12 | 86 42 24 | | | | | | | |
| 2 | 1.592 | 1.164 | | 1.378 | 78 43 36 | 93 20 30 | | | | | | | |
| 3 | 1.446 | 0.834 | | 1.140 | 135 22 30 | 87 20 12 | | | | | | | |
| 4 | 1.952 | 1.122 | | 1.537 | 168 26 06 | 92 12 06 | | | | | | | |
| 5 | 1.764 | 1.255 | | 1.509 | 195 16 18 | 93 54 18 | | | | | | | |
| 6 | 1.843 | 1.145 | | 1.494 | 264 45 24 | 89 43 36 | | | | | | | |
| 7 | 1.643 | 1.135 | | 1.389 | 294 34 30 | 86 45 42 | | | | | | | |
| 8 | 1.834 | 1.234 | | 1.534 | 334 53 54 | 88 34 48 | | | | | | | |

2．根据图9.10中的高程点勾绘等高线，基本等高距为1m。

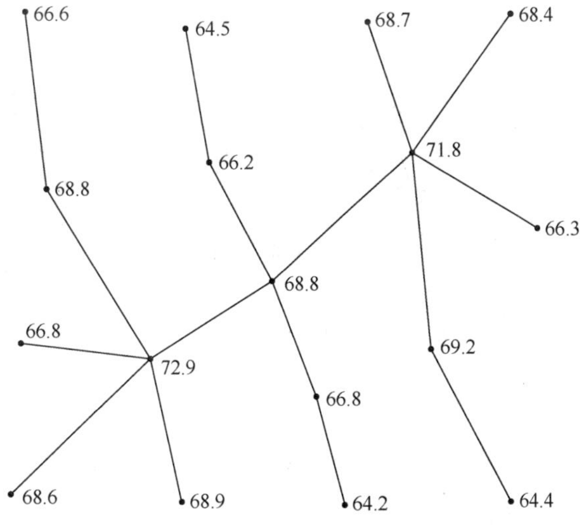


图9.10 等高线勾绘

# 训练任务 9.7　地形图的应用

1．在图 9.11 中完成下列工作。

（1）在地形图上绘出山顶（△）、鞍部的最低点（×）、山脊线（—•—•—）和山谷线（-----）。

（2）确定 *A* 点、*B* 点、*C* 点的高程。

（3）确定 *C* 点到 *B* 点的平均坡度。

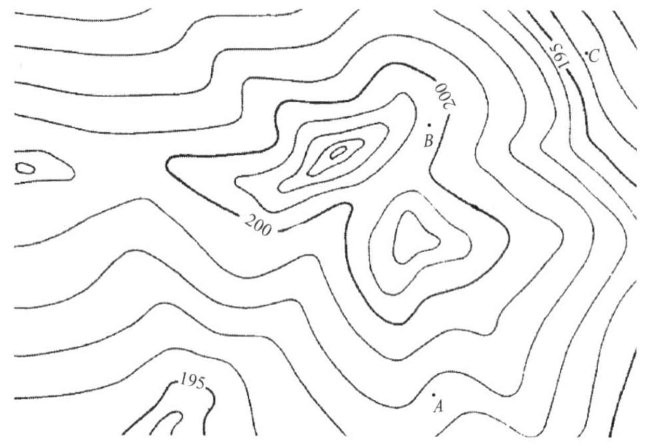


图 9.11　1∶2000 地形图

2．在图 9.12 所示的 1∶10 000 的地形图上绘出道路上桥涵 *A* 和桥涵 *B* 的汇水范围。

图 9.12　1∶10 000 地形图

## 附：学生计算器的使用方法

### 1. 带有Rec键的计算器

（1）坐标正算（极坐标转换成直角坐标）

在角度计算状态下（屏幕显示D），按第二功能键、Pol键，屏幕显示Rec（；输入水平距离、逗号、方位角、右括号键；按等号键，屏幕显示的就是$\Delta x$，并自动存储在上档键为红色字体的E键中；$\Delta y$自动存储在上档键为红色字体的F键中，按提取键RCL、上档键为红色字体的F键，屏幕显示的就是$\Delta y$。

（2）坐标反算（直角坐标转换成极坐标）

在角度计算状态下（屏幕显示D），按Pol键，屏幕显示Pol（；输入$\Delta x$、逗号、$\Delta y$、右括号键；按等号键，屏幕显示的就是水平距离，并自动存储在上档键为红色字体的E键中；方位角自动存储在上档键为红色字体的F键中。按提取键RCL、上档键为红色字体的F键，屏幕显示有两种情况：①屏幕显示的值为正，其值就是方位角，如为十进制形式，再按"° ′ ″"键将其转换成六十进制形式；②屏幕显示的值为负，将其加上360°就是方位角，如为十进制形式，再将其转换成六十进制形式。

### 2. 带有a、b键的计算器

（1）坐标正算（极坐标转换成直角坐标）

在角度计算状态下（屏幕显示D），输入水平距离，按a键；输入方位角（度后加点，按DEG键将其转换成十进制），按b键；按第二功能键、b键，屏幕显示的就是$\Delta x$；再按b键，屏幕显示的就是$\Delta y$。

（2）坐标反算（直角坐标变换成极坐标）

在角度计算状态下（屏幕显示D），输入$\Delta x$，按a键；输入$\Delta y$，按b键；按第二功能键、a键，屏幕显示的就是水平距离。按b键，屏幕显示有两种情况：①屏幕显示的值为正，其值就是方位角十进制形式，按DEG键，将其转换成六十进制形式；②屏幕显示的值为负，将其加上360°就是方位角，如为十进制形式，再将其转换成六十进制形式。

# 项目10

# 综合实训——大比例尺地形图测绘

## 项目简介

理论教学、单项实训、技能训练、综合实训是“地形测量”课程4个重要的教学环节。通过综合实训，培养学生综合运用基础理论知识、基本操作技能方法进行大比例尺地形图测绘的能力，从而提高学生测绘专业能力，为从事测绘工作奠定基础。

1. 实训目的

1）通过实训，学生进行图根控制测量和碎部测量内外业基本技能训练，可使学生掌握从地形控制测量到大比例尺地形图测绘生产作业的全过程，使他们的理论知识得到巩固和加强，并将理论知识和实际联系起来，将所学知识变成技巧、变成能力。

2）通过实训，可以提升学生的仪器操作技能，提高学生的动手能力，培养学生严谨的科学态度，培养学生运用知识发现问题、分析问题、解决问题的能力，为从事相关工作奠定坚实的基础。

3）通过实训，学生完成地形图测绘全过程训练，可提高学生独立从事测绘工作的计划、组织与管理能力，培养学生良好的专业品质、职业道德和工程伦理，从而提高他们综合从业素养。

4）通过实训，可使学生学会解读与应用测量规范，培养他们尊重规则、依规行事、认真执行测量规范的优秀品质。

5）通过实训，能够培养学生热爱祖国、忠诚事业、艰苦奋斗、无私奉献的测绘精神，关心集体、协作共进的团队合作意识，爱护仪器、工具的良好职业道德，认真负责、一丝不苟的工作态度，锲而不舍、精益求精的工匠精神，遵纪守法、爱护公物的社会公德，保护环境、与自然和谐共处的生态文明意识。

2. 实训组织

实训的组织工作由指导教师负责，每班配备两名具有丰富教学经验并且敬业的指导教师。每个班为一个实训大组，选大组长1人，每个大组按人数分为若干个小组，每组由5～6人组成，选小组长一人。实训由指导教师统一指挥，各大组长、小组长及班干部应积极配合指导教师做好本大组、小组的各项工作。为合理利用时间，将采用平行作业的实训方式。

大组长职责：协助指导教师对实训过程进行有效的管理，使学生顺利完成实训任务。

小组长职责：组织本小组成员认真学习实训内容与方法，贯彻执行指导教师各项要求，带领并组织全组成员顺利完成各项实训的具体工作，并保持与指导教师的顺畅沟通。

组员职责：组员在组长的统一安排下，分工协作，并轮流承担各项实训任务中的具体工作，从而顺利完成各项实训任务。

3. 实训任务

1）采用导线测量方法进行图根控制测量，根据起算数据计算出所有导线点的平面坐标；使用经纬仪支距法对测站点进行加密。

2）采用四等水准测量方法进行首级高程控制测量，将已知水准高程引测至导线点，为全站仪高程导线测量提供高程数据；采用全站仪高程导线测量方法，测算出所有导线点的高程。

3）使用经纬仪进行碎部测量，测量出测区内所有地物、地貌点的三维坐标；采用手工绘图方式绘制出地形图，并完成地形图的检查、整饰等工作。

4. 技术要求

具体技术要求按《城市测量规范》（CJJ/T 8—2011）、《国家基本比例尺地图图式 第1部分：1∶500 1∶1000 1∶2000 地形图图式》（GB/T 20257.1—2017）、《测绘技术总结编写规定》（CH/T 1001—2005）、《测绘技术设计规定》（CH/T 1004—2005）等规定执行。一般规定如下。

1）大比例尺地形图测绘综合实训采用四等水准测量进行首级高程控制测量，全站仪高程导线测量进行图根平面和高程控制测量，经纬仪测绘法进行碎部测量，手工绘图。

2）实习指导教师统一选定坐标系统和高程系统。坐标系统和高程系统尽量采用国家坐标系统和国家高程系统，也可以采用假定坐标系统和假定高程系统。

3）地形图图幅应按正方形分幅，规格为 50cm×50cm；图号编号按图廓西南角坐标千米数编号，$x$ 坐标在前，$y$ 坐标在后，中间用短线连接。

4）地形类别按以下情况划分。

① 平地：绝大部分地面坡度在 2°以下。

② 丘陵地：绝大部分地面坡度在 2°～6°（不含 6°）。

③ 山地：绝大部分地面坡度在 6°～25°。

④ 高山地：绝大部分地面坡度在 25°以上。

5）实习指导教师根据任务和地形情况统一确定测图比例尺和地形图基本等高距，比例尺可选为 1∶500 或 1∶1000，基本等高距根据地形类别和用途的需要，按表 6.2 的规定确定。

6）图上碎部点一般要求在 2～3cm，碎部点的最大视距和城市建筑区的最大视距均应符合表 6.5 的规定。高程注记点的密度为 $100cm^2$ 内 5～20 个，一般选择明显地物点或地形特征点。

7）地形图图上地物点相对于邻近图根点的位置中误差及邻近地物点间的距离中误差不应大于表 6.7 的规定。高程注记点相对于邻近图根点的高程中误差不应大于相应比例尺地形图基本等高距的 1/3。困难地区放宽 0.5 倍。等高线内插求点相对于邻近图根点的高程中误差，平地不应大于基本等高距的 1/3，丘陵地不应大于基本等高距的 1/2，山地不应大于基本等高距的 2/3，高山地不应大于基本等高距。

8）地形图符号及注记按《国家基本比例尺地图图式　第 1 部分：1∶500　1∶1000　1∶2000　地形图图式》（GB/T 20257.1—2017）的规定执行。对图式中没有规定的地物、地貌符号，由实习指导教师统一规定，不得自行设计使用。

5. 实训日程（表 10.1）

表 10.1　实训时间分配

| 项目名称 | 时间/天 | 备注 |
| --- | --- | --- |
| 准备工作、踏勘选点、技术设计 | 1 | 包括实训动员、实训任务布置、实训主要内容讲解 |
| 平面控制测量 | 4 | 全站仪导线测量内外业工作 |
| 高程控制测量 | 4 | 四等水准测量或全站仪高程导线测量内外业工作 |
| 地形图测绘 | 5 | 经纬仪测图，边测边绘，课余时间整饰图幅 |
| 地形图的检查 |  | 包括内业检查与外业检查，课余时间进行 |
| 撰写实习报告（技术总结） |  | 课余时间进行 |
| 成绩考核、技能竞赛 | 1 | 操作考试和理论考试相结合，经纬仪安置竞赛 |
| 合计 | 15 |  |

6. 注意事项

1）实训前，必须阅读《地形测量》的有关内容，以及综合实训部分各任务的工作任务单、教学引导文和任务实施单；实训时，必须携带《地形测量》书籍，以便随时翻阅、参考；实训后，认真编写实训技术总结或实训报告。

2）实训分小组进行，组长负责办理所用仪器和工具的借领与归还手续，并负责仪器的保管与维护；借用仪器时，按实训任务的仪器工具清单当场清点，检查实物与清单是否相符，器件是否完好、齐全，对仪器工具进行一般检视，无问题后将仪器领出。

3）必须遵守实验室测量仪器工具的借用规定，按时借还仪器。实训过程中，时刻注意保护好仪器工具，严禁坐仪器箱、图板套等，严禁踩踏水准尺、图板等工具，养成规范使用仪器工具的良好工作习惯、爱护仪器工具的美好社会公德。仪器工具出现问题应及时与指导教师或实验室教师联系，严禁擅自拆卸仪器，听从教师的指导，如仪器工具因使用不当造成损坏或丢失，应照价赔偿。实训要求认真、按时、独立地完成任务。

4）实训应在指定的场地、按规定的路线和区域进行，不得擅自改变；实训应在规定的时间内进行，不得无故缺席或迟到、早退，保证按时完成实训任务。

5）实训过程中的观测应按规范或实训任务书的要求进行，保证观测的规范性与正确性；记录采用 2H 或 3H 铅笔，用正楷字体书写文字及数字，字迹要工整清晰，记录位置要准确规范，记录项目要齐全，并养成复述的良好习惯，防止出现错误。

6）记录过程中，记录数字中若发现度、分、米、分米位有错误，不得涂改，也不得用橡皮擦拭，而应该用细横线划去错误数字，在原数字上方写出正确数字；秒及厘米、毫米部分有错，不得更改，须将整个读数划掉重测；整个记录手簿中不得出现连环涂改现象。

7）若一测回或整站观测成果不合格（观测误差超限），则用细斜线划去该栏记录数字，并在备注栏内说明原因，然后重测。

8）观测结果应在现场及时进行计算，并进行必要的成果检验，以决定观测成果是否合格，是否需要重测。

9）实训外业结束后，及时归还仪器工具。仪器工具如有遗失或损坏，应以书面报告形式说明情况，进行登记，并按有关规定赔偿。

10）实训结束后，应及时提交有关成果。

### 7. 成绩评定

实训成绩根据小组成绩和个人成绩综合评定。按优（90 分以上）、良（80～90 分）、中（70～80 分）、及格（60～70 分）、不及格（60 分以下）5 级评定成绩。

（1）小组成绩的评定标准（30 分）

1）操作技能和实训进度，主要包括使用仪器的熟练程度、作业程序和外业观测是否符合规范要求、是否按时完成任务等。（10 分）

2）手簿记录计算和成果质量，主要包括手簿是否完好无损，书写是否工整清晰，手簿有无擦拭、涂改；数据计算是否正确，各项限差、较差、闭合差是否在规定范围内；成果是否符合限差要求等。（10 分）

3）遵守纪律，爱护仪器，组内人员具有团队精神，组内外团结协作；组内能展开讨论，及时发现问题并解决问题，总结经验教训。（10 分）

（2）个人成绩的评定标准（70 分）

1）实训期间的表现，主要包括出勤情况、实训表现、遵守纪律情况、爱护仪器工具情况等。（20 分）

2）个人实际操作考核，包括水准仪操作、经纬仪操作、全站仪操作。（30 分）

3）实训报告，主要包括实训报告的编写格式和内容是否符合要求，实训报告是否整洁清晰、项目齐全、成果正确，编写水平、分析问题、解决问题的能力及有无独特见解等。（20 分）

以上考核内容共 6 项，满分 100 分，作为综合实训最终成绩。

实训中发生吵架事件，损坏仪器工具及其他公物，未交实训报告，伪造数据，丢失成果资料，未参加操作考核或在考核过程中作弊等，均做不及格处理。

### 8. 实训成果

（1）小组实训成果

1）经过严格检查的各种观测手簿。

2）整饰合格的地形图。

（2）个人实训成果

1）控制网的选点草图。

2）导线计算表。

3）水准测量计算表。

4）控制点成果表。

5）实训报告（技术总结、个人总结）。

### 9. 实训报告

实训结束后，每人编写一份电子版实训报告，要求内容全面、概念正确、语句通顺、文字简练、插图和数表清晰美观，并按统一格式以 A4 纸打印。个人的计算资料应以插图、插表或附页的形式与实训报告装订在一起。对于小组实训的最终成果、实训报告等，小组组长打印一份即可。

**附：实训报告（技术总结报告）编写格式**

封面：包括实训名称、班级、姓名、学号、指导教师等。

目录：实训报告的主要内容及对应页码。

一、实训基本情况

实训的目的、任务、要求及实训的基本情况、测区概况、测区内已有测绘成果及资料等情况。

二、作业依据和设备

1）作业技术依据及其执行情况、执行过程中技术性更改情况等。

2）使用的仪器设备与工具的型号、规格与特性等。

3）作业人员组成。

三、坐标、高程系统

采用的坐标系统、高程系统、地形图的等高距等。

四、图根控制测量

（一）平面控制测量

1）平面控制网的等级、网形、密度、埋石情况、观测方法、技术参数等，记录方法，控制点选点略图等。

2）内业计算方法及各项限差、计算表格与成果表等。

3）实训过程中出现的主要技术问题和处理方法、特殊情况的处理及其达到的效果、经验教训、遗留问题、改进意见和建议等。

（二）高程控制测量

1）高程控制网的等级、网形、密度、埋石情况、观测方法、技术参数等，记录方法，控制点选点略图等。

2）内业计算方法及各项限差、计算表与成果表等。

3）实训过程中出现的主要技术问题和处理方法、特殊情况的处理及其达到的效果、经验教训、遗留问题、改进意见和建议等。

五、地形图测绘

1）测图方法，外业采集数据的内容、密度、记录的特征，数据处理、图形处理情况等。

2）测图精度的统计、分析和评价，检查验收情况，存在的主要问题及处理方法等。

六、实训体会

实训中遇到的问题及解决的方法，对本次实训的建议及本次实训的意义和收获等。

# 实训任务10.1　平面控制测量

## 10.1.1　工作任务单

| 实训场地 | 校内外实训基地，能够布设20点以上的闭合导线 | | |
|---|---|---|---|
| 实训任务 | 平面控制测量 | 学时 | 24学时 |
| 任务描述 | 1. 布设一条至少由20点组成的闭合导线。<br>2. 分别在各个导线点安置仪器，前后相邻的导线点上安置棱镜。<br>3. 使用$DJ_6$光学经纬仪在每个导线点上进行2个测回的角度测量。<br>4. 使用全站仪在每个导线点上进行1个测回的角度测量、1个测回的边长测量及高程测量，并分别记录、计算。<br>5. 进行闭合导线的内业计算。<br>6. 使用全站仪或经纬仪增设测站点 | | |
| 实训目标 | 1. 掌握导线的布设形式、布设方法，能够正确布设闭合导线。<br>2. 熟悉全站仪导线测量的工作流程，能够正确开展导线测量工作。<br>3. 掌握全站仪导线测量的测站观测、记录与计算方法。<br>4. 掌握全站仪导线测量的主要技术指标，掌握测站及路线的检核方法，能够判断导线测量是否满足精度要求。<br>5. 掌握使用全站仪或$DJ_6$光学经纬仪进行测站点加密的方法，能够正确增设测站点。<br>6. 实训过程中规范使用测量仪器并时刻保证仪器安全，树立科技安全意识；小组成员分工明确，密切合作，培养团队合作意识；严禁编造数据，发扬实事求是的优良作风；严格按规范要求执行，养成依规行事的良好品德；避免影响车辆和人员通行，养成遵纪守法的社会公德；保护周边环境，培养生态环保意识 | | |
| 仪器工具 | 全站仪，全站仪专用架腿，反射棱镜，棱镜用架腿，$DJ_6$光学经纬仪，经纬仪专用架腿，小钢卷尺，自备铅笔、计算器等 | | |
| 实训要求 | 1. 布设至少20个点组成的闭合导线，能够保证多组同时观测。<br>2. 测角：使用$DJ_6$光学经纬仪，采用测回法观测2个测回，半测回角限差不超过36″，测回差不超过24″；使用全站仪，采用测回法观测1个测回，半测回角限差不超过36″。<br>3. 测边：使用全站仪，采用对向观测，单向观测1个测回（记录至毫米），相对误差不大于1/5000。<br>4. 角度闭合差允许值：$f_{h允} \leqslant \pm 40'' \sqrt{n}$，导线全长相对闭合差：$K \leqslant 1/5000$。<br>5. 角度取位至秒，坐标取位至毫米。<br>6. 观测完成后，必须按要求进行各个环节的自检，合格后将成果交付教师。<br>7. 教师指定其他小组进行组间互检。<br>8. 上述所有工作完成后，得到教师允许后归还仪器，更换实训项目 | | |
| 参考资料 | “地形测量”课程资源库相关内容 | | |

### 10.1.2 教学引导文

<table>
<tr><td colspan="2">实训任务</td><td colspan="2">平面控制测量</td></tr>
<tr><td rowspan="3">教学阶段</td><td>课前</td><td colspan="2">1. 自主学习本实训相关内容，可以登录智慧职教平台课程资源库进行学习。<br>2. 认真阅读工作任务单，参阅“任务 2.1 水平角测量”“任务 5.1 平面控制测量”中与本实训相关的内容，掌握本实训工作内容和实训要求等具体情况。<br>3. 复习“实训任务 8.7 测回法观测水平角”和“实训任务 8.11 导线测量”。<br>4. 认真学习任务实施单，掌握实施步骤和检核要求等。<br>5. 小组讨论，形成实训计划</td></tr>
<tr><td>课中</td><td colspan="2">1. 按仪器清单领取、准备仪器工具。<br>2. 课代表组织全体人员到指定场地集合，组长站在第一排，每小组站成一列。<br>3. 教师讲解、演示，布置任务。<br>4. 学生按教师讲解现场模拟操作，提出问题。<br>5. 学生分组实操，观测数据记录在外业观测手簿中。<br>6. 小组自检，组间互检，检查人员签字。<br>7. 教师按各种实训综合表现进行评价，写出评语，给出实训成绩</td></tr>
<tr><td>课后</td><td colspan="2">1. 完成当天外业观测数据的整理工作，进行内业计算。<br>2. 撰写实训报告相关内容</td></tr>
<tr><td>注意事项</td><td colspan="3">1. $DJ_6$ 经纬仪读数秒数应为 6 的倍数，分和秒必须记录两位数，如 6″记录为 06″。<br>2. 一测回只能在上半测回开始之前配盘一次，配置好读数后务必弹出水平度盘变换手轮。<br>3. 对中整平要到位，观测过程中如出现气泡偏离 1 分划格以上，应重新整平，重新观测；气泡偏离 1 分划格以内可不重新整平，若重新整平，则必须在两个测回之间进行。<br>4. 观测过程中一定要用十字丝交点照准测钎尖部，并且每次尽量照准目标同一位置。<br>5. 一定要按规程操作测量仪器，保证仪器安全；全站仪未整平不得开机，以免损坏仪器补偿装置。<br>6. 全站仪观测以前，首先设置棱镜常数，设置为使用的棱镜常数；再输入温度、气压，以进行气象改正。距离测量选择精测测量模式。实训以外的功能不要操作，尤其是不要改变全站仪的设置。<br>7. 每次照准都要照准棱镜中心。<br>8. 每测站需要一名组员进行观测，一名组员进行记录，两名组员架设棱镜，每位小组成员都需要进行观测、记录、立棱镜实操。<br>9. 搬站时，仪器必须装箱，棱镜可以不装箱；测量工作完成后，全站仪必须关机后再装箱</td></tr>
<tr><td rowspan="4">实训计划</td><td colspan="2">实训准备</td><td></td></tr>
<tr><td colspan="2">实训开展</td><td></td></tr>
<tr><td colspan="2">实训检查</td><td></td></tr>
<tr><td colspan="2">实训结束</td><td></td></tr>
</table>

### 10.1.3　任务实施单

| 实训场地 | 校内外实训基地，能够布设 20 点以上的闭合导线 |
|---|---|
| 实训任务 | 平面控制测量 |
| 仪器清单 | 全站仪 1 台、全站仪专用架腿 1 个，反射棱镜 2 台，棱镜用架腿 2 个，$DJ_6$ 光学经纬仪 1 台，经纬仪专用架腿 1 个，小钢卷尺 1 把，自备铅笔、计算器等 |
| 教学环节 | 1. 按仪器清单领取仪器设备。<br>2. 到指定场地集合。<br>3. 教师演示。<br>4. 学生模拟。<br>5. 学生分组实操，观测数据记录在外业观测手簿。<br>6. 小组自检，组间互检。<br>7. 教师评价 |
| 实施步骤 | 1. 实训前的准备工作<br>准备实训资料，领取仪器工具、记录手簿和计算表格。<br>2. 经纬仪的检验校正（参见“任务 2.3 经纬仪的检验与校正”）<br>1）照准部水准管的检验与校正。<br>2）圆水准器轴的检验与校正。<br>3）十字丝竖丝的检验与校正。<br>4）视准轴的检验与校正。<br>5）横轴的检验与校正。<br>6）光学对中器的检验与校正。<br>3. 踏勘选点<br>选点前应收集测区原有地形图和控制点等资料，按测区实际情况确定平面和高程控制测量方案，拟定点位的初步布设方案。平面控制测量采用导线测量，根据测区范围、已知点分布和地形情况等拟定导线布设的初步方案，然后到实地确定导线点位置。<br>选点时应注意以下几点。<br>1）点位视野开阔，便于进行碎部测量；土质坚实，便于安置仪器和保存标志。<br>2）相邻点间通视良好，地势平坦，方便测角和量距。<br>3）相邻导线边应大致相等，以免测角时因望远镜调焦幅度过大而引起测角误差。<br>4）导线点的数量应满足密度要求，分布较均匀，便于控制整个测区。<br>5）导线平均边长、导线总长符合表 10.2 的要求。 |

续表

<table>
<tr><td>实施步骤</td><td>

**表 10.2　图根导线边长及密度要求**

| 测图比例尺 | 平均边长/m | 边长总和/m | 每平方千米图根点数/个 | 每幅图图根点数/个 |
|---|---|---|---|---|
| 1∶500 | 75 | 900 | 150 | 8～10 |
| 1∶1000 | 110 | 1800 | 50 | 12～14 |

导线点为临时点，若点位在土质地面，则只需在点位上打一个木桩，桩顶面钉上一个小钉，小钉的几何中心即为点位；若点位在水泥路面，则在点位上钉一个水泥钉即可。需长期保存的导线点应埋设混凝土标石，标石中心钢筋顶面应有十字线，十字交点即为点位。<br>
选点后，对所选点位统一编号并绘制点位略图。<br>
4. 磁方位角或连接角测量<br>
独立测区可采用磁方位角定向，采用罗盘仪测定导线起始边的磁方位角。如果测区附近有已知边，导线起始边与已知边使用全站仪采用支导线的形式连接，连接角采用测回法观测两个测回；也可假定导线起始边的方位角。<br>
5. 转折角观测<br>
沿逆时针方向观测导线前进方向的左角。使用经纬仪观测，需采用测回法观测 2 个测回；使用全站仪观测，只进行 1 个测回的观测即可。<br>
（1）测回法观测步骤<br>
1）在测站点安置仪器，对中、整平，在目标点上竖立觇标，如测钎。<br>
2）盘左照准左侧目标，配盘，使水平度盘读数稍大于 0°00′，弹出水平度盘变换手轮，精确照准目标，读取起始读数并记入手簿；松开制动螺旋，顺时针转动照准部，照准右侧目标，读数并记入手簿，称为上半测回。<br>
3）倒转望远镜，盘右照准右侧目标，读数并记入手簿；松开制动螺旋，逆时针转动照准部，照准左侧目标，读数并记入手簿，称为下半测回。<br>
4）进行第一测回计算，半测回差应满足要求。<br>
5）第一测回完成后，检查水准管气泡是否偏离。若气泡偏离值大于 1 分划格，需重新整平仪器再进行第二测回观测。第二测回开始前，水平度盘读数设置稍大于 90°00′，再重复第一测回的各步骤，测回差应满足要求。<br>
（2）测回法限差要求<br>
半测回差≤±36″，测回差≤±24″，对中限差≤3mm，整平限差应保证水准管气泡不偏离 1 分划格。<br>
6. 边长测量<br>
边长测量采用全站仪测量，边长测量和角度测量、高程测量同步进行，称为全站仪高程导线测量。角度测量 1 测回，导线边长测量采用双向观测，每个单向施测 1 测回，即在盘左位置观测 2～4 次，直接测记水平距离、高差，距离读数较差和往返测较差均不宜超过 10mm，往返测高差较差不宜超过 20mm。<br>
全站仪高程导线测量工作程序如下。<br>
1）在测站点上安置全站仪，对中、整平，量取仪器高（mm）。<br>
2）在待测点上安置反射棱镜，对中、整平，量取棱镜高（mm），之后将棱镜朝向全站仪。<br>
3）全站仪开机，进入测角模式，盘左照准左侧棱镜中心，置零，记录读数；进入距离测量模式，测量距离 2～4 次，分别记录水平距离，高差只记录 1 次即可，回到测角模式。
</td></tr>
</table>

续表

<table>
<tr><td rowspan="1">实施步骤</td><td>4）顺时针方向旋转照准部，照准右侧棱镜中心，记录水平度盘读数；进入距离测量模式，测量距离 2～4 次，分别记录水平距离读数，高差只记录 1 次即可，回到测角模式。<br>5）盘右照准右侧棱镜中心，读取水平度盘读数。<br>6）逆时针方向旋转照准部，读取水平度盘读数。<br>7）进行测站计算，计算完毕且角度、距离、高差符合限差要求方可搬站。<br>8）采用逐点观测的方法搬站，即将仪器搬至前视点位，前视棱镜搬至前进方向的下一个点位，后视棱镜搬至测站点。<br>9）用同样方法进行角度测量、距离测量、高程测量。<br>10）逐站进行观测，直至测完所有导线点。<br>7. 导线内业数据处理<br>按导线计算方法计算每个导线点的坐标。<br>图根导线角度闭合差限差：$f_{\beta允} \leqslant \pm 40'' \sqrt{n}$（$n$ 为闭合导线内角个数）。<br>图根导线全长相对闭合差限差：$K \leqslant 1/5000$。<br>8. 增设测站点<br>地形测图时，应充分利用图根控制点设站测绘碎部点，若因视距限制或通视影响，在图根点上不能完全测出周围的地物和地貌时，可以采用测边交会、测角交会等方法增设测站点；也可以采用经纬仪支距法、全站仪辐射点法增设测站点。<br>（1）经纬仪支距法<br>1）将经纬仪安置在某一个控制点上，对中、整平、定向。<br>2）测出已知方向与所选加密控制点方向之间的水平角$\beta$或照准方向的方位角，用视距法测出测站点与所选点位间的水平距离和高差，计算出加密控制点的坐标和高程。<br>（2）全站仪辐射点法<br>1）将全站仪安置在某一个控制点上，对中、整平，量取仪器高。<br>2）进入数据采集模式，进行测站点设置、后视定向。<br>3）测量所选加密控制点的坐标和高程，将此点作为图根点使用</td></tr>
</table>

## 10.1.4 任务检查单

<table>
<tr><td rowspan="4">小组自检</td><td>观测顺序</td><td colspan="3"></td></tr>
<tr><td>记录计算</td><td colspan="3"></td></tr>
<tr><td>限差要求</td><td colspan="3"></td></tr>
<tr><td>自检评价</td><td></td><td>检查员签字</td><td></td></tr>
<tr><td rowspan="4">组间互检</td><td>观测顺序</td><td colspan="3"></td></tr>
<tr><td>记录计算</td><td colspan="3"></td></tr>
<tr><td>限差要求</td><td colspan="3"></td></tr>
<tr><td>互检评价</td><td></td><td>检查员签字</td><td></td></tr>
<tr><td rowspan="2">教师评价</td><td>教师评语</td><td colspan="3"></td></tr>
<tr><td>实训成绩</td><td></td><td>教师签字</td><td></td></tr>
</table>

# 实训任务 10.2 高程控制测量

## 10.2.1 工作任务单

<table>
<tr><td>实训场地</td><td colspan="3">校内外实训基地，能够布设至少 1200m 长的闭合或附合水准路线</td></tr>
<tr><td>实训任务</td><td>高程控制测量</td><td>学时</td><td>24 学时</td></tr>
<tr><td>任务描述</td><td colspan="3">1. 布设由 6 点组成、至少 1200m 长的闭合或附合水准路线，其中至少 1 点与导线点重合。<br>2. 用四等水准测量方法完成水准路线测量。<br>3. 计算出所有水准点的高程。<br>4. 在布设的闭合导线上，采用全站仪高程导线测量方法进行高程测量。<br>5. 计算出所有导线点的高程</td></tr>
<tr><td>实训目标</td><td colspan="3">1. 掌握四等水准测量路线的 3 种布设形式、技术要求。<br>2. 熟悉四等水准测量、全站仪高程导线测量测站上的观测、记录、计算方法及限差要求。<br>3. 掌握四等水准测量路线、全站仪高程导线测量的高差闭合差与允许值的计算方法。<br>4. 掌握四等水准测量、全站仪高程导线测量的内业计算。<br>5. 实训过程中规范使用测量仪器并时刻保证仪器安全，树立科技安全意识；小组成员分工明确，密切合作，培养团队合作意识；严禁编造数据，发扬实事求是的优良作风；严格按规范要求执行，养成依规行事的良好品德；避免影响车辆和人员通行，养成遵纪守法的社会公德；保护周边环境，培养生态环保意识</td></tr>
<tr><td>仪器工具</td><td colspan="3">$DS_3$ 水准仪，水准仪专用脚架，水准尺，全站仪，全站仪专用架腿，反射棱镜，棱镜用架腿，小钢卷尺，自备记录板、铅笔、计算器等</td></tr>
<tr><td>实训要求</td><td colspan="3">1. 水准路线的长度要超过 1200m，点数不少于 6 个，以保证各组同时进行观测。<br>2. 为了给导线测量提供已知高程数据，至少保证有 1 个水准点与导线点重合，使所有导线点组成闭合或附合三角高程路线。<br>3. 实训过程中，小组的每位学生至少完成 1 个测段水准测量、4 个点位全站仪高程导线测量的观测、记录、计算；全站仪三角高程测量与平面控制测量同时进行。<br>4. 水准测量的测站计算不得使用计算器，全站仪高程导线测量测站计算可以使用计算器。<br>5. 每个测站观测完成后，即刻进行计算，只有当所有项目都满足限差要求并完成全部计算后才能搬站，但凡有一项超限，都需要重新观测。<br>6. 水准测量每个测段的站数必须为偶数，水准路线、三角高程路线的路线闭合差必须满足限差要求，否则重测。<br>7. 观测完成后，必须按要求进行各个环节的自检，合格后将成果交付教师。<br>8. 教师指定其他小组进行组间互检。<br>9. 上述所有工作完成后，得到教师允许后归还仪器，更换实训项目</td></tr>
<tr><td>参考资料</td><td colspan="3">“地形测量”课程资源库相关内容</td></tr>
</table>

## 10.2.2 教学引导文

<table>
<tr><td colspan="2">实训任务</td><td>高程控制测量</td></tr>
<tr><td rowspan="3">教学阶段</td><td>课前</td><td>1. 自主学习本实训相关内容，可以登录智慧职教平台课程资源库进行学习。<br>2. 认真阅读工作任务单、参阅“任务 1.2 四等水准测量”和“任务 5.2 高程控制测量”中与本实训相关的内容，掌握本实训工作内容和实训要求等具体情况。<br>3. 复习“实训任务 8.4 四等水准路线测量”和“实训任务 8.10 全站仪三要素测量”。<br>4. 认真学习任务实施单，掌握实施步骤和检核要求等。<br>5. 小组讨论，形成实训计划</td></tr>
<tr><td>课中</td><td>1. 按仪器清单领取、准备仪器工具。<br>2. 课代表组织全体人员到指定场地集合，组长站在第一排，每小组站成一列。<br>3. 教师讲解、演示，布置任务。<br>4. 学生按教师讲解现场模拟操作，提出问题。<br>5. 学生分组实操，观测数据记录在外业观测手簿中。<br>6. 小组自检，组间互检，检查人员签字。<br>7. 教师按各种实训综合表现进行评价，写出评语，给出实训成绩</td></tr>
<tr><td>课后</td><td>1. 完成当天外业观测数据的整理工作，进行内业计算。<br>2. 撰写实训报告相关内容</td></tr>
<tr><td>注意事项</td><td colspan="2">1. 水准测量<br>1）读数时应按观测顺序读取，记录员要复述，以避免读记错误。<br>2）记录计算程序清晰、方法正确，记录要做到美观大方、字体规范、字迹清晰，严禁用橡皮擦拭，不得连环涂改。每个读数的前两位如有错记现象，则可用横线划掉，在其上方填写正确数字；每个读数的后两位决不允许改动，否则被认为是篡改或伪造数据。<br>3）测站各项限差均符合要求并完成所有项目的计算后方可搬站，但凡有一项超限都需重测。<br>4）仪器未搬站时，后视尺不得移动；仪器搬站时，前视尺不得移动。<br>2. 全站仪高程导线测量<br>1）一定要按规程操作测量仪器，保证仪器安全；全站仪未整平不得开机，以免损坏仪器补偿装置。<br>2）全站仪观测以前，首先设置棱镜常数，设置为使用的棱镜常数；再输入温度、气压，以进行气象改正；距离测量选择精测测量模式；实训以外的功能不要操作，尤其是不要改变全站仪的设置。<br>3）搬站时，仪器必须装箱，棱镜可以不装箱；测量工作完成后，全站仪必须关机后再装箱</td></tr>
<tr><td rowspan="4">实训计划</td><td>实训准备</td><td></td></tr>
<tr><td>实训开展</td><td></td></tr>
<tr><td>实训检查</td><td></td></tr>
<tr><td>实训结束</td><td></td></tr>
</table>

### 10.2.3　任务实施单

<table>
<tr><td>实训场地</td><td>校内外实训基地，能够布设至少 1200m 长的闭合或附合水准路线</td></tr>
<tr><td>实训任务</td><td>高程控制测量</td></tr>
<tr><td>仪器清单</td><td>$DS_3$ 水准仪 1 台，水准仪专用脚架 1 个，水准尺 1 对，全站仪 1 台，全站仪专用架腿 1 个，反射棱镜 2 个，棱镜用架腿 2 个，小钢卷尺 1 把，自备记录板、铅笔、计算器等</td></tr>
<tr><td>教学环节</td><td>1. 按仪器清单领取仪器设备。<br>2. 到指定场地集合。<br>3. 教师演示。<br>4. 学生模拟。<br>5. 学生分组实操，观测数据记录在附录的实训表格中。<br>6. 小组自检、组间互检。<br>7. 教师评价</td></tr>
<tr><td>实施步骤</td><td>1. 实训前的准备工作<br>实训动员，准备实训资料，领取仪器工具、记录手簿和计算表格。<br>2. 水准仪的检验与校正（参见“任务 1.3 $DS_3$ 微倾水准仪的检验与校正”）<br>1）圆水准器的检验与校正。<br>2）望远镜十字丝横丝的检验与校正。<br>3）水准管的检验与校正。<br>3. 选点<br>高程控制测量按照测区实际情况选择高程控制网形式，通常选择单一水准路线，采用四等水准测量方法施测，水准点数量为 4～6 个，相邻水准点之间的距离至少为 200m 以上，并且至少有 1 个水准点和导线点共用；导线点的高程采用全站仪高程导线测量，将所有导线点组成闭合或附合三角高程路线。<br>水准点为临时点，若点位在土质地面，则只需在点位上打一个木桩，桩顶面钉上一个小钉，小钉的几何中心即为点位；若点位在水泥路面，则在点位上钉一个水泥钉即可。<br>选点后，对所选点位统一编号并绘制点位略图。<br>4. 四等水准测量<br>（1）测站观测顺序<br>测站观测顺序应采用“后—后—前—前”（“黑—红—黑—红”）。<br>（2）四等水准测量测站限差要求<br>1）最低视线（下丝）高度保证三丝能读数，视线长度≤100m。<br>2）前、后视距差不得超过 ± 3m。<br>3）视距累积差不得超过 ± 10m。<br>4）同一把水准尺黑红面读数差（$K$+黑−红）不得超过 ± 3mm。</td></tr>
</table>

续表

实施步骤

5）同一测站黑红面高差之差不得超过±5mm。

（3）水准路线技术要求（表10.3）

**表10.3 水准路线技术要求**

| 等级 | 每千米高差中误差/mm | 路线长度/m | 水准仪型号 | 水准尺 | 观测次数 | | 往返较差、附合或环线闭合差 | |
|---|---|---|---|---|---|---|---|---|
| | | | | | 与已知点联测 | 附合或环线 | 平地/mm | 山地/mm |
| 四等 | 10 | ≤16 | $DS_3$ | 双面 | 往返各一次 | 往一次 | $\pm 20\sqrt{L}$ | $\pm 6\sqrt{n}$ |
| 等外 | 15 | — | $DS_3$ | 双面 | 往返各一次 | 往一次 | $\pm 40\sqrt{L}$ | $\pm 12\sqrt{n}$ |

（4）四等水准路线计算

按水准路线计算方法计算出所有水准点的高程。

5. 全站仪高程导线测量

全站仪高程导线测量与平面控制测量中的边长测量同时进行，具体方法参见“任务10.1 平面控制测量”中的相关内容。

高程导线测量可采用每点设站或隔点设站的方法施测。隔点设站时，每站应变换仪器高度并观测两次，前后视线长度之差不应大于100m。

采用高程导线测定的高程控制点或其他固定点的高差应进行正常水准面不平行改正，计算方法应符合现行国家标准《国家三、四等水准测量规范》（GB/T 12898—2009）的规定。

高程导线测量的限差应符合现行国家标准《城市测量规范》（CJJ/T 8—2011）中的规定，具体内容如表5.11所示。当测量结果超出规定时，应进行重测和取舍。

全站仪高程导线测量完成后，按闭合或附合三角高程路线计算方法计算出所有导线点的高程

## 10.2.4 任务检查单

| | | | | |
|---|---|---|---|---|
| 小组自检 | 观测顺序 | | | |
| | 记录计算 | | | |
| | 限差要求 | | | |
| | 自检评价 | | 检查员签字 | |
| 组间互检 | 观测顺序 | | | |
| | 记录计算 | | | |
| | 限差要求 | | | |
| | 互检评价 | | 检查员签字 | |
| 教师评价 | 教师评语 | | | |
| | 实训成绩 | | 教师签字 | |

# 实训任务 10.3　地形图测绘

## 10.3.1　工作任务单

| 实训场地 | 校内外实训基地，地物、地貌种类齐全 | | |
|---|---|---|---|
| 实训任务 | 地形图测绘 | 学时 | 30 学时 |
| 任务描述 | 1. 在已知点位上安置经纬仪，对中、整平，量取仪器高（精确至 0.01m）。<br>2. 在待测的地物点上竖立水准尺。<br>3. 采用经纬仪测绘法，对竖立在地物、地貌点上的水准尺进行观测、记录、计算。<br>4. 根据起算数据计算所测地物点的三维坐标。<br>5. 依据地物点坐标，利用坐标展点器在聚酯薄膜上展点。<br>6. 绘制地物符号，整饰地形图。<br>7. 进行地形图的检查 | | |
| 实训目标 | 1. 掌握经纬仪测绘法测图的方法和步骤，熟练完成经纬仪测绘法的观测。<br>2. 掌握地物、地貌点的选择，能够正确选择地物、地貌点进行测量，正确测绘地物、地貌。<br>3. 掌握经纬仪测绘法测图的记录与计算方法，熟练使用计算器进行各种计算。<br>4. 掌握经纬仪测绘法展点方法，能够使用坐标展点器准确展点、规范注记。<br>5. 能够根据地形图图式的要求绘图，准确规范地绘制地形图符号。<br>6. 能够进行地形图的整饰、检查，初步具有地形图验收的能力。<br>7. 实训过程中规范使用测量仪器并时刻保证仪器安全，树立科技安全意识；小组成员分工明确，密切合作，培养团队合作意识；严禁编造数据，发扬实事求是的优良作风；严格按规范要求执行，养成依规行事的良好品德；避免影响车辆和人员通行，养成遵纪守法的社会公德；保护周边环境，培养生态环保意识 | | |
| 仪器工具 | $DJ_6$ 经纬仪，经纬仪专用架腿，图板，坐标展点器，视距尺（水准尺），小钢卷尺，自备记录板、铅笔、计算器等 | | |
| 实训要求 | 1. 仪器的对中、整平必须满足精度要求。<br>2. 定向完成后，以及观测若干点位后，一定要进行定向检查。<br>3. 每观测完一个点位即刻进行计算并展点，边测、边展、边绘。<br>4. 水平距离、坐标增量、坐标取位至 0.1m，高差、高程取位至 0.1m（平地取位至 0.01m）。<br>5. 观测完成后，必须按要求进行各个环节的自检，合格后将成果交付教师。<br>6. 教师指定其他小组进行组间互检。<br>7. 上述所有工作完成后，得到教师允许后归还仪器，更换实训项目 | | |
| 参考资料 | “地形测量”课程资源库相关内容 | | |

## 10.3.2 教学引导文

<table>
<tr><td colspan="2">实训任务</td><td>地形图测绘</td></tr>
<tr><td rowspan="3">教学阶段</td><td>课前</td><td>1. 自主学习本实训相关内容，可以登录智慧职教平台课程资源库学习。<br>2. 认真阅读工作任务单，参阅任务“6.2 地形图的测绘”中与本实训相关的内容，掌握本实训工作内容和实训要求等具体情况。<br>3. 复习“实训任务 8.12 经纬仪测绘法”。<br>4. 认真学习任务实施单，掌握实施步骤和检核要求等。<br>5. 小组讨论，形成实训计划</td></tr>
<tr><td>课中</td><td>1. 按仪器清单领取、准备仪器工具。<br>2. 课代表组织全体人员到指定场地集合，组长站在第一排，每小组站成一列。<br>3. 教师讲解、演示，布置任务。<br>4. 学生按教师讲解现场模拟操作，提出问题。<br>5. 学生分组实操，观测数据记录在外业观测手簿中。<br>6. 小组自检，组间互检，检查人员签字。<br>7. 教师按各种实训综合表现进行评价，写出评语，给出实训成绩</td></tr>
<tr><td>课后</td><td>1. 完成当天外业观测数据的整理工作，进行内业计算。<br>2. 撰写实训报告相关内容</td></tr>
<tr><td>注意事项</td><td colspan="2">1. 仪器对中误差≤0.05mm 图上距离，整平误差不超过 1 格。<br>2. 在碎部测量过程中，每完成一测站后，应重新照准定向方向，检查经纬仪定向有无错误，定向误差不超过 4′。<br>3. 采用经纬仪测图时，碎部点的最大视距长度：1∶500 地形图不得超过 75m。<br>4. 测图中，立尺点的多少应根据测区内地物、地貌的情况而定。原则上，要求以最少数量的、确实起着控制地形作用的特征点来准确而精细地描绘出地物、地貌。因此，立尺点应选在地物轮廓的起点、终点、弯曲点、交叉点、转折点上及地貌的山顶、山脊、山谷、鞍部、倾斜变换和方向变换的地方。一般图上每隔 2～3cm 要有一个地形点，尽量布置均匀。<br>5. 对于碎部点高程，山地注记至 0.1m，平地注记至 0.01m。等高距的大小应按地形情况和用图需要来确定。<br>6. 按要求测出测区内所有地物、地貌，并按地形图图式绘出。地形图上所有线划、符号和注记均应在现场完成，做到边测、边算、边展、边绘</td></tr>
<tr><td rowspan="4">实训计划</td><td>实训准备</td><td></td></tr>
<tr><td>实训开展</td><td></td></tr>
<tr><td>实训检查</td><td></td></tr>
<tr><td>实训结束</td><td></td></tr>
</table>

### 10.3.3　任务实施单

| 实训场地 | 校内外实训基地，地物、地貌种类齐全 |
| --- | --- |
| 实训任务 | 地形图测绘 |
| 仪器清单 | $DJ_6$经纬仪 1 台，经纬仪专用架腿 1 个，测钎 2 个，视距尺（水准尺）1 把，图板 1 块，聚酯薄膜绘图纸 1 张，坐标展点器 1 个，小钢卷尺 1 把，碎部测量记录本，自备记录板、铅笔、计算器等 |
| 教学环节 | 1. 按仪器清单领取仪器设备。<br>2. 到指定场地集合。<br>3. 教师演示。<br>4. 学生模拟。<br>5. 学生分组实操，观测数据记录在附录的实训表格中。<br>6. 小组自检，组间互检。<br>7. 教师评价 |
| 实施步骤 | 1. 实训前的准备工作<br>1）领取仪器工具、记录手簿，准备控制点成果表。<br>2）准备图板、聚酯薄膜绘图纸，将图纸粘贴在图板上。<br>3）展绘控制点。<br>① 在毫米方格纸上按比例尺展绘出各控制点。<br>② 划分图幅，确定出各图幅的西南角坐标。<br>③ 按地形图图式的要求将控制点展绘在聚酯薄膜绘图纸上。各控制点展绘好后，可用比例尺或坐标展点器在图上量取各相邻控制点之间的距离，和已知的边长相比较，其最大误差在图纸上不得超过 0.3mm，否则应重新展绘。<br>2. 经纬仪测绘法测量碎部点<br>1）安置仪器：在测站点上安置仪器，对中、整平，量取仪器高 $i$（精确至厘米），在定向点竖立觇标。<br>2）安置图板：图板安置在测站点附近，视不同的展点方法做好准备工作。<br>3）经纬仪定向：视不同的展点方法配置水平度盘读数为 0°00′00″或定向方向的方位角。<br>4）碎部点测量：在待测地形点上竖立视距尺，经纬仪照准视距尺，采用视距测量的任意一种方法进行观测，并读取水平度盘读数。<br>5）测站计算：视不同的展点方法计算出水平距离、高差、高程及平面坐标。<br>6）展绘碎部点：视不同的展点方法，采用相应的展点工具展绘碎部点，并在点位右侧注记高程。<br>7）地形图绘制：将地物点按地物形状连接起来，根据地貌点勾绘等高线。 |

续表

<table>
<tr><td>实施步骤</td><td>3. 地物、地貌的测绘<br>地形图应表示出测量控制点、居民地和垣栅、工矿建（构）筑物及其他设施、交通及附属设施、管线及附属设施、水系及附属设施、境界、地貌和土质、植被等各项地物、地貌要素，以及地理名称注记等。<br>地物、地貌各要素的表示方法和取舍原则，除应按现行国家标准《国家基本比例尺地图图式　第 1 部分: 1∶500　1∶1000　1∶2000　地形图图式》(GB/T 20257.1—2017)执行外，还应符合“项目 6 地形图的测绘”中的要求。<br>4. 地形图的检查、整饰与验收<br>（1）地形图的检查<br>碎部测量完成之后，要进行检查工作。为保证成图精度，每个小组要进行室内和室外两部分检查。<br>1）室内检查。图根点的密度是否满足要求，外、内业数据是否正确，原图上地物和地貌是否清晰、易读，地物符号是否正确等。<br>2）室外检查。<br>① 仪器检查：选一些明显的地物、地貌点，再次测得它到控制点的距离及其高程，计算较差，算出点位中误差和高程中误差，判断精度是否符合表 6.7 的要求。<br>$$m_{点}=\pm\sqrt{\frac{[\Delta D\Delta D]}{2n}}\text{ ，}\quad m_{高}=\pm\sqrt{\frac{[\Delta H\Delta H]}{2n}}$$<br>② 巡视检查：携带图板与实际地形对照，主要检查地物、地貌有无遗漏，地物的注记是否正确等。<br>以上检查中发现的错误应及时纠正，错误过多则需补测或者重测。<br>（2）地形图的整饰<br>整饰的一般顺序为控制点、独立地物、次要地物、高程注记、等高线、植被、名称注记、外图廓注记等，要求真实、准确、清晰、美观。整饰具体工作如下。<br>1）擦掉多余的、不必要的点线。<br>2）重绘内图廓线、坐标格网线并注记坐标。<br>3）所有地物、地貌应按图式规定的线划、符号、注记进行清绘。<br>4）等高线应描绘光滑圆顺，各种文字注记位置应适当，一般要求字头朝北，字体端正。<br>5）按规定图式整饰图廓及图廓外的各项注记。<br>（3）地形图的验收<br>验收工作由上一级有关人员（如教师）进行，对验收的成果进行质量评价，质量评价一般分为优、良、合格和不合格 4 级</td></tr>
</table>

## 10.3.4　任务检查单

<table>
<tr><td rowspan="4">小组自检</td><td>观测顺序</td><td colspan="3"></td></tr>
<tr><td>记录计算</td><td colspan="3"></td></tr>
<tr><td>限差要求</td><td colspan="3"></td></tr>
<tr><td>自检评价</td><td></td><td>检查员签字</td><td></td></tr>
<tr><td rowspan="4">组间互检</td><td>观测顺序</td><td colspan="3"></td></tr>
<tr><td>记录计算</td><td colspan="3"></td></tr>
<tr><td>限差要求</td><td colspan="3"></td></tr>
<tr><td>互检评价</td><td></td><td>检查员签字</td><td></td></tr>
<tr><td rowspan="2">教师评价</td><td>教师评语</td><td colspan="3"></td></tr>
<tr><td>实训成绩</td><td></td><td>教师签字</td><td></td></tr>
</table>

# 附　　录

## 测回法水平角观测记录手簿

日期________　小组________　仪器型号________　天气________

观测者________　记录者________　检查者________

| 测站（测回） | 目标 | 竖盘位置 | 水平度盘读数/(° ′ ″) | 半测回角值/(° ′ ″) | 一测回角值/(° ′ ″) | 各测回平均角值/(° ′ ″) | 备注 |
|---|---|---|---|---|---|---|---|
| | | 左 | | | | | |
| | | | | | | | |
| | | 右 | | | | | |
| | | | | | | | |
| | | 左 | | | | | |
| | | | | | | | |
| | | 右 | | | | | |
| | | | | | | | |
| | | 左 | | | | | |
| | | | | | | | |
| | | 右 | | | | | |
| | | | | | | | |
| | | 左 | | | | | |
| | | | | | | | |
| | | 右 | | | | | |
| | | | | | | | |
| | | 左 | | | | | |
| | | | | | | | |
| | | 右 | | | | | |
| | | | | | | | |
| | | 左 | | | | | |
| | | | | | | | |
| | | 右 | | | | | |
| | | | | | | | |
| | | 左 | | | | | |
| | | | | | | | |
| | | 右 | | | | | |
| | | | | | | | |
| | | 左 | | | | | |
| | | | | | | | |
| | | 右 | | | | | |
| | | | | | | | |

## 四等水准测量记录手簿

日期＿＿＿＿ 小组＿＿＿＿ 仪器型号＿＿＿＿ 天气＿＿＿＿ 成像＿＿＿＿

测自＿＿＿＿至＿＿＿＿ 观测者＿＿＿＿ 记录者＿＿＿＿ 检查者＿＿＿＿

| 测站编号 | 测点 | 后尺 上丝<br>下丝 | 前尺 上丝<br>下丝 | 方向及尺号 | 标尺读数 | | $K$+黑-红/mm | 高差中数/m | 备注 |
|---|---|---|---|---|---|---|---|---|---|
| | | 后视距 | 前视距 | | 黑面（中丝） | 红面（中丝） | | | |
| | | 视距差 $d$/m | 累积差 $\sum d$ / m | | | | | | |
| | | | | 后 | | | | | |
| | | | | 前 | | | | | |
| | | | | 后-前 | | | | | |
| | | | | | | | | | |
| | | | | 后 | | | | | |
| | | | | 前 | | | | | |
| | | | | 后-前 | | | | | |
| | | | | | | | | | |
| | | | | 后 | | | | | |
| | | | | 前 | | | | | |
| | | | | 后-前 | | | | | |
| | | | | | | | | | |
| | | | | 后 | | | | | |
| | | | | 前 | | | | | |
| | | | | 后-前 | | | | | |
| | | | | | | | | | |
| | | | | 后 | | | | | |
| | | | | 前 | | | | | |
| | | | | 后-前 | | | | | |
| | | | | | | | | | |
| | | | | 后 | | | | | |
| | | | | 前 | | | | | |
| | | | | 后-前 | | | | | |
| | | | | | | | | | |
| | | | | 后 | | | | | |
| | | | | 前 | | | | | |
| | | | | 后-前 | | | | | |
| | | | | | | | | | |
| | | | | 后 | | | | | |
| | | | | 前 | | | | | |
| | | | | 后-前 | | | | | |
| | | | | | | | | | |

## 全站仪高程导线测量记录手簿

日期_______ 小组_______ 仪器型号_______

天气_______ 观测者_______ 记录者_______ 检查者_______

| 测站<br>——<br>仪器高/m | 测点 | 度盘读数/(° ′ ″) | | 半测回角/(° ′ ″) | 一测回角/(° ′ ″) | 棱镜高/m | 水平距离/m | 平均距离/m | 高差/m | 地面高差/m |
|---|---|---|---|---|---|---|---|---|---|---|
| | | 左 | 右 | | | | | | | |
| — | | | | | | | | | | |
| | | | | | | | | | | |
| — | | | | | | | | | | |
| | | | | | | | | | | |
| — | | | | | | | | | | |
| | | | | | | | | | | |
| — | | | | | | | | | | |
| | | | | | | | | | | |
| — | | | | | | | | | | |
| | | | | | | | | | | |
| — | | | | | | | | | | |
| | | | | | | | | | | |
| — | | | | | | | | | | |
| | | | | | | | | | | |
| — | | | | | | | | | | |
| | | | | | | | | | | |

水准路线计算表

| 点号 | 路线长 $L$/m | 实测高差 $h_i$/m | 高差改正数 $v_{h_i}$ /m | 改正后高差 $\hat{h}_i$ /m | 高程 $H$/m | 备注 |
|---|---|---|---|---|---|---|
| | | | | | | |
| | | | | | | |
| | | | | | | |
| | | | | | | |
| | | | | | | |
| | | | | | | |
| | | | | | | |
| | | | | | | |
| | | | | | | |
| | | | | | | |
| | | | | | | |
| | | | | | | |
| $\sum$ | | | | | | |
| 辅助计算 | | | | | | |

## 三角高程路线计算表

| 点号 | 边长 $L$/m | 实测高差 $h_i$/m | 高差改正数 $v_{h_i}$ /m | 改正后高差 $\hat{h}_i$ /m | 高程 $H$/m | 备注 |
|---|---|---|---|---|---|---|
| | | | | | | |
| | | | | | | |
| | | | | | | |
| | | | | | | |
| | | | | | | |
| | | | | | | |
| | | | | | | |
| | | | | | | |
| | | | | | | |
| | | | | | | |
| | | | | | | |
| | | | | | | |
| | | | | | | |
| | | | | | | |
| | | | | | | |
| | | | | | | |
| | | | | | | |
| | | | | | | |
| | | | | | | |
| | | | | | | |
| | | | | | | |
| | | | | | | |
| | | | | | | |
| | | | | | | |
| | | | | | | |
| | | | | | | |
| | | | | | | |
| | | | | | | |
| | | | | | | |
| | | | | | | |
| | | | | | | |
| | | | | | | |
| | | | | | | |
| | | | | | | |
| | | | | | | |
| | | | | | | |
| | | | | | | |
| | | | | | | |
| | | | | | | |
| $\sum$ | | | | | | |
| 辅助计算 | | | | | | |

**导线计算表**

| 点名 | 改正数/(″)<br>观测角值/(° ′ ″) | 改正后角值/(° ′ ″) | 方位角/(° ′ ″) | 边长/m | 改正数/m<br>坐标增量/m | | 改正后的<br>坐标增量/m | | 坐标/m | |
|---|---|---|---|---|---|---|---|---|---|---|
| | | | | | $\Delta x_i$ | $\Delta y_i$ | $\Delta x_{i改}$ | $\Delta y_{i改}$ | $x$ | $y$ |
| | | | | | | | | | | |
| | | | | | | | | | | |
| | | | | | | | | | | |
| | | | | | | | | | | |
| | | | | | | | | | | |
| | | | | | | | | | | |
| | | | | | | | | | | |
| | | | | | | | | | | |
| | | | | | | | | | | |
| | | | | | | | | | | |
| | | | | | | | | | | |
| | | | | | | | | | | |
| | | | | | | | | | | |
| | | | | | | | | | | |
| | | | | | | | | | | |
| | | | | | | | | | | |
| | | | | | | | | | | |
| | | | | | | | | | | |
| | | | | | | | | | | |
| | | | | | | | | | | |
| $\sum$ | | | | | | | | | | |
| 辅助计算 | | | | | | | | | | |

## 经纬仪测绘法记录手簿

日期_______　小组_______　仪器型号_______　测站点_______　后视点_______　后视方位角_______

仪器高_______　测站点纵坐标_______　测站点横坐标_______　测站点高程_______

观测者_______　记录者_______　检查者_______

| 测点 | 上丝 | 下丝 | 视距 | 中丝 | 水平度盘读数/(° ′ ″) | 竖盘读数/(° ′ ″) | 水平距离/m | 高差/m | 坐标增量/m | | 坐标/m | | 高程/m |
|---|---|---|---|---|---|---|---|---|---|---|---|---|---|
| | | | | | | | | | $\Delta x$ | $\Delta y$ | $x$ | $y$ | |
| | | | | | | | | | | | | | |
| | | | | | | | | | | | | | |
| | | | | | | | | | | | | | |
| | | | | | | | | | | | | | |
| | | | | | | | | | | | | | |
| | | | | | | | | | | | | | |
| | | | | | | | | | | | | | |
| | | | | | | | | | | | | | |
| | | | | | | | | | | | | | |
| | | | | | | | | | | | | | |
| | | | | | | | | | | | | | |
| | | | | | | | | | | | | | |
| | | | | | | | | | | | | | |
| | | | | | | | | | | | | | |
| | | | | | | | | | | | | | |
| | | | | | | | | | | | | | |
| | | | | | | | | | | | | | |
| | | | | | | | | | | | | | |
| | | | | | | | | | | | | | |
| | | | | | | | | | | | | | |
| | | | | | | | | | | | | | |
| | | | | | | | | | | | | | |
| | | | | | | | | | | | | | |
| | | | | | | | | | | | | | |
| | | | | | | | | | | | | | |
| | | | | | | | | | | | | | |
| | | | | | | | | | | | | | |
| | | | | | | | | | | | | | |
| | | | | | | | | | | | | | |
| | | | | | | | | | | | | | |
| | | | | | | | | | | | | | |

# 参 考 文 献

郝海森，2007．工程测量[M]．北京：中国电力出版社．

靳祥升，2004．工程测量技术实验指导与习题[M]．郑州：黄河水利出版社．

李天和，2012．地形测量[M]．河南：黄河水利出版社．

马真安，2011．地形测量技术[M]．武汉：武汉大学出版社．

王郑睿，2013．工程测量学[M]．西安：西安地图出版社．

张博，2015．工程测量技术与实训[M]．西安：西安交通大学出版社．

张博，2016．地形测量实训[M]．北京：中国水利水电出版社．

张博，2019．工程测量技术[M]．武汉：武汉大学出版社．

张博，2019．工程测量技术实训[M]．武汉：武汉大学出版社．

张博，曹志勇，王芳，2016．地形测量[M]．北京：中国水利水电出版社．

张茂林，张博，2009．工程量技术实训[M]．郑州：黄河水利出版社．

中华人民共和国国家质量监督检验检疫总局，中国国家标准化管理委员会，2007．国家基本比例尺地图图式　第 1 部分：1∶500　1∶1000　1∶2000　地形图图式：GB /T 20257.1—2007[S]．北京：中国标准出版社．

中华人民共和国住房和城乡建设部，2011．城市测量规范：CJJ/T 8—2011[S]．北京：中国建筑工业出版社．

中华人民共和国住房和城乡建设部，2020．工程测量标准：GB 50026—2020[S]．北京：中国计划出版社．